ENZYMATISCHE KATALYSE

EINFÜHRUNG IN DIE ENZYMCHEMIE

VON Dr. KARL MYRBÄCK

Professor am Institut für organische Chemie und Biochemie
der Universität Stockholm

Mit 6 Abbildungen

1953

WALTER DE GRUYTER & CO.

vormals G. J. Göschen'sche Verlagshandlung · J. Guttentag, Verlagsbuchhandlung
Georg Reimer · Karl J. Trübner · Veit & Comp.

BERLIN W 35

vormals G. J. Göschen'sche Verlagshandlung — J. Guttentag, Verlagsbuchhandlung
Georg Reimer — Karl J. Trübner — Veit & Comp.
BERLIN W 35
Printed in Germany — Archiv-Nummer 52 101 53
Satz: Walter de Gruyter & Co., Berlin W 35
Druck: F. A. Günther & Sohn A.-G., Berlin SW 11

Vorwort

1931 erschienen in der „Sammlung Göschen" zwei Bändchen unter dem gemeinsamen Titel „Homogene Katalyse". — Das zweite Bändchen umfaßte die enzymatische Katalyse. Aus äußeren Gründen wurde die Herausgabe einer neuen Auflage erst vor recht kurzer Zeit möglich. Wie erwartet werden konnte, zeigte sich, schon als ich die Bearbeitung begann, daß die Entwicklung auf dem Gebiete der Enzymchemie während der verflossenen 20 Jahre eine tiefgreifende Veränderung der ganzen Betrachtungsweise mit sich gebracht hat; ferner daß die geplante neue Auflage der „Enzymatischen Katalyse" ein ganz neues Buch werden mußte. Weiter hat es sich als unmöglich erwiesen, das gewaltig vergrößerte Material in einem Göschen-Bändchen unterzubringen. Auf Vorschlag des Verlages Walter de Gruyter & Co. wurde dann die Arbeit als Sonderpublikation herausgebracht.

Das Manuskript war zum größten Teil 1951 fertiggestellt. 1952 wurden mehrere Kapitel umgearbeitet, wobei einige neue, wichtige Arbeiten berücksichtigt werden konnten. Das Buch ist, wie der ursprüngliche Göschenband, als erste Einführung in die Enzymchemie gedacht. Theorie und insbesondere mathematische Formulierung sind auf ein Minimum beschränkt. Hauptziel war die Beschreibung der Enzyme, Substrate und Reaktionen vom stofflichen Gesichtspunkt aus. Die Einteilung des Stoffes ist die übliche. Der Verfasser ist sich klar darüber, daß sie nicht ganz konsequent durchgeführt worden ist. Eine völlig befriedigende, logische Einteilung erscheint nach Ansicht des Verfassers zur Zeit nicht möglich.

Stockholm, Oktober 1953 — Karl Myrbäck

Inhalt

I. EINLEITUNG

In allen lebenden Zellen und Geweben, in gewissen von Zellen sezernierten Säften usw. tritt offenbar eine sehr große Zahl von chemischen Reaktionen auf. Die mit der Nahrung aufgenommenen Stoffe werden in verschiedener Weise umgesetzt; dieser Umsatz oder *Stoffwechsel (Metabolismus)* liefert einerseits die Bausteine, aus denen die Zellen ihre eigene Substanz aufbauen, andererseits die für die Lebensprozesse nötige Energie. Diese Reaktionen *in vivo* sind an sich von den Reaktionen *in vitro* nicht prinzipiell verschieden. Es fällt aber sofort auf, daß Reaktionen, die im Reagenzglas nur durch gewaltsame Mittel wie hohe Temperatur, konzentrierte Säuren usw. durchgeführt werden können, in den lebenden Zellen und Organismen bei niedriger Temperatur und bei fast neutraler Reaktion stattfinden. Offenbar besitzen die lebenden Zellen besondere Einrichtungen, die die Durchführung des stofflichen Umsatzes ermöglichen. Das sind die **Enzyme (Fermente).**

Enzyme (Fermente) *sind hochmolekulare, spezifische Katalysatoren biologischen Ursprungs.*

Viele Enzyme sind jetzt in reiner Form bekannt; alle sind Eiweißstoffe bzw. enthalten eine Eiweißkomponente. Wir gehen wohl kaum fehl, wenn wir annehmen, daß dies allgemein gilt. Höchst wahrscheinlich können wir deshalb auch definieren:

Enzyme sind einfache oder zusammengesetzte Eiweißstoffe mit spezifischen, katalytischen Wirkungen.

Die Spezifität der Enzyme äußert sich erstens darin, daß sie immer nur eine Art von chemischen Reaktionen katalysierten *(Reaktionsspezifität)*, zweitens darin, daß sie im allgemeinen ganz wenige Stoffe, oft sogar nur einen einzigen Stoff angreifen. Da die Stoffe, die von den Enzymen spezifisch umgesetzt werden, die *Substrate* der Enzyme genannt werden, so wird diese zweite Art ihrer Spezifität *Substratspezifität* genannt. Die Spezifität der Enzyme ist die Basis ihrer Klassifikation.

Wir müssen nicht nur annehmen, daß die Enzyme stofflicher Natur sind; alles was wir über ihre Natur und Wirkung wissen, beweist, daß sie individuelle, chemisch definierbare Stoffe sind, die dank den Besonderheiten ihres Baues katalytische Wirkungen zeigen. Der Gedanke ist lange überholt, daß die Enzyme an sich gleichgültige Inhaltsstoffe der Zellen sein könnten, deren katalytische Wirkung von einem gewissen kolloidchemischen Zustand (Dispersitätsgrad) bedingt sein sollte. Daß dem Dispersitätsgrad an sich keine besondere Bedeutung zukommt, geht z. B. aus der Tatsache hervor, daß Enzyme in festem Zustande, d. h. an unlösliche Zellbestandteile oder an künstliche Adsorptionsmittel gebunden, dieselbe Aktivität zeigen können, wie wenn sie frei gelöst sind.

Die **Katalysatoren** wurden ursprünglich von Berzelius als Stoffe definiert, die „durch ihre bloße Gegenwart" die Geschwindigkeit chemischer Reaktionen ändern können. Das ist selbstverständlich so zu verstehen, daß die Katalysatoren wohl an der Reaktion teilnehmen können, daß sie aber irgendwie einen Cyklus beschreiben, so daß sie nach Ablauf der Reaktion in der ursprünglichen Form wieder erscheinen. Als Katalysatoren können die Enzyme in sehr kleinen Mengen große Substratmengen umsetzen. Dem Grenzfall, daß unbeschränkte Mengen des Substrates von einer bestimmten Menge des Katalysators umgesetzt werden, nähern sich einige Enzyme; bei anderen ist die Wirkung beschränkter. Das hängt aber mit sekundären Eigenschaften der betreffenden Enzyme zusammen; wie jedes Werkzeug wird auch ein Enzym allmählich abgenutzt. Als Eiweißstoffe haben die Enzyme überhaupt keine hohe Stabilität; Denaturierung des Enzymeiweißes vernichtet die Aktivität. Wie wir im folgenden sehen werden, sind die Enzyme im allgemeinen gegenüber Hitze, Strahlung, stark saurer oder alkalischer Reaktion, allerlei chemischen Reagentien usw. empfindlich. In einzelnen Fällen kann sogar das Substrat, wenn in höherer Konzentration anwesend, das betreffende Enzym irreversibel schädigen.

In den Fällen, in denen ein Enzym in reinem Zustande untersucht werden kann und sein Molekulargewicht bekannt ist, ist es selbstverständlich möglich, die Anzahl der von einem Enzymmolekül pro Sekunde unter gegebenen Bedingungen umgesetzten Substratmoleküle zu berechnen. Die so berechneten Zahlen variieren von einem Enzym zum anderen sehr stark. Oft erhält man Zahlen von 100000 und mehr, was die Annahme nahelegen könnte, daß in solchen Fällen Kettenreaktionen mitspielen. Berechnungen zeigen aber, daß diese Annahme überflüssig ist.

Mit dem Namen **Ferment** bezeichnete man ursprünglich das geheimnisvolle Agens, das als die Ursache der sog. Gärungen betrachtet wurde (lat. *fermentatio*, Gärung). Insbesondere wurde der bei der Alkoholgärung sich ansammelnde Bodensatz, die Hefe, als das typische Ferment angesehen. Stahl, als Begründer der Phlogistontheorie bekannt, beschrieb das Ferment als eine in starker, innerer Bewegung befindliche Substanz, die andere Körper in so starke Erschütterung versetzen kann, daß sie zerfallen. In der ersten eigentlichen Fermenttheorie, die von J. Liebig aufgestellt wurde, treten die Ideen Stahls gewissermaßen wieder auf; die Fermente werden als in chemischer Zersetzung befindliche Stoffe aufgefaßt, die andere Stoffe dadurch zum Zerfall bringen können, daß sie ihre eigene Zerfallsenergie auf die anderen Stoffe übertragen.

Durch die klassischen Untersuchungen Pasteurs wurde der Zusammenhang zwischen den Gärungen und der Tätigkeit gewisser Mikroorganismen bewiesen. Unter dem Einfluß seiner überaus wichtigen Entdeckungen wurde immer stärker hervorgehoben, daß die Gärungen und gewisse andere Fermentreaktionen mit dem *Leben* der Zellen untrennbar verknüpft sind. Andererseits war ja schon lange bekannt, daß gewisse Fermente in zellfreien Säften, wie z. B. im Speichel, vorkommen und daß andere mit Wasser aus Geweben extrahiert werden können. Man wußte z. B., daß zellfreie Extrakte Stärke aus Malz verzuckern. So ist es verständlich, daß man damals zwischen zwei Arten von Fermenten unterscheiden wollte. Man sprach von „geformten (organisierten) Fermenten", die nur in der lebenden Zelle ihre Tätigkeit ausüben, und von „ungeformten Fermenten", die in aktiver Form aus den Zellen herausgelöst werden können bzw. von gewissen Zellen in das umgebende Medium sezerniert werden. Als das typische geformte Ferment galt seit Pasteur das „Ferment der alkoholischen Gärung", bis E. Buchner 1897 zeigen konnte, daß aus Hefe durch Zerreiben und Auspressen ein zellfreier Saft gewonnen werden kann, der die typische alkoholische Gärung hervorruft. Durch diese und viele folgende Untersuchungen ist es uns klar geworden, daß in der Relation zum Leben der Zellen zwischen verschiedenen Gruppen von Fermenten kein grundsätzlicher Unterschied besteht.

Selbstverständlich kann ein Enzym wie überhaupt ein Katalysator nur solche Reaktionen beschleunigen bzw. in Gang bringen, die an sich thermodynamisch möglich sind, d. h. unter Verlust an freier Energie verlaufen. Daß (glücklicherweise!) nicht alle an sich möglichen Reaktionen von selbst in Gang kommen, beruht darauf, daß zunächst eine gewisse Energiezufuhr nötig ist, um die normalerweise stabilen Stoffe in einen „aktivierten Zustand" zu versetzen, von dem aus erst die Reaktion freiwillig verläuft. Man kann die Wirkung der Enzyme und anderer Katalysatoren in gewissem Sinne dadurch charakterisieren, daß man sie als eine Erniedrigung der Aktivierungsenergie einer Reaktion bezeichnet.

Wenn eine enzymatische Reaktion unter Erhöhung der freien Energie verläuft, so ist dies nur so zu erklären, daß die betreffende Reaktion entweder mit einer gleichzeitig verlaufenden, *energieliefernden* Reaktion *gekoppelt* ist oder daß Energie von außen (z. B. Sonnenenergie) zugeführt wird.

Der Name **Enzym** (*griechisch*, wörtlich übersetzt: „*in Hefe*") wurde 1878 von Kühne eingeführt. Nachdem der Begriff „geformtes Ferment" durch die Buchnerschen Untersuchungen sinnlos geworden war, haben die Worte Ferment und Enzym dieselbe Bedeutung.

Wir können also feststellen, daß Enzyme unabhängig vom Leben der Zellen wirken können; sie können von der Zelle abgetrennt werden und ihre Wirkung in *vitro* zeigen; was nicht hindert, daß einige Enzyme nur schwierig von den Zellen bzw. Zelltrümmern abgelöst werden können; das beruht aber nicht auf einer mystischen Verknüpfung mit dem Leben der Zelle, sondern auf trivialen Umständen wie Löslichkeit, Stabilität usw.

Es ist aber wichtig, sich darüber klar zu sein, daß man das Cytoplasma keineswegs als eine von einer semipermeablen Zellwand umgebene *Lösung* von Enzymen und anderen Stoffen betrachten darf. Vielmehr ist es zweifellos so, daß viele, wenn nicht alle Enzyme in der Zelle an bestimmten Strukturen mehr oder weniger fest verankert sind. In einigen Fällen scheint zwar eine mechanische Zerstörung der Zellstruktur zu genügen, um Enzyme in Lösung zu bringen (**„Lyoenzyme"** nach Willstätter); meistens aber werden die Enzyme erst nach weitgehender Autolyse, d. h. einer vorwiegend proteolytischen Zersetzung der Zellbestandteile, freigesetzt (**„Desmoenzyme"**).

Die Frage, inwieweit die Enzyme an *bekannte* Strukturen der Zellen geknüpft sind, ist selbstverständlich aus mehreren Gesichtspunkten von größtem Interesse. Nachdem in vielen Fällen nunmehr die Isolierung von Zellkernen, von Mitochondrien usw. möglich ist, ist eine immer steigende Zahl von Untersuchungen der Frage gewidmet worden, wie die Enzyme in den Zellen verteilt und etwa an Strukturen verankert sind. Wenn auch die Buchnerschen Untersuchungen, wie oben auseinandergesetzt, in der Enzym-Fermentfrage eine nicht hoch genug zu schätzende Klarheit geschaffen haben, so darf nicht vergessen werden, daß die Enzyme *in den lebenden Zellen* unter Umständen eine andere Wirkung haben können als wenn wir sie, nach der Ablösung aus etwaigen Strukturen, in homogener Lösung untersuchen. In einzelnen Fällen könnte man fast geneigt sein, die aus den Zellen mit gewaltsamen Mitteln herausgelösten Enzyme als Artefakte zu bezeichnen.

In den Fällen, in denen das Vorkommen von Enzymen im Cytoplasma und im Zellkern getrennt untersucht werden konnte, ist meistens gefunden worden, daß die Konzentration der Enzyme im Cytoplasma höher ist als im Zellkern. Unter den Enzymen, die in größeren Mengen in Zellkernen vorkommen, seien diejenigen erwähnt, die beim Nucleinstoffwechsel beteiligt sind. Einige Enzyme scheinen im Zellkern ganz zu fehlen. Ein hoher Gehalt an Enzymen in den Formelementen des Cytoplasmas, besonders in den Mitochondrien, wurde in mehreren Arbeiten gefunden. Schlüsse von allgemeinerer Bedeutung können jedoch auf diesem Gebiete noch kaum gezogen werden.

Gewisse Enzyme (z. B. in der Hefe) scheinen an der *Zellmembran*, sogar an der Außenseite derselben, verankert zu sein. Der Umstand, daß gewisse Enzyme der lebenden Hefe genau dieselbe *p*H-Kurve aufweisen wie die freigesetzten Enzyme, deutet darauf hin, daß sie oberflächlich lokalisiert sind. Andere Enzyme der lebenden Hefe zeigen ein anderes, viel breiteres *p*H-Optimum als dieselben Enzyme im gelösten Zustand, wahrscheinlich weil sie innerhalb der Membran in einem Bereich lokalisiert sind, wo das *p*H von dem des die Zelle umgebenden Mediums verschieden ist. Daß die Hefe (und andere Zellen) die Fähigkeit hat, in ihrem Inneren ein von dem der umgebenden Lösung verschiedenes *p*H aufrecht zu halten, geht auch aus Untersuchungen anderer Art hervor.

II. ALLGEMEINE CHEMIE DER ENZYME

1. Nomenklatur

Nach einem Vorschlage von Duclaux (1883) werden die Namen der verschiedenen Enzyme, soweit möglich, aus denen der *Substrate* gebildet, indem die Silbe *-ase* zugefügt wird. Ein esterspaltendes Enzym wird also eine *Esterase* genannt; das Enzym, das Maltose spaltet heißt *Maltase* usw. Diese Regel kann leider nicht konsequent aufrecht erhalten werden; aus verschiedenen Gründen müssen viele Ausnahmen gemacht werden. In einigen Fällen kann der Name eines Enzyms aus der Benennung der von ihm katalysierten *Reaktion* abgeleitet werden: Die Wirkung der *Dehydrogenasen* kann als eine Dehydrogenierung („Abspaltung von Wasserstoff") beschrieben werden usw. (Die Bezeichnung Dehydrogenase ist der früher üblichen, „Dehydrase", vorzuziehen. Als Dehydrasen sollten Enzyme bezeichnet werden, deren Wirkung in einer Abspaltung von *Wasser* aus den Substraten beschrieben werden kann. Vgl. S. 10). In vielen Fällen ist die Spezifität eines Enzyms derartig, daß keine rationelle Benennung desselben abgeleitet werden kann. In solchen Fällen hat man oft historisch bedingte, unsystematische Namen beibehalten: *Pepsin*, *Trypsin* usw.

2. Chemische Natur der Enzyme

Wie schon erwähnt, können wir jetzt mit völliger Sicherheit behaupten, daß die Enzyme Eiweißstoffe sind. Es sind nämlich so viele Enzyme in kristallisierter und zweifellos einheitlicher Form gewonnen worden, daß dieser Schluß durchaus berechtigt erscheint.

Das erste, rein dargestellte Enzym war die **Urease,** die schon im Jahre 1926 von J. B. Sumner kristallisiert wurde. Die Annahme Sumners, daß die gewonnenen Globulinkristalle das reine Enzym darstellten, wurde anfangs von mehreren Seiten stark angezweifelt. Weitere Arbeiten von Sumner und anderen Forschern haben aber allmählich den Schluß immer stärker gestützt, daß die Globulinkristalle wirklich die reine Urease sind und daß diese somit ein Protein ist. Neue Enzyme wurden später in immer steigender Zahl rein dargestellt, wobei besonders die Arbeiten J. H. Northrops zu nennen sind. Heutzutage dürfte niemand bezweifeln, daß die „kristallisierten Enzyme" wirklich die wahren Enzyme sind und nicht etwa triviale Eiweißstoffe, die winzige Mengen der eigentlichen Enzyme adsorptiv gebunden halten.

Wie wir im folgenden sehen werden, sind viele Enzyme typische Proteide, d. h. Eiweißstoffe, die aus einem Protein und einer „prosthetischen" Gruppe (also etwa wie das Hämoglobin) zusammengesetzt sind.

Mehrere bei der biologischen Oxydation tätige Enzyme sind Verbindungen eines Eiweißstoffes mit einem Farbstoff, etwa vom Typus des Häm. Diese Enzyme sind zweifellos Redoxkatalysatoren, da sie sozusagen zwischen einer oxydierten und einer reduzierten Form oszillieren. So besteht die enzymatische Reaktion in einem Valenzwechsel des Eisenatoms. Die Reaktion findet also in der prosthetischen Gruppe des Enzyms statt, und die prosthetische Gruppe kann mit Recht als die „Wirkungsgruppe" des Enzyms bezeichnet werden. Man darf aber deswegen nicht den Schluß ziehen, daß der Eiweißteil des Enzyms für die enzymatische Wirkung von geringer Bedeutung ist. Vielmehr hat es sich in solchen Fällen, in denen eine diesbezügliche Untersuchung möglich war, gezeigt, daß die Wirkgruppen an sich keine oder eine unbedeutende Wirkung haben; erst in Verbindung mit dem Eiweiß wird aus der Wirkgruppe ein Enzym. Nicht nur wird die Wirkung (Umsatz von Substrat pro Zeiteinheit) durch die Bindung der Wirkgruppe an Eiweiß enorm gesteigert; es hat sich auch gezeigt, daß, obwohl die Reaktionsspezifität bei den Oxydationsenzymen im großen und ganzen durch die Wirkgruppe bestimmt wird, doch die Substratspezifität mit dem Eiweißteil des Enzyms zusammenhängt. Man dürfte hieraus den Schluß ziehen können, daß die Bindung Enzym-Substrat durch das Eiweiß vermittelt wird (siehe weiter unten).

R. Willstätter vertrat die Auffassung, daß Enzyme prinzipiell aus einem „kolloiden Träger" („*Pheron*") und einer chemisch wirkenden Gruppe („*Wirkgruppe*", „*Agon*") bestehen. Alle Enzyme sollten also nach seiner Auffassung dadurch charakterisiert sein, daß eine besondere *prosthetische Gruppe* auf einem kolloiden Träger verankert ist. Die neuere Entwicklung hat dieser Theorie nur teilweise Recht gegeben. Wie schon erwähnt, sind mehrere Enzyme zweifellos *Proteide* mit besonderen, mehr oder weniger leicht abspaltbaren, prosthetischen Gruppen (die also nicht aus Aminosäuren aufgebaut sind). Andererseits erscheint heutzutage völlig sichergestellt, daß viele, insbesondere hydrolysierende Enzyme, einfache Eiweißstoffe *(Proteine)* sind, die nur Aminosäuren und keine besondere prosthetische Gruppe enthalten. Es erscheint gegenwärtig nicht möglich, in diesen Fällen von einer „Wirkgruppe" im obigen Sinne zu reden. Andererseits muß ja angenommen werden, daß diese Enzyme insofern „besondere" Gruppen enthalten, als sie ihre Substrate binden können. Über die Bindung Enzym-Substrat wird weiter unten die Rede sein; es sei hier nur hervorgehoben, daß die substratbindenden Gruppen aller Wahrscheinlichkeit nach unter den gewöhnlichen, in den natürlichen Aminosäuren vorkommenden Gruppen zu suchen sind.

Es verdient hervorgehoben zu werden, daß die enzymatisch aktiven Proteine nicht irgend einer bestimmten Gruppe von Eiweißstoffen angehören. Nicht nur gibt es unter den Enzymen sowohl einfache als auch zusammengesetzte Eiweißstoffe, sondern, wie wir im folgenden sehen werden, kommen Enzyme in fast allen Eiweißgruppen vor. Die Eigenschaften, die die verschiedenen Eiweißgruppen unterscheiden, können also für die enzymatische Aktivität keine besondere Bedeutung haben. Zugegeben werden soll, daß bei der konventionellen Einteilung der Eiweißstoffe im großen und ganzen nur Unterschiede in den physikalischen Eigenschaften der Stoffe grundlegend sind.

Das *Molekulargewicht* scheint für die enzymatische Aktivität eines Eiweißstoffes unwesentlich zu sein. Wir werden sehen, daß die Molekulargewichte der in reiner Form bekannten Enzyme wie die anderer Eiweißstoffe in sehr weiten Grenzen variieren.

Einige der kristallisiert gewonnenen Enzyme gehören zu den bestuntersuchten aller Proteine; u. a. ist die Zusammensetzung des bei der Hydrolyse entstehenden Aminosäuregemisches in einigen Fällen sehr genau bekannt. In dieser Hinsicht scheinen aber zwischen den Enzymen und den „gewöhnlichen" Eiweißstoffen keine prinzipiellen Unterschiede zu bestehen, die für die enzymatische Wirkung als wesentlich betrachtet werden könnten. Andererseits soll zugegeben werden, daß in der Aminosäurezusammensetzung von Enzymen einerseits und von „gewöhnlichen" Proteinen aus demselben Organ andererseits Unterschiede gefunden worden sind, die möglicherweise eine Bedeutung haben. So hat z. B. Velick die Aminosäurezusammensetzung der Aldolase, der Phosphoglycerinaldehyddehydrogenase und der Phosphorylase des Kaninchenmuskels genau bestimmt. Er findet charakteristische Unterschiede zwischen den drei Enzymen, daß sie aber in der Aminosäurezusammensetzung als nahe verwandt erscheinen, wenn man sie mit Proteinen vom Typus des Myosins des Kaninchenmuskels vergleicht.

3. Enzyme und Vitamine

Es hat sich gezeigt, daß wenigstens einige der Stoffe, die wegen ihrer physiologischen Wirkungen als Vitamine bezeichnet wurden, Bestandteile von Enzymen sind, und zwar in den meisten gegenwärtig bekannten Fällen Bestandteile der Wirkgruppen der nach Art der Proteide gebauten Enzyme. So ist z. B. das **Aneurin** (Vitamin B_1, Thiamin) in Form seines Pyrophosphorsäureesters die Wirkgruppe bzw. das Coenzym der sog. *Carboxylase*, die Brenztraubensäure und gewisse andere α-Ketosäuren in CO_2 + Aldehyd zerlegt. Weitere Beispiele werden im speziellen Teil des Buches näher besprochen werden. Hier soll nur kurz erwähnt werden, daß auch die folgenden Vitamine als Bestandteile von Enzymen sicher erkannt worden sind: **Vitamin** B_2 (Lactoflavin, Riboflavin) bildet als Nucleotid oder als Dinucleotid die Wirkgruppen der verschiedenen sog. *gelben Fermente*; die **Nicotinsäure** bzw. das Nicotinsäureamid ist Bestandteil der Wirkgruppen (Coenzyme) mehrerer *Dehydrogenasen*; das **Vitamin** B_6 (Pyridoxin, Adermin) ist in Form eines Pyridoxalphosphates an mehreren enzymatischen Reaktionen beteiligt, nämlich an der *Decarboxylierung der Aminosäuren*, an der *Transaminierung* und am *Tryptophanstoffwechsel*; das **Biotin** wirkt bei der *Kohlensäurefixierung*, z. B. bei der Bildung von Oxalessigsäure aus Brenztraubensäure + CO_2 mit; die **Pantothensäure** ist Bestandteil des *Coenzyms A*, das für biologische Acetylierungen unentbehrlich ist. Wie wir im folgenden sehen werden, sind mehrere Reaktionen, die als Acetylierungen aufgefaßt werden können, wichtige Teilreaktionen des Stoffwechsels.

Das **Vitamin K** ist für die Synthese des Prothrombins notwendig und hat dadurch für die Blutkoagulation eine wesentliche Bedeutung. Der Zusammenhang ist aber nicht etwa so einfach, daß das Vitamin als prosthetische Gruppe eines bekannten Enzyms betrachtet werden kann.

Bei einigen Enzymen ist die Trennung der prosthetischen Gruppe (Coenzym) und des Eiweißes (Apoenzym) ohne Denaturierung des letzteren möglich. In diesen Fällen ergibt sich eine „Resynthese" des Holoenzyms aus dem Protein und dem Coenzym. Wenn das Coenzym aus einem synthetisch zugänglichen Vitamin oder einem sonst synthetisierbaren Stoff besteht, kann also gewissermaßen eine Teilsynthese eines Enzyms verwirklicht sein.

4. Enzyme und Hormone

Es liegt nahe, eine Erklärung der Wirkung der Hormone in einem ähnlichen Zusammenhang mit den Enzymen zu suchen. In keinem Fall ist aber ein derartiger einfacher Zusammenhang bewiesen worden. Andererseits geht aus vielen Untersuchungen hervor, daß Hormone auf die Wirkung bestimmter Enzyme bzw. Enzymsysteme einen Einfluß haben, wenn auch der chemische Hintergrund meistens noch recht dunkel erscheint. So wurde z. B. gefunden, daß Leberschnitte von diabetischen Katzen in vitro schneller Ketonkörper bilden (vgl. S. 168) als das entsprechende Material von Normaltieren und daß die abnorme Ketonkörperbildung von Insulin gehemmt wird. Ob das Insulin, wie angegeben worden ist, bei der Hexokinasereaktion (S. 100) eine Rolle spielt, erscheint recht zweifelhaft.

5. Enzyme und Gifte

Daß die Wirkung der Enzyme von allerlei „Giften" oder *Inhibitoren* wie Schwermetallionen u. a. gehemmt wird, stützt die ja an sich sehr wahrscheinliche Annahme, daß die schädliche Wirkung mancher Gifte auf lebende Organismen in einer Hemmung irgend eines Enzyms besteht. Quecksilber-, Kupfer- und andere Schwermetallionen inaktivieren allgemein Enzyme durch Salzbildung mit den Enzymproteinen; die Giftigkeit der Cyanwasserstoffsäure erklärt sich zwanglos durch ihre Komplexbildung mit metallhaltigen Enzymen usw. Gewisse Gifte können gegenüber Enzymen eine sehr hohe Spezifität zeigen; die enorme Giftigkeit des Diisopropylfluorphosphates und ähnlicher Verbindungen beruht z. B. auf Inaktivierung der Cholinesterase (S. 61).

Die Spezifität der Giftwirkung gegenüber Enzymen, mit anderen Worten die Tatsache, daß ein Stoff ein bestimmtes Enzym stark hemmen oder zerstören kann, ohne auf andere Enzyme nennenswerte Wirkung auszuüben, ist die Grundlage der *Chemotherapie*. Ein Stoff kann z. B. sehr wohl ein bakterielles Enzym hemmen und dadurch das Wachstum des betreffenden Organismus verhindern, ohne auf höhere Organismen wesentliche Giftwirkung zu haben. Die therapeutische Wirkung der Sulfonamide dürfte z. B. in dieser Weise zu erklären sein. Anzunehmen ist auch, daß die Wirkung der verschiedenen *Antibiotika* prinzipiell mit einem spezifischen hemmenden Einfluß auf gewisse Enzyme zusammenhängt. Über den physikalisch-chemischen Hintergrund der Enzyminaktivierungen, siehe weiter unten (S. 26).

Enzyme und Gifte haben auch in einer anderen Hinsicht als der oben erwähnten einen Zusammenhang; mehrere Beispiele zeigen, daß Enzyme ausgesprochene Giftwirkungen hervorrufen können. Die kristallisierte Urease ist z. B. wenn direkt in den Kreislauf eingeführt, ein sehr starkes Gift, offenbar weil sie aus dem Harnstoff des Blutes giftiges Ammoniak erzeugt. (Über Antiurease siehe S. 14.) Von größerem praktischem Interesse ist, daß in mehreren tierischen und bakteriellen Giften Enzyme für die Giftwirkung ganz oder teilweise verantwortlich sind. Als Beispiel sei das sog. α-Toxin aus *Clostridium welchii* angeführt, das mit einem lecithinspaltenden Enzym identifiziert werden konnte. Andere lecithinspaltende Enzyme kommen in Giften gewisser Schlangen und Insekten vor (siehe S. 67).

6. Enzym — Virus — Bakteriophag

Es liegt nahe zu fragen, ob ein Zusammenhang zwischen den Enzymen und den verschiedenen, als Krankheitserregern erkannten *Virusarten* besteht. Man könnte sich z. B. vorstellen, daß die Viren Enzyme sind, die den Stoffwechsel der Zellen in falsche Bahnen lenken. Oder man könnte denken, daß die Viren, ohne selbst Enzyme zu sein, gewisse Enzyme der Zellen derart hemmen oder aktivieren, daß der Zellenstoffwechsel entstellt wird. Bei den einfachen Viren, die in reiner, kristallisierter Form gewonnen worden sind, hat man keine Anzeichen dafür gefunden, daß sie einen eigenen Stoffwechsel haben oder überhaupt Enzymwirkungen bekannter Art ausüben. Bei den komplizierten Viren mit sehr hohen Partikelgewichten ist die Frage über eine eventuelle Enzymtätigkeit schwierig zu beantworten, weil die Darstellung reiner Viruspräparate in genügenden Mengen noch nicht gelungen ist. Der bis jetzt einzig bekannte Fall, in dem eine Enzymwirkung eines Virus einigermaßen gesichert erscheint, ist der folgende: Das *Influenzavirus* und gewisse andere ähnliche Virusarten verursachen eine Agglutination der Erythrozyten beim Menschen und bei einigen Tieren. Es scheint, daß diese Agglutination darauf beruht, daß eine schützende Substanz von Polysaccharidcharakter an der Oberfläche der Blutkörperchen enzymatisch zerstört wird. Die betreffenden Viren sollten also eine Art *Mucase* enthalten (S. 56).

Die Frage, ob eine mit einem Virus infizierte Zelle einen vom Normalen abweichenden Stoffwechsel zeigt, ist, jedenfalls bei den tierischen Viren, sehr schwer zu beantworten, weil fast immer die Anzahl der virushaltigen Zellen im Verhältnis zu dem der normalen Zellen des Gewebes klein und schwierig festzustellen ist. Einfacher sollten die Verhältnisse bei den bakteriellen Viren, den *Bakteriophagen* (d'Herelle) sein. Die Anzahl der infizierten Zellen ist hier groß und leichter feststellbar. Viel experimentelles Material liegt aber auf diesem Gebiet nicht vor.

Es ist gezeigt worden, daß zwischen Bildung von Bakteriophagen und Bildung gewisser extrazellulärer Enzyme Ähnlichkeiten bestehen. Da sich die Wirkung der Bakteriophagen oft in einer Auflösung der empfindlichen Bakterien äußert, so liegt es selbstverständlich nahe, anzunehmen, daß sie Enzyme sind oder enthalten (vgl. z. B. über das Lysozym S. 57). Sicher scheint aber auf alle Fälle zu sein, daß die Bakteriophagen ebensowenig wie die Virusarten einen eigenen Stoffwechsel besitzen. Die reinsten bisher gewonnenen Virus- und Bakteriophagenpräparate sind Nucleoproteide.

Da offenbar sowohl die Enzyme als auch die Viren und die Bakteriophagen Proteine oder Proteide sind, so dürfte das Problem ihrer Bildung im großen und ganzen als ein Teilproblem der biologischen Eiweißsynthese betrachtet werden. Vergleicht man z. B. die Virusvermehrung mit der „normalen" Eiweißsynthese, so wäre wohl der einzige Unterschied der, daß die gewöhnlichen Eiweißstoffe von der Zelle immer produziert werden, während die Virusbildung nur dann eintritt, wenn ein Virus von außen in die Zelle eingeführt wird. Aber auch für die Synthese eines „normalen" Eiweißstoffes dürfte die Anwesenheit einer kleinen Menge desselben notwendig sein. Wie von mehreren Forschern hervorgehoben worden ist, zeigt die biologische Eiweißsynthese überhaupt mehrere Züge einer irgendwie autokatalytischen Reaktion. Viele Beobachtungen deuten darauf hin, daß bei der Eiweißsynthese die Nucleinsäuren eine Rolle spielen; es ist also sicher kein Zufall, daß die Viren und Bakteriophagen Nucleinsäuren enthalten.

7. Die Synthese der Enzyme

Da unsere Kenntnisse der Feinstruktur der nativen Eiweißstoffe noch recht mangelhaft sind und wir über den Mechanismus der Eiweißsynthese überhaupt wenig wissen, so ist es erklärlich, daß auch über die Synthese der Enzyme nicht sehr viel gesagt werden kann. Es scheint aber kaum notwendig zu sein, anzunehmen, daß bei der Synthese der Enzyme andere Mechanismen im Spiel sein sollten als bei der Synthese „gewöhnlicher" Eiweißstoffe. Dasselbe dürfte, wie schon oben gesagt, auch für die Synthese der Viren und Bakteriophagen gültig sein.

Unten wird auf die *adaptive* Bildung von Enzymen näher eingegangen. Die Enzymbildung ist dabei in noch unbekannter Weise von der Anwesenheit des Substrats abhängig. Die adaptive Enzymbildung erinnert gewissermaßen an die Bildung von Antikörpern nach Zufuhr von Antigenen (siehe weiter S. 24).

Es wird oft als selbstverständlich angenommen, daß die wirklichen Mengen der Enzyme in einem natürlichen Material sehr klein sind. Dies ist aber nicht immer der Fall, wenigstens nicht dann, wenn man die Mengen der Enzyme mit der Totalmenge des *Eiweißes* im Material vergleicht. Während man wohl früher meistens stillschweigend annahm, daß die Enzyme einer Zelle (z. B. einer Hefezelle) nur einen ganz geringen Teil des Protoplasmas ausmachen, muß hervorgehoben werden, daß neue Ergebnisse zu der Auffassung führen, daß in vielen Zellen das Cyptoplasma größtenteils aus Enzymproteinen besteht (Virtanen). Man könnte sogar fragen, ob nicht alle Proteine Enzyme sind, was jedoch nicht wahrscheinlich erscheint.

Die Bildung der Enzyme ist von besonderen *Genen* gesteuert, und zwar wird (versuchsweise) angenommen, daß die Bildung eines jeden Enzyms nur von einem Gen abhängt. Mutation des Gens bedingt Ausfall des entsprechenden Enzyms. In diesem Zusammenhang sind besonders Untersuchungen von G. W. Beadle und Mitarbeitern mit dem Schimmelpilz *Neurospora* lehrreich. Durch Röntgenbestrahlung, Behandlung mit gewissen Giften usw. wurden Mutanten erhalten, die sich dadurch vom ursprünglichen Stamm unterscheiden, daß sie nur unter Zufuhr bestimmter Metaboliten leben können, die jener offenbar selbst synthetisieren kann. Die Mutation eines Gens hat zum Ausfall eines Enzyms geführt, das bei der Synthese des betreffenden Metaboliten mitwirkt. Da gezeigt werden kann, daß sich diese Mutanten vom ursprünglichen Stamm nur in je einem Gen unterscheiden, so kann beispielsweise aus der Anzahl genetisch verschiedener Mutanten, bei denen eine gewisse Synthese ausbleibt, auf die Mindestzahl der in die Synthese eingehenden Teilreaktionen bzw. die Mindestzahl der dabei beteiligten Enzyme geschlossen werden.

Es sollte hervorgehoben werden, daß das durch Mutation eines Gens bedingte Ausbleiben einer gewissen Enzymreaktion nicht nur auf dem Fehlen des Enzyms beruhen kann, sondern möglicherweise auch auf einer durch die Mutation bedingten Bildung von Inhibitoren.

8. Adaptation

Für das Verstehen der Enzymbildung dürfte die Erscheinung der **Anpassung** oder **Adaptation** von größter Bedeutung sein. Wie ursprünglich von J. Wortmann im Jahre 1882 gezeigt wurde, wird die Bildung gewisser Enzyme der Mikroorganismen durch die Anwesenheit der entsprechenden Substrate im Kulturmedium angeregt. Gewisse Bakterien bilden z. B. Amylase nur dann, wenn das Kulturmedium Stärke enthält; gewöhnliche Hefe vergärt Galaktose nicht, „gewöhnt sich" aber durch Züchtung in Galaktoselösung an das fremde Substrat, so daß sie allmählich zur Galaktosevergärung befähigt wird.

Für Enzyme, die nur in Anwesenheit des entsprechenden Substrats gebildet werden, führte H. Karström die Bezeichnung *adaptive Enzyme* ein. Im Gegensatz dazu wurden andere Enzyme als *konstitutiv* bezeichnet, und es wurde angenommen, daß diese Enzyme unabhängig davon gebildet werden, ob das Substrat in dem Kulturmedium anwesend ist oder nicht. Es kann z. B. angeführt werden, daß gewöhnliche Brauereihefe, die ja in ihrem natürlichen Milieu nie mit Rohrzucker in Kontakt kommt, trotzdem immer große Mengen von Saccharase enthält; die Saccharase wäre also in diesem Fall als ein konstitutives Enzym zu bezeichnen. Gefunden wurde aber, daß der Saccharasegehalt der Hefe durch Züchtung in Rohrzuckerlösung stark gesteigert werden kann, und auch andere Beobachtungen können uns veranlassen zu bezweifeln, daß ein prinzipieller Unterschied zwischen adaptiven und konstitutiven Enzymen besteht. Besonders wichtig erscheint die Feststellung, daß die adaptive Bildung eines Enzyms wenigstens oft von einer Abnahme einer anderen Enzymwirkung begleitet ist, und zwar können hierbei auch die sog. konstitutiven Enzyme in Mitleidenschaft gezogen werden.

Wenn die Anpassung an ein Substrat unter solchen Bedingungen erfolgt, daß ein *Zuwachs*, d. h. eine wesentliche Vermehrung der Zahl der Zellen, stattfindet, so kann selbstverständlich die Ursache einer scheinbaren Adaptation die sein, daß die Kultur von Anfang an mehrere Mutanten enthält, wovon eines das betreffende Substrat angreifen kann. Bei der Züchtung in einer für diese Mutante passenden Substratlösung würden sich eben die, vielleicht von Anfang an sehr wenigen Zellen, die das Substrat angreifen können, vermehren, die anderen Mutanten nicht. Wenn aber die Anpassung *ohne Vermehrung* der Zellenzahl, d. h. in „ruhenden Zellen“ stattfindet, so muß die Erklärung die sein, daß die Zellen irgendwie durch die Anwesenheit des Substrates dazu angeregt werden, das Substrat enzymatisch anzugreifen. Es muß aber zugegeben werden, daß die Neubildung eines Enzyms zwar die einfachste aber nicht die einzig mögliche Erklärung dieser Adaptation ist. An und für sich könnte die Adaptation ebenso gut in einer Beseitigung eines Hemmungskörpers oder in der Bildung eines Coenzyms bestehen. Moderne Untersuchungen zeigen aber, daß wenigstens in einigen Fällen die Adaptation in der Erscheinung eines neuen Enzyms besteht, die aber nicht notwendigerweise die Totalsynthese eines Enzyms, sondern vielleicht nur eine Modifikation eines anderen Enzyms voraussetzen muß. Jedenfalls erfordert die Adaptation Zufuhr von Energie; meistens tritt die Adaptation nur unter aeroben Bedingungen ein. Wie man erwarten konnte, besteht ein deutlicher Zusammenhang zwischen der adaptiven Enzymbildung und dem Stickstoffumsatz der Zellen.

Mehrere Forscher haben auf Analogien zwischen der Bildung adaptiver Enzyme und der Antikörperbildung hingewiesen. Wenn einem Tier ein fremdes Protein (Antigen) parenteral eingeführt wird, so tritt die Bildung eines Antikörpers ein, der mit dem Antigen eine Verbindung ergibt. Kleine Mengen des Antigens können die Bildung sehr großer Mengen des Antikörpers hervorrufen. Die Antikörper sind Globuline; es scheint, daß die Antigene die Synthese der Serumglobuline so beeinflussen, daß statt der normalen leicht modifizierte Globuline (Antikörper) entstehen. Die Antikörper sind sehr spezifisch, d. h. sie reagieren nur mit dem eigenen Antigen, in einigen Fällen auch mit gewissen anderen sehr nahestehenden Antigenen. Dies erinnert ja sehr an die Spezifität der Enzyme: Ein adaptives Enzym greift ja nur das Substrat an, das die Bildung des betreffenden Enzyms veranlaßt hat, möglicherweise einige sehr nahestehende Stoffe außerdem.

9. Zahlenmäßige Charakterisierung der Enzyme

Die Grundlage aller Arbeiten über Enzyme bildet die Möglichkeit, Enzympräparate und Wirkungen zahlenmäßig zu charakterisieren. In einigen wenigen Fällen, z. B. wenn ein Enzym eine sehr charakteristische Lichtabsorption zeigt oder für biologisches Material ungewöhnliche Metalle wie Cu enthält, ist eine direkte Bestimmung der Menge des Enzyms unter Umständen möglich. In den weitaus meisten Fällen ist aber die einzige Möglichkeit, den Zahlenausdruck einer Enzymmenge zu finden, die Angabe der *Wirkung*, und zwar die Wirkung unter festgelegten Bedingungen, in passenden Einheiten ausgedrückt. In vielen Fällen ist es übrigens nötig, die unter den herrschenden Bedingungen *aktive* Enzymmenge und nicht etwa die Totalmenge des Enzyms zu bestimmen.

Wenn es gilt, die Bedingungen festzustellen, unter denen die gemessene Reaktionsgeschwindigkeit als ein Maß der aktiven Enzymmenge angewendet werden kann, so ist selbstverständlich die erste Forderung die, daß die Geschwindigkeit direkt proportional mit der angewendeten Enzymmenge sein soll. Im allgemeinen bestehen keine Schwierigkeiten, Bedingungen zu finden, unter denen dies sogar in weiten Grenzen der Fall ist. Dann kann die in einer willkürlichen Einheit ausgedrückte Reaktionsgeschwindigkeit direkt als Ausdruck der aktiven Enzymmenge angewendet werden. Als Ausdruck der Reaktionsgeschwindigkeit wird oft eine nach irgend einer Formel (z. B. der Formel einer Reaktion erster Ordnung) berechnete Reaktionskonstante angewendet. Dies ist selbstverständlich zulässig, wenn man sich in den Grenzen hält, in welchen die Werte wirklich praktisch konstant sind. Andererseits sollte man nicht vergessen: der Verlauf einer enzymatischen Reaktion ist meist von so vielen Faktoren abhängig, daß eine theoretisch begründete Formel nicht aufzustellen ist. Daß eine enzymatische Reaktion approximativ eine Reaktion erster Ordnung ist, ist als ein Zufall zu betrachten, was natürlich nicht in allen Fällen die Verwendung der entsprechenden Formel verhindern muß. Das beste dürfte aber bis auf weiteres sein, von allen Theorien über den zeitlichen Verlauf einer Enzymreaktion abzusehen und ganz einfach den Umsatz pro Zeiteinheit als Maß der Reaktionsgeschwindigkeit anzuwenden. Dabei muß selbstverständlich in dem Abschnitt der Reaktion, in dem die Messungen ausgeführt werden, der Umsatz mit der Zeit proportional sein. Dies trifft immer für einen Teil der Reaktion zu, der meistens so groß ist, daß eine genügende Zahl von Bestimmungen ausgeführt werden kann, um die angestrebte Genauigkeit zu erreichen. Besonders ist darauf zu achten, daß die Bedingungen (Temperatur, *p*H usw.) so zu wählen sind, daß Enzymzerstörungen während der Versuche vermieden werden.

Die Aktivität bzw. den Reinheitsgrad eines Enzympräparates (in willkürlichen Einheiten) gibt man zweckmäßig in Anzahl Enzymeinheiten pro g des Präparates an. Bei Angaben über den Enzymgehalt von Geweben usw. ist besonders darauf zu achten, daß die Art der Vorbehandlung des Materials, das Vorkommen von natürlichen Aktivatoren oder Hemmungskörpern usw. die gefundene Aktivität sehr stark beeinflussen kann.

Selbstverständlich kann der zeitliche Verlauf einer Enzymreaktion auch in anderer Hinsicht von Interesse sein als nur für die Bestimmung der Initialgeschwindigkeit, d. h. für die Bestimmung der Enzymmenge in willkürlichen

Einheiten. Bei den Amylasen z. B. sagt die Anfangsgeschwindigkeit sehr wenig über die Natur der Spaltung aus. Um davon einen Begriff zu erhalten, muß man nicht nur die Geschwindigkeit der Spaltung, sondern die Form der Spaltungskurve, den Hydrolysengrad nach Abschluß der Spaltung, die Art der entstandenen Hydrolysenprodukte usw. bestimmen. Ähnlichen Verhältnissen begegnet man bei vielen anderen Enzymen.

10. Allgemeines über Vorkommen und Gewinnung der Enzyme

Enzyme kommen in allen lebenden Zellen und Geweben vor. Bei höheren Organismen findet man aber eine weitgehende Differenzierung, indem besondere Zellen bzw. Organe an bestimmten Enzymen sehr reich sind und manchmal sogar, wie die Drüsen des Verdauungsapparates, Enzyme absondern. Eine Abgabe von Enzymen ins umgebende Medium findet man auch bei vielen Mikroorganismen. In solchen Sekreten können die gelösten Enzyme direkt studiert werden; aus den Zellen gewinnt man Enzymlösungen durch Extraktion, wobei meistens eine Zerstörung der Zellstruktur durch Reiben mit Sand, Entwässerung mit Lösungsmitteln, Gefrieren (z. B. in flüssiger Luft) o. dgl. vorangehen muß. Wie schon eingangs erwähnt, sind aber die Enzyme oft an unlöslichen Zellenbestandteilen so fest verankert, daß man sie erst durch weitgehende Autolyse der Zellen, evtl. unter Zuhilfenahme fremder Enzyme (Proteasen) in Lösung bringen kann. Zu beachten ist, daß gewisse Zellen, wie z. B. die der Verdauungsdrüsen, inaktive Vorstufen der abzugebenden Enzyme **(Proenzyme, Zymogene)** enthalten, die aktiviert werden müssen (S. 38). Einige Enzyme hat man überhaupt nicht in Lösung erhalten können; man hat dann mechanisch möglichst fein verteilten Gewebebrei („Homogenat“) anzuwenden. Dauerpräparate können durch Behandlung mit wasserentziehenden Lösungsmitteln, Trocknung bei niederer Temperatur, evtl. Gefriertrocknung, gewonnen werden. Immer größere Bedeutung bei enzymchemischen Arbeiten erlangen Methoden (fraktioniertes Zentrifugieren usw.), die die Trennung verschiedener Zellstrukturen (Zellkerne, Mitochondrien usw.) ermöglichen.

Für die Reinigung bzw. Isolierung von Enzymen spielten früher die besonders von R. Willstätter ausgearbeiteten Adsorptionsmethoden die weitaus größte Rolle. Gewisse Adsorptionsmethoden haben noch eine Bedeutung; andere Methoden kommen aber in größerem Umfange in Betracht. Teilweise hängt dies damit zusammen, daß wir jetzt wissen, daß die Isolierung eines Enzyms die Isolierung eines Eiweißstoffes bedeutet. Die Anwendbarkeit der einen oder anderen Methode kann deshalb bis zu einem gewissen Grade vorausgesagt werden.

Die alte Methode der fraktionierten Fällung mit organischen Lösungsmitteln, vor allem Aceton bzw. Methyl- oder Äthylalkohol, wird noch oft, besonders in den einleitenden Reinigungsoperationen, mit Vorteil angewendet. Die isoelektrische Fällung von Enzymen oder beigemischten Proteinen leistet in vielen Fällen gute Dienste. Die gegenwärtig vielleicht wichtigste Methode der Enzymisolierung dürfte die fraktionierte Fällung durch höhere Konzentration gewisser Neutralsalze, insbesondere Ammoniumsulfat, sein. Die Fraktionierung durch Aussalzen kann durch zweckmäßige Variation des *p*H noch verschärft werden. Für beträchtlich vorgereinigte Enzymlösungen kommen die elektrophoretischen Methoden sowie präparative Ultrazentrifugierung in Betracht. Niedrigmolekulare Verunreinigungen können durch Dialyse in Schläuchen von Cellophan, Collodium u. dgl. beseitigt werden. Für die Entfernung von Salzen spielen Ionenaustauscher vielfach eine Rolle.

Für die modernen Isolierungsmethoden ist, im Gegensatz zu den Adsorptionsmethoden, charakteristisch, daß in verhältnismäßig konzentrierten Lösungen gearbeitet wird; insbesondere ist das in der letzten Stufe der Isolierung, der Kristallisation, der Fall. Oft wird das zu kristallisierende Präparat in sehr verdünnter Lauge gelöst; das *p*H wird dann auf den isoelektrischen Punkt des Enzymproteins gebracht, und die Lösung wird, evtl. im Exsickator, sich selbst überlassen. (Voraussetzung ist selbstverständlich, daß das Enzym beim isoelektrischen Punkt stabil ist. Ist dies nicht der Fall, muß die Kristallisation bei einem anderen, passend gewählten *p*H versucht werden.)

11. Allgemeine Eigenschaften der Enzyme

Wenn wir zunächst von der enzymatischen Aktivität absehen, so können die Eigenschaften der Enzyme im großen und ganzen darauf zurückgeführt werden, daß sie Eiweißstoffe sind. Auch sind die wichtigsten Methoden, die zur chemischen Charakterisierung eines Enzyms herangezogen werden, eben solche, die bei der Untersuchung von Eiweißstoffen überhaupt anwendbare Resultate geliefert haben.

a) **Enzyme als Antigene.** Als **Antigene** bezeichnet man wie erwähnt Körper, die in ein Tier parenteral eingeführt, die Bildung von **Antikörpern** hervorrufen (vgl. S. 11); mischt man Antigen mit dem entsprechenden Antikörper, so tritt eine Reaktion ein, die sich z. B. durch die Bildung eines Niederschlages zeigen kann. Alle wahren Proteine sind Antigene, und außer Proteinen dürften nur einige komplexe Polysaccharide Antigenwirkung zeigen. Die Antikörper sind ohne Ausnahmen Globuline.

Wie andere Proteine sind die Enzyme als Antigene wirksam; Injektion einer Lösung kristallisierter **Urease** ruft die Bildung einer **Antiurease** hervor. Wie schon erwähnt, ist die Urease (wegen der Ammoniakbildung aus dem Bluthamstoff; S. 8) sehr giftig; spritzt man aber z. B. einem Kaninchen eine ganz kleine, nicht lebensgefährliche Ureasemenge ein, so werden schnell soviel Antikörper gebildet, daß das immunisierte Kaninchen nachher die hundertfache letale Dosis an kristallisierter Urease vertragen kann. Das aus einem mit Urease immunisierten Kaninchen gewonnene Antiserum gibt mit einer Lösung kristallisierter Urease einen Niederschlag der Urease-Antiureaseverbindung, die sehr schwer löslich ist. Aus dieser und anderen ähnlichen Antigen-Antikörperverbindungen können die Antikörper in hochgereinigtem Zustand gewonnen werden. Merkwürdigerweise scheint die Urease-Antiureaseverbindung in vitro fast dieselbe Aktivität gegenüber Harnstoff zu haben wie das freie Enzym. Dies zeigt, daß die durch die Immunisierung mit Urease bedingte Widerstandskraft des Tieres gegenüber dem Enzym nicht einfach durch die Bildung der Antigen-Antikörperverbindung erklärt werden kann. Möglicherweise wird das Enzym in Form der Antikörperverbindung im Blut sehr rasch abgebaut oder sonst inaktiviert.

b) **Hitzeinaktivierung der Enzyme.** Die Enzyme sind im allgemeinen bei höherer Temperatur sehr instabil. In den meisten Fällen tritt oberhalb von etwa 60° eine schnelle und irreversible Inaktivierung ein. Die Stabilität variiert jedoch recht stark von einem Enzym zum anderen und ist außerdem vom *p*H der Lösung, von der Anwesenheit von Substrat, Reaktionsprodukten, Salzen, Verunreinigungen in rohen Enzympräparaten usw. abhängig. Ausnahmsweise kann eine Enzymlösung, wie z. B. eine Lösung reiner Ribonuklease (S. 87), ohne Inaktivierung zum Sieden erhitzt werden. Lehrreich ist das Verhalten des kristallisierten Trypsins. Es kann, in Wasser gelöst, bei passendem *p*H auf 90° erhitzt werden und ist bei dieser Temperatur inaktiv; kühlt man die Lösung ab, so wird sie wieder aktiv. Setzt man dagegen einer heißen Lösung irgend ein Neutralsalz zu, so koaguliert das Eiweiß, und durch Abkühlung kann keine Aktivität zurückgewonnen werden. Die Hitzeinaktivierung der Enzyme ist zweifellos mit der **Denaturierung** des Eiweißes verknüpft. Diese kann reversibel sein, wie im Falle des Trypsins; setzt man aber zur Lösung des denaturierten Proteins ein Neutralsalz zu, so tritt eine irreversible Ausflockung ein.

Über den Mechanismus der Eiweißdenaturierung ist nicht viel bekannt. Es scheint aber, daß bei der Denaturierung der eigentlichen, globulären Eiweißstoffe die Moleküle eine mehr fadenförmige Gestalt annehmen; gewisse Gruppen, wie z. B. Sulfhydrylgruppen, die im nativen Protein irgendwie „maskiert" sind, kommen im denaturierten Protein zum Vorschein usw. Wahrscheinlich werden bei der Denaturierung „Querbindungen" zwischen den Polypeptidketten gelöst, wobei sich diese mehr oder weniger entfalten.

Der zeitliche Verlauf der Thermoinaktivierung ist, wenigstens bei unreinen Enzympräparaten, sehr wechselnd. Anschluß an die monomolekulare Formel, den man wohl erwarten sollte, findet man bisweilen. Hat eine gewisse Enzymmenge die Aktivität k und dieselbe Menge nach Erhitzung während t Minuten die Aktivität k_t, so kann man eine *Inaktivierungskonstante* k_c folgendermaßen definieren:

$$k_c = \frac{1}{t} \log k/k_t \tag{1}$$

Oft findet man aber k_c von t abhängig.

Der Temperaturkoeffizient von k_c gehört zu den größten bei chemischen Reaktionen beobachteten, und zwar ist er von derselben Größenordnung wie der der Eiweißdenaturierung. In der von Arrhenius gegebenen Formel

$$k_2 = k_1 \cdot e^{\frac{Q\,(T_2 - T_1)}{R \cdot T_1 \cdot T_2}} \quad (2)$$

ist z. B. bei der Thermoinaktivierung der Oberhefensaccharase Q = etwa 100000.

Nach Erhitzung auf mäßige Temperaturen zeigen gewisse enzymhaltige Materialien eine *gesteigerte* Wirkung; dies dürfte damit zusammenhängen, daß hemmende Stoffe bei niedrigeren Temperaturen eher als das betreffende Enzym zerstört werden.

Sorgfältig getrocknete Enzympräparate zeigen eine sehr viel größere Thermostabilität als Lösungen.

c) **Reaktionsgeschwindigkeit und Temperatur.** Die enzymatischen Reaktionen vergrößern ihre Geschwindigkeit mit der Temperatur in ungefähr demselben Grade wie andere chemische Reaktionen, d. h. die Geschwindigkeit wird durch eine Temperaturerhöhung von 10° etwa verdoppelt. Versuche, die zu richtigen Werten führen sollen, müssen aber bei so niedrigen Temperaturen angestellt werden, daß die *Zerstörung* der Enzyme keine Rolle spielt. Die Temperatur hat ja auf die Enzyme einen zweifachen Einfluß: Erstens wird die Reaktionsgeschwindigkeit mit der Temperatur vergrößert, andererseits wird oberhalb einer gewissen Temperatur eine Zerstörung des Enzyms bemerkbar, die dann mit steigender Temperatur ungemein rasch zunimmt. Bestimmt man die Aktivität eines Enzyms bei einer Temperatur, bei der eine Zerstörung des Enzyms eintritt, so wird man deshalb eine hohe Anfangsgeschwindigkeit finden, die rasch abnimmt, so daß die Reaktion zum Stillstand kommt. Da außerdem wie erwähnt die Zerstörung von allerlei zufälligen Bedingungen abhängig ist, so geht hieraus hervor, daß die früher oft gemachte Angabe von sog. *Optimaltemperaturen* der verschiedenen Enzyme wenig Sinn hat. Praktisch sollte wohl die Optimaltemperatur die höchste Temperatur sein, bei der unter gegebenen Bedingungen noch keine merkbare Zerstörung des Enzyms eintritt.

d) **Die Enzyme als Elektrolyte.** Als Eiweißstoffe sind die Enzyme schwache Elektrolyte, und zwar dürfte wohl ohne weiteres angenommen werden können, daß sie alle *Ampholyte* sind, d. h. Stoffe, die sowohl Säuren als Basen sind.

Bezeichnen wir schematisch einen Ampholyten mit der Formel $H-R-NH_2$, so gilt gemäß dem Gesetz der Massenwirkung:

$$K_a = \frac{[H^+]\cdot[^-R-NH_2]}{[H-R-NH_2]} \quad (3)$$

und

$$K_b = \frac{[H-R-NH_3^+]\cdot[OH^-]}{[H-R-NH_2]} \quad (4)$$

Die Säure- bzw. Basenkonstanten K_a und K_b sind experimentell leicht bestimmbar. Ein besonderes Interesse hat der sog. Dissoziationsrest, d. h. die relative Menge der elektrisch neutralen Moleküle. Ist die Totalmenge des Ampholyten A, so ist der Dissoziationsrest

$$\varrho = \frac{[H-R-NH_2]}{A} = \frac{1}{1 + K_a/[H^+] + K_b\cdot[H^+]/K_w} \quad (5)$$

wobei K_w das Ionenprodukt des Wassers ist ($= 10^{-14,14}$ bei 18°). Wenn man ϱ als Funktion von pH graphisch darstellt, so erhält man eine symmetrisch glockenförmige Kurve, die sog. Dissoziationsrestkurve (Abb. 1). Die Breite der Maximalzone wird von der Größe des Produktes $K_a \cdot K_b$ bestimmt; die Lage des Maximums beruht dagegen auf der relativen Größe der zwei Konstanten.

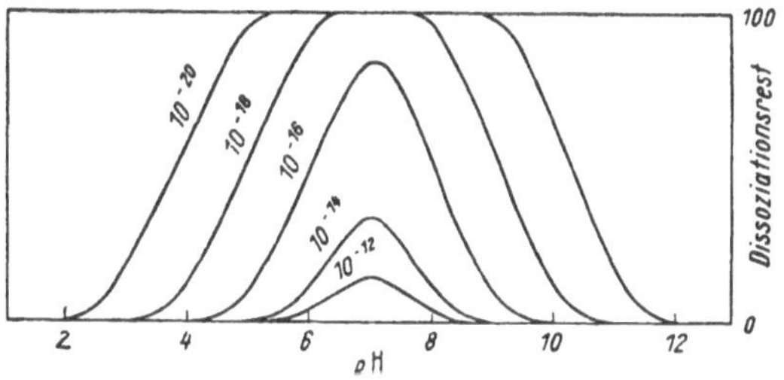

Abb. 1

Die Mitte der Maximalzone wird *der isoelektrische Punkt* genannt und ist dadurch definiert, daß in diesem Punkt der Ampholyt elektrisch ungeladen ist bzw. gleich viele positive und negative Ionen bildet. Durch Division der Gleichungen (3) und (4) finden wir:

$$\frac{K_a}{K_b} = \frac{[H^+] \cdot [^-R-NH_2]}{[OH^-] \cdot [H-R-NH_3^+]} \tag{6}$$

Da nun nach der Definition $[^-R-NH_2] = [H-R-NH_3^+]$ sein sollte, so folgt

$$\frac{K_a}{K_b} = \frac{[H^+]}{[OH]^-} = \frac{[H^+]^2}{K_w} \quad \text{oder} \quad [H^+] = \sqrt{\frac{K_a}{K_b} \cdot K_w} \tag{7}$$

Es ist leicht zu zeigen, daß im isoelektrischen Punkt die totale Ionisation des Ampholyten ein Minimum hat.

Der Umstand, daß im isoelektrischen Punkt der Ampholyt elektrisch neutral ist, darf nicht dahin gedeutet werden, daß darin überhaupt keine geladenen Gruppen vorkommen. Geladene Gruppen können sehr wohl vorhanden sein; Bedingung der elektrischen Neutralität ist selbstverständlich nur, daß die Zahl der positiv geladenen Gruppen gleich der Zahl der negativ geladenen ist. Bei Ampholyten wie bei Enzymen und Eiweißstoffen überhaupt kommen, wie in vielen Fällen auch experimentell direkt gezeigt wurde, saure und basische Gruppen in recht großer Zahl in jedem einzelnen Molekül vor, und zwar werden die K_a- und K_b-Werte von einer Gruppe zur anderen beträchtlich variieren. Die z. B. durch elektrometrische Titrierung ermittelten Dissoziations- bzw. Dissoziationsrestkurven sind also im allgemeinen durch das Zusammenwirken vieler ionisierender Gruppen bestimmt.

Für die Bestimmung des isoelektrischen Punktes eines Eiweißstoffes sind mehrere Methoden anwendbar; die beste dürfte die elektrophoretische Untersuchung sein. Man bestimmt dabei in einer geeigneten Apparatur, z. B. in der von A. Tiselius, die Wanderungsgeschwindigkeit des Stoffes bei verschiedenen Aziditäten. Aus einer Kurve, die die

Wanderungsgeschwindigkeit in positiver bzw. negativer Richtung als Funktion vom *p*H darstellt, kann man dann das *p*H leicht und genau bestimmen, bei dem die Wanderungsgeschwindigkeit Null ist.

Die Lage des isoelektrischen Punktes eines Eiweißstoffes wird selbstverständlich durch die Anzahl und Stärke der dissoziierenden Gruppen bestimmt. Eiweißstoffe, die große Mengen der basischen Aminosäuren Lysin, Histidin und Arginin enthalten, haben deshalb isoelektrische Punkte im alkalischen Gebiet, und umgekehrt bedingt ein Überschuß an sauren Gruppen einen isoelektrischen Punkt im sauren Gebiet. (Es ist dabei daran zu erinnern, daß die in Peptidbindungen nicht beteiligten Carboxylgruppen der Asparagin- und Glutaminsäure in den Eiweißstoffen nicht frei, sondern als Säureamide vorhanden sind.)

12. Die Aktivitäts-*p*H-Kurven der Enzyme

Da die Enzyme Eiweißstoffe sind, so dürfte man ohne weiteres voraussagen können, daß ihre Aktivität von dem jeweiligen Zustand ihrer Dissoziation, d. h. vom *p*H des Mediums, abhängen muß. Daß dies der Fall ist, wurde schon früh, erstmalig 1911 von L. Michaelis, angenommen und zwar weil die Aktivitäts-*p*H-Kurven vieler Enzyme den Dissoziationsrestkurven der Ampholyten auffallend ähnlich sind (Abb. 1).

Die Aktivität der Enzyme ist, wie man lange weiß, von der Acidität der Reaktionslösung stark abhängig. Im Gegensatz zu älteren Untersuchungen, in welchen von der „aktivierenden" oder „hemmenden" Wirkung von Säuren oder Basen gesprochen wurde, zeigten S. P. L. Sörensen (1909) und L. Michaelis, daß der bestimmende Faktor in diesem Zusammenhang die wirkliche *Acidität*, d. h. die *Wasserstoffionenkonzentration* (bzw. Wasserstoffionenaktivität) ist. Dabei soll nicht verschwiegen werden, daß auch andere Ionen als die H^+-Ionen auf die Aktivität eines Enzyms einen deutlichen Einfluß haben können (der sich u. a. darin äußern kann, daß die *p*H-Kurve in verschiedenen Puffern etwas verschieden sein mag); diese Ionenwirkungen sind aber im Vergleich mit der der H^+-Ionen meistens unbedeutend.

Bestimmt man die Aktivität einer gewissen Menge irgend eines Enzyms bei verschiedenen Aciditäten, aber unter sonst gleichen Bedingungen, und trägt man in einem Diagramm die Aktivität gegen das *p*H auf, so erhält man eine mehr oder weniger breite, oft ziemlich symmetrische, glockenförmige Kurve, die *Aktivitäts-pH-Kurve*. Sie kann, wie erwähnt mit dem angewendeten Puffer, mit dem Reinheitsgrad des Enzympräparates, mit dem Gehalt der Lösung an anderen Ionen und, wie wir sehen werden, mit der Substratkonzentration etwas variieren. Wenn ein Enzym mehrere Substrate angreift, kann die *p*H-Kurve auch für verschiedene Substrate etwas verschieden sein. Immerhin kann behauptet werden, daß die Lage und Form der Aktivitäts-*p*H-Kurven für die verschiedenen Enzyme in recht hohem Grade charakteristisch sind.

Die Annahme, Enzyme seien Ampholyte und die Aciditätsabhängigkeit ihrer Wirkung hänge damit zusammen, daß nur Moleküle bestimmter Ladung enzymatisch aktiv sind, wurde wie erwähnt von L. Michaelis eingeführt; sie hat sich als sehr entwicklungsfähig gezeigt. Im Falle der **Saccharase** nahmen Michaelis und Davidsohn an, daß es die ungeladenen (isoelektrischen) Moleküle sind, die Aktivität besitzen. Seitdem nunmehr mehrere Enzyme in reiner Form bekannt geworden sind, ist ein Vergleich zwischen Aciditätsoptimum und isoelektrischem Punkt möglich geworden. Es hat sich dabei gezeigt, daß eine deutliche Parallellität vorliegt. Insbesondere kann gesagt werden, daß bei Enzymen mit isoelektrischen Punkten in der Nähe der neutralen Reaktion das Aktivitätsoptimum mit dem isoelektrischen Punkt nahe zusammenfällt. Weiter scheint allgemein zu gelten, daß bei Enzymen mit isoelektrischen Punkten in stark saurer bzw. deutlich alkalischer Lösung das Optimum zwischen dem isoelektrischen Punkt des Enzyms und dem Neutralpunkt liegt. Es erscheint wahrscheinlich, daß in den Fällen, in denen das Substrat eines Enzyms ausgesprochene Elektrolyteigenschaften besitzt, die *p*H-Kurve des Enzyms auch durch die Säure- bzw. Basennatur des Substrates mitbestimmt wird.

13. Die Enzym-Substratverbindung

Die erste Voraussetzung dafür, daß ein Enzym auf sein Substrat wirken kann, ist, daß eine **Enzym-Substratverbindung** entsteht. Dieser Gedanke wurde zuerst 1913 von Michaelis und Menten klar ausgesprochen. Er ist jetzt einer der grundlegenden Gedanken der Enzymologie; kein experimentelles Material existiert, das die Annahme der Enzym-Substratverbindungen irgendwie überflüssig machen könnte. Alle in letzter Zeit ab und zu auftauchenden Behauptungen, daß die Enzyme auf die Substrate Fernwirkungen ausüben können, haben sich als falsch erwiesen. Wie im speziellen Teil gezeigt werden soll, ist in vielen Fällen die Existenz der Enzym-Substratverbindung sogar direkt, z. B. spektroskopisch, nachgewiesen worden.

Es soll hier natürlicherweise sofort zugegeben werden, daß die Bildung der Enzym-Substratverbindung an sich keine Erklärung dafür ist, daß das Enzym eine chemische Reaktion im Substratmolekül herbeiführt. Wir können nur ganz allgemein sagen, daß die Anlagerung des Substrates an das Enzym eine solche Veränderung in den Bindungsverhältnissen im Substratmolekül bedingen, daß die an sich mögliche Reaktion eintritt. Im Falle der hydrolysierenden Enzyme könnte man sagen, daß die Anlagerung des Substratmoleküls an das Enzym die Festigkeit der zu spaltenden Bindung so herabsetzt, oder anders ausgedrückt, die Anordnung der Elektronen des Substratmoleküls so verschiebt, daß die Hydrolyse schon bei einer sehr niedrigen Wasserstoffionenkonzentration stattfindet.

Die Theorie von Michaelis und Menten wurde auf Grund folgender Beobachtungen aufgestellt: Bestimmt man die Aktivität einer gewissen Enzymmenge (Saccharase) bei verschiedenen Substratkonzentrationen [S], so findet man, daß die Reaktionsgeschwindigkeit anfangs mit der Substratkonzentration ungefähr proportional ansteigt. Bei weiterer Vergrößerung der letzteren steigt die Geschwindigkeit immer langsamer an, um schließlich von der Substratkonzentration fast unabhängig zu werden. Dies bedeutet, daß das Enzym sozusagen mit Substrat gesättigt ist, d. h. fast alle Enzymmoleküle sind an Substratmoleküle angelagert. Trägt man in einem Diagramm die Reaktionsgeschwindigkeit gegen log [S] auf, so erhält man eine S-förmige Kurve (Abb. 5), die die

Form einer Dissoziationskurve hat. Michaelis und Menten nahmen an, daß das Enzym (Totalmenge $= \Sigma$) mit dem Substrat S nach dem Gesetz der Massenwirkung eine Verbindung ES bildet, die die aktive Molekülart ist. Da unter allen Umständen Σ gegenüber [S] sehr klein ist, so ist

$$\frac{(\Sigma-[ES])\cdot[S]}{[ES]} = K_m \text{ („Michaeliskonstante")} \tag{8}$$

Wenn [ES] gleich 0,5 Σ ist, d. h. bei einer Substratkonzentration, $S_{0,5}$, bei der die beobachtete Reaktionsgeschwindigkeit die Hälfte der maximalen Geschwindigkeit bei hoher Substratkonzentration beträgt, so ist $K_m = S_{0,5}$.

Zur experimentellen Bestimmung von K_m wendet man am besten ein graphisches Verfahren nach Lineweaver und Burk an. Die obige Formel kann selbstverständlich eben so gut folgendermaßen geschrieben werden:

$$K_m = \frac{(v_{max} - v)\cdot[S]}{v} \tag{9}$$

worin v die Geschwindigkeit bei der Substratkonzentration [S] und v_{max} die Maximalgeschwindigkeit ist. Schreibt man die Formel folgendermaßen um

$$\frac{1}{v} = \frac{1}{v_{max}} + \frac{K_m}{v_{max}} \cdot \frac{1}{[S]} \tag{10}$$

und trägt man in einem Diagramm 1/v gegen 1/[S] auf, so erhält man eine Gerade, die die 1/v-Achse bei $1/v_{max}$ schneidet. Da der Winkelkoeffizient der Geraden K_m/v_{max} ist, kann also K_m leicht berechnet werden (Abb. 2).

Da die Enzyme Ampholyte sind und die Aktivität bei verschiedenen Aciditäten offenbar mit dem Dissoziationszustand des Enzyms zusammenhängt und andererseits die Aktivität von der Konzentration einer Enzym-Substratverbindung bestimmt wird, so erhebt sich die Frage, ob die Anlagerung des Substrats an das Enzymmolekül von der elektrischen Ladung des letzteren bestimmt wird, vielleicht derart, daß nur elektrisch neutrale Enzymmoleküle das Substrat binden können. Wenn man bedenkt, wie verschiedenartig die Substrate der Enzyme sind, so erscheint es kaum wahrscheinlich, daß die Verhältnisse bei allen Enzymen dieselben sein sollten. U. a. ist wohl anzunehmen, daß die Verhältnisse gewissermaßen einfacher sind, wenn das Substrat ein Nichtelektrolyt ist. Wir wollen hier wieder als Beispiel den Fall der Hefesaccharase wählen, da die klassischen Untersuchungen von Michaelis und Mitarbeitern eben an diesem Beispiel ausgeführt wurden, und das Enzym auch später Gegenstand eingehender Bearbeitung gewesen ist.

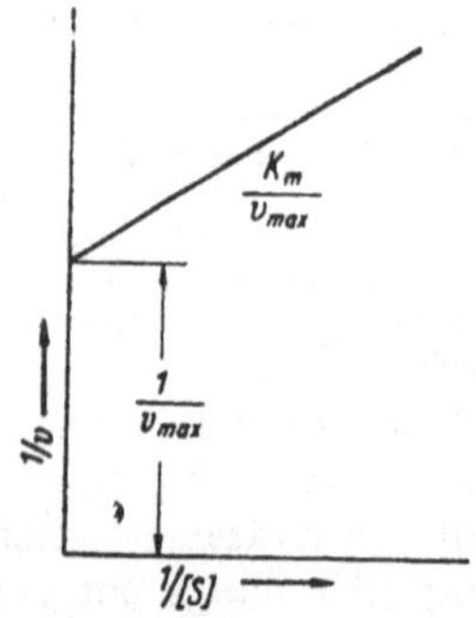

Abb. 2

Michaelis und Davidsohn nahmen, wie erwähnt an, daß nur die elektrisch neutralen Saccharasenmoleküle aktiv sind; speziell wurde angenommen, daß der alkalische Ast der *p*H-Kurve durch die Dissoziation der Saccharase als schwache Säure bedingt ist. Diese Theorie wurde nach der Arbeit von Michaelis und Menten über die Enzym-Substratverbindung dahin abgeändert, daß von Michaelis und Rothstein angenommen wurde, daß die Saccharase-Substratverbindung und nicht das Enzym selbst eine schwache Säure ist. Die Lage der Kurve zeigte, daß K_a der Säure $= 10^{-6,6}$ sein muß. Wenn die Enzym-Substratverbindung eine schwache Säure ist und keine Annahmen über eine Dissoziation des freien Enzymes gemacht werden, so muß, wie Kuhn zeigte, in dem *p*H-Gebiet, wo die hypothetische Säure teilweise dissoziiert ist, die Menge der nicht dissoziierten Säure bei gleichbleibendem *p*H mit der Substratkonzentration variieren. Anders ausgedrückt, die *p*H-Kurve der Saccharase müßte im alkalischen Teil von der Substratkonzentration abhängig sein. Dies ist aber nicht der Fall. Kuhn stellte nun statt der Michaelisschen Betrachtungsweise die Theorie auf, daß die *p*H-Kurve der Saccharase nicht auf einer elektrolytischen *Dissoziation* des Enzyms bzw. der Enzym-Substratverbindung beruhe, sondern auf einer Änderung der *Zerfallsgeschwindigkeit* der Enzym-Substratverbindung mit dem *p*H. Wie man sich eine solche Veränderung einer Geschwindigkeit mit der Acidität vorstellen soll, erscheint nicht klar; es ist aber überflüssig, hierauf einzugehen, da eine Modifikation der Michaelisschen Betrachtungsweise einen sehr guten Anschluß der Theorie an die experimentellen Tatsachen ermöglicht. Obgleich die Saccharase noch nicht in reiner Form dargestellt worden ist, spricht alles dafür, daß die Saccharase ein Protein mit dem isoelektrischen Punkt bei *p*H etwa 5 ist. Dies stützt die ursprüngliche Annahme von Michaelis und Davidsohn, daß das Enzym ein Ampholyt, und speziell das K_a ungefähr gleich $10^{-6,6}$ ist. Es liegt nun kein besonderer Grund vor anzunehmen, daß die Gruppe oder Gruppen, die die Säurenatur des Enzyms bedingen, bei der Bindung des Rohrzuckers an das Enzymmolekül tätig sein sollten. Es erscheint sehr wohl verständlich, ja sogar wahrscheinlich, daß die Bindung des Substrates durch irgend welche, von den sauren Gruppen räumlich getrennte Gruppen die Dissoziation der sauren Gruppen wenig oder gar nicht beeinflußt, und daß also sowohl das Enzym wie die Enzym-Substratverbindung schwache Säuren mit $K_a = 10^{-6,6}$ sind. Die Annahme, daß die sauren Gruppen des Enzymmoleküls mit der Substratverbindung nichts zu tun haben, wird von Versuchen über die Inaktivierung des Enzyms mit gewissen Reagenzien stark gestützt. Inhibitoren, die sicher durch die sauren Gruppen des Enzymmoleküls gebunden werden, haben nämlich eine von der Substratkonzentration unabhängige Wirkung (vgl. S. 27).

Den sauren Ast der Aktivitäts-*p*H-Kurve der Saccharase wollten Michaelis und Davidsohn durch eine Salzbildung des Enzyms als Base erklären, eine Hypothese, die aber scharf kritisiert wurde. Da die *p*H-Kurve in diesem Gebiet (also im Gegensatz zum Verhalten im alkalischen Gebiet) von der Substratkonzentration abhängt, wollte man die Abnahme der Enzymwirkung mit zunehmend saurer Reaktion durch eine *Verminderung der Affinität* Enzym-Substrat, also durch eine Abhängigkeit der Konstante K_m von der Acidität, erklären. Auf Grund von Inaktivierungsversuchen mit Säuren (richtiger mit Anionen) und Metallionen sowie anderen Erwägungen kam aber Verf. zu der Ansicht, daß die experimentell gefundene Variation von K_m mit der Acidität (im Gebiet pH $= 2 - 4$) nur scheinbar ist, und daß sich die ganze Aktivitäts-pH-Kurve der Saccharase durch die Dissoziationsverhältnisse saurer und basischer Gruppen im Enzymmolekül erklären läßt. Da gezeigt werden konnte, daß Inhibitoren, die sicher durch die basischen Gruppen des Enzymmoleküls gebunden werden, eine Wirkung haben, die von der Substratkonzentration in charakteristischer Weise abhängt (kompetitive Hemmung, siehe S. 27), so konnte daraus geschlossen werden, daß der Rohrzucker an die basischen Gruppen angelagert wird, die die Salzbildung des Enzyms als Base bestimmen. (Über die Anzahl der sauren bzw. basischen Gruppen im Saccharasemolekül können gegenwärtig keine bestimmten Aussagen gemacht werden.) Versuche über die Einwirkung von salpetriger Säure u. a. auf das Enzym berechtigen zu der an sich wahrscheinlichen Annahme, daß die basischen Gruppen wenigstens zum Teil primäre Aminogruppen sind. Bezeichnen wir also das Enzym mit $H-E-NH_2$ und das Substrat mit S, so haben wir in einer Enzym-Substratlösung die folgenden Gleichgewichte: ($\Sigma =$ totale Enzymmenge)

$$(11) \qquad \frac{([H-E-NH_2] + [^-ENH_2]) \cdot [S]}{[H-E-NH_2S] + [^-ENH_2S]} = K_m$$

$$(12) \qquad \frac{([H-E-NH_3^+] + [^-E-NH_3^+]) \cdot [OH^-]}{[H-E-NH_2] + [^-E-NH_2]} = K_b$$

$$(13) \qquad \frac{([^-E-NH_2S] + [^-E-NH_2] + [^-E-NH_3^+]) \cdot [H^+]}{[H-E-NH_2S] + [H-E-NH_2] + [H-E-NH_3^+]} = K_a$$

$$(14) \qquad \Sigma = [H-E-NH_2S] + [^-E-NH_2S] + [H-E-NH_2] + [^-E-NH_2] + [H-E-NH_3^+] + [^-E-NH_3^+]$$

Durch Elimination erhalten wir

$$(15) \text{ Relative Aktivität} = \frac{[H-E-NH_2S]}{\Sigma} = \frac{1}{\left(1 + \frac{K_a}{[H^+]}\right)\left[1 + \frac{K_m}{[S]}\left(1 + \frac{K_b}{[OH^-]}\right)\right]}$$

Die nach dieser Formel berechneten relativen Aktivitäten stimmen, wie aus der Abb. 3 hervorgeht, sehr gut mit den Experimenten überein.

Wenn die oben skizzierte Betrachtungsweise prinzipiell richtig ist, so ist K_m wirklich eine für ein Enzym charakteristische Konstante; sie variiert beispielsweise nicht mit dem pH der Versuchslösung. Daß man in mehreren Fällen eine derartige Variation gefunden hat, beruht darauf, daß stillschweigend vorausgesetzt wurde, daß eine elektrolytische Dissoziation des Enzyms in dem in Frage kommenden pH-Gebiet keine Rolle spielt. Selbstverständlich wird diese Voraussetzung bei den Enzymen selten zulässig sein.

Bei den obigen Berechnungen sollte hervorgehoben werden, daß sie unter der Voraussetzung ausgeführt worden sind, daß im Verhältnis zur Geschwindigkeit der eigentlichen enzymatischen Reaktion *in der Enzym-Substratverbindung* die Geschwindigkeit der *Bildung* der Enzym-Substratverbindung und die des *Zerfalls* der Enzym-Reaktionsprodukt-

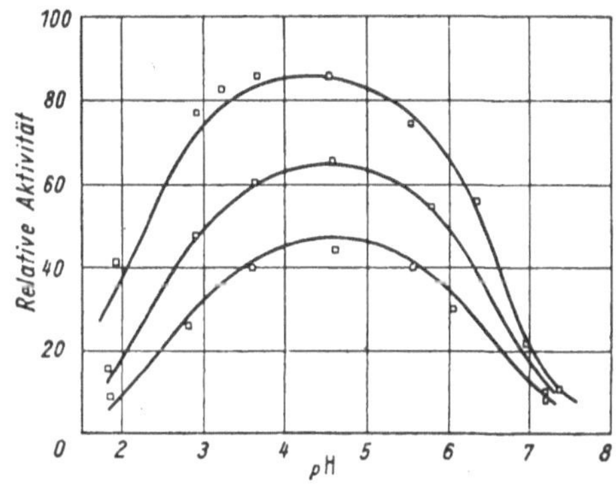

Abb. 3. Die Punkte zeigen die experimentell berechneten Aktivitätswerte; die Kurven sind aus der Formel (15) berechnet

verbindungen sehr groß sind. Erst dann wäre die Anwendung des Gesetzes der Massenwirkung zulässig. Die gute Übereinstimmung zwischen Experiment und Theorie scheint ja zu zeigen, daß die erwähnten Forderungen erfüllt sind. Andererseits sollte man sich kaum die Wirkung eines Enzyms auf das Substrat so vorstellen, daß zunächst eine Enzym-Substratverbindung entsteht, und daß dann in der fertigen Verbindung die enzymatische Reaktion stattfindet. Vielmehr dürfte anzunehmen sein, daß die Bildung der Enzym-Substratverbindung sozusagen die enzymatische Reaktion in sich einschließt, so daß dabei zwei unabhängige Phasen überhaupt nicht unterschieden werden können. Es scheint dem Verf., als müsse man sich vorstellen, daß eben die spezielle Bindung des Substratmoleküls an die Enzymoberfläche („bindende Fläche", siehe weiter unten) eine solche Veränderung der Bindungsverhältnisse im Substratmolekül herbeiführt, daß die eigentliche enzymatische Reaktion im wesentlichen fertig ist, wenn die Anlagerung der Moleküle aneinander vollendet ist.

Es kann selbstverständlich nicht erwartet werden, daß die hier geschilderte Betrachtungsweise der Enzymsubstratverbindung bei allen Enzymen anwendbar sein wird. Erstens müssen die Voraussetzungen bzgl. der Geschwindigkeiten der Bildung und Zersetzung der Enzym-Substratverbindung erfüllt sein. Daß die Geschwindigkeit der *Bildung* der Enzym-Substratverbindung unter Umständen eine Rolle spielen kann, ist anzunehmen. Die Bedeutung dieses Teilprozesses für die Geschwindigkeit der enzymatischen Reaktion ist besonders von van Slyke hervorgehoben worden.

Es ist zu beachten, daß in gewissen Fällen ein Enzym mit seinem Substrat mehr als eine Verbindung bilden kann. Die verschiedenen Enzym-Substratverbindungen müssen gar nicht dieselbe Zerfallsgeschwindigkeit haben. Vielmehr ist wahrscheinlich, daß eine Verbindung aktiv ist, die anderen nicht, oder daß jedenfalls eine der Substratverbindungen viel aktiver als die anderen sind. In einigen Fällen ist experimentell festgestellt worden, daß die Aktivitäts-pS-Kurve eines Enzyms nicht den oben beschriebenen S-förmigen Verlauf, sondern eine mehr oder weniger symmetrische, glockenförmige Gestalt hat. In einigen derartigen Fällen konnte die Kurve unter der Annahme berechnet werden, daß außer einer aktiven Enzymsubstratverbindung ES (Dissoziationskonstante K_1) eine naktive Enzym-Substratverbindung ES_2 gebildet wird, wobei

$$\text{(16–17)} \qquad [E] \cdot [S] = K_1 \cdot [ES] \text{ und } [ES] \cdot [S] = K_2 \cdot [ES_2]$$

Man findet leicht

$$\text{(18)} \qquad \text{Relative Aktivität} = \frac{[ES]}{\Sigma} = \frac{1}{1 + K_1/[S] + [S]/K_2}$$

Diese Formel ergibt eine symmetrisch glockenförmige Aktivitäts-pS-Kurve. Selbstverständlich können alle Berechnungen unter Umständen z. B. dadurch unmöglich werden, daß das Enzym bei höheren Substratkonzentrationen irreversibel geschädigt wird.

Eine Veränderung der Ladung eines Enzymmoleküls bzw. gewisser Gruppen darin kann sekundäre Reaktionen im Enzym hervorrufen, die reversibel oder irreversibel sein können. Oft kann eine experimentell bestimmte *p*H-Kurve eines Enzyms dadurch entstellt sein, daß in gewissen *p*H-Gebieten eine *irreversible* Zerstörung des Enzyms schon während der Bestimmung eintritt. Andererseits gibt es Fälle, in denen Veränderung der Ladung gewisser Gruppen in Enzymmolekülen weitere *reversible* Veränderungen zur Folge hat. Ein interessantes Beispiel ist nach Northrop das Trypsin. Das *p*H-Optimum liegt bei *p*H = 8; der saure Ast der Kurve wird nach Northrop durch die Salzbildung der Substrate bestimmt. Es wird mit anderen Worten angenommen, daß die negativen Substrationen das Enzym binden. Der alkalische Ast der *p*H-Kurve wird nach Northrop und Kunitz durch ein Gleichgewicht zwischen nativem und denaturiertem Trypsin bestimmt, das bei steigendem *p*H zugunsten der denaturierten Form verschoben wird. Die Denaturierung dürfte als Folge der Ionisation irgend einer ionisierbaren Gruppe des Enzymmoleküls betrachtet werden können. (Eine weitere Komplikation tritt auf, wenn die denaturierte Form des Enzyms von der nativen proteolytisch gespalten wird.)

Komplizierter werden die Verhältnisse selbstverständlich dann, wenn ein Enzym gleichzeitig auf zwei Stoffe wirkt. Dies ist z. B. bei den **Dehydrogenasen** (S. 112) der Fall; die Enzyme dehydrogenieren gewisse Substrate, die **Wasserstoffdonatoren,** unter gleichzeitiger Hydrogenierung der sog. **Coenzyme,** d. h. spezifischer **Wasserstoffacceptoren.** Die Coenzyme bilden mit den Enzymproteinen **(Apoenzymen)** Verbindungen, die meistens mit den freien Komponenten im Gleichgewicht stehen. Es wird auch hier angenommen, daß die Wirkung des Enzyms auf das Substrat, d. h. die Dehydrogenierung desselben, in einer Enzym-Substratverbindung stattfindet. In diesem Fall nimmt man also die Existenz einer ternären Verbindung Donator-Enzym-Acceptor an, in der die „Übertragung des Wasserstoffes" stattfindet.

Ähnlich dürften wohl die Verhältnisse bei Katalase und Peroxydase sein. Mit moderner Methodik ausgeführte Untersuchungen von B. Chance haben gezeigt, daß die früher bestimmten Werte der Dissoziationskonstanten der Enzym-H_2O_2-Verbindungen völlig falsch sind. Tatsächlich ist die Affinität der Enzyme zum H_2O_2 so hoch, daß eine Dissoziationskonstante wenigstens nicht genau bestimmt werden kann. Weiter konnte die Existenz mehrerer Enzym-H_2O_2-Verbindungen gezeigt werden; die Bildung der Enzym-H_2O_2-Verbindungen tritt mit einer ganz außerordentlich hohen Geschwindigkeit ein. Die zweite Phase der Reaktion besteht in der Oxydation der Donatoren durch die Enzym-H_2O_2-Verbindungen. Die Geschwindigkeit dieser Phase ist im untersuchten Gebiet proportional der Donatorkonzentration. Die Bildung eines ternären Komplexes erscheint auch hier wahrscheinlich, wenn auch direkte Beweise dafür fehlen. Im Falle der Peroxydasen bietet dabei auch der Umstand eine Schwierigkeit, daß so viele, chemische voneinander recht verschiedene Stoffe oxydiert werden.

14. Verbindungen der Enzyme mit den Reaktionsprodukten

Es hat sich gezeigt, daß die Enzyme nicht nur mit ihren Substraten, sondern, wenn auch nicht in sämtlichen Fällen, mit den Spaltprodukten derselben dissoziierende Verbindungen bilden. Dies zeigt sich dadurch, daß die betreffenden Produkte die Enzymwirkung hemmen. Auch diese Frage ist von L. Michaelis in grundlegenden Arbeiten behandelt worden.

Wenn wir wieder die Saccharase als Beispiel wählen, so kann nach Michaelis der Einfluß der Reaktionsprodukte (approximativ) berechnet werden, indem man annimmt, daß Glucose (G) und Fructose (F) mit dem Enzym (Totalmenge Σ) Verbindungen EG bzw. EF nach dem Massenwirkungsgesetz bilden. Wenn also in einem Spaltungsversuch mit Rohrzucker (S) von Anfang an Glucose zugesetzt wird, so bildet sich außer der enzymatisch aktiven Verbindung ES auch die inaktive EG, und zwar ist nach Michaelis:

$$\frac{[S] \cdot (\Sigma - [ES] - [EG])}{[ES]} = K_m \quad \text{und} \quad \frac{[G] \cdot (\Sigma - [ES] - [EG])}{[EG]} = K_g \tag{19--20}$$

Hieraus erhält man durch Elimination

$$K_g = \frac{[G] \cdot K_m}{[S] \cdot (\Sigma/[ES] - 1) - K_m} \tag{21}$$

Ist die Reaktionsgeschwindigkeit in diesem Versuch v und in einem entsprechenden Versuch ohne Glucose v_0, so ist $v/v_0 = [ES]/[ES_0]$. Aus der Gleichung (8) S. 20 folgt aber, daß

$$\frac{ES_0}{\Sigma} = \frac{[S]}{[S] + K_m} \tag{22}$$

ist. Die Dissoziationskonstante K_g der Enzym-Glucoseverbindung kann dann nach der folgenden Formel berechnet werden:

$$K_g = \frac{[G] \cdot K_m}{([S] + K_m)(v_0/v - 1)} \tag{23}$$

Es wurde schon erwähnt, daß diese Berechnungen höchstens als approximativ bezeichnet werden können. Dies hängt u. a. damit zusammen, daß eben bei der Saccharase sich die Verhältnisse dadurch komplizieren, daß die anomeren Formen der Hexosen zum Enzym verschiedene Affinitäten haben.

Man fragt sich selbstverständlich, inwieweit Versuche über die Hemmungen der Enzyme durch Reaktionsprodukte Aufschluß über die Bindungsweise Enzym-Substrat geben können. Im Falle der Saccharase haben beide Spaltprodukte Affinität zum Enzym und man fühlt sich geneigt anzunehmen, daß bei der Anlagerung des Rohrzuckermoleküls an das Enzym beide Monosaccharidreste mitspielen. Auf diese Fragen werden wir bei der Besprechung der enzymatischen Spezifität zurückkommen.

15. Hemmungskörper der Enzyme (Destruktoren, Inhibitoren); essentielle Gruppen der Enzymmoleküle

Die Enzyme werden leicht zerstört bzw. inaktiviert. Eine „Zerstörung" tritt wie schon erwähnt durch Erhitzen ein; ähnliche Zerstörung wird auch durch stark saure bzw. alkalische Reaktion hervorgerufen, durch gewisse Arten von Strahlung, durch gewaltsames Schütteln der Lösungen usw. Diese Zerstörungen, die meistens irreversibel sind, dürften wie die Hitzeinaktivierung auf unspezifischer Eiweißdenaturierung beruhen. Die Zerstörung durch Strahlungen dürfte indirekt durch aus dem Wasser gebildete reaktionsfähige Radikale bzw. Ionen bedingt sein.

Man unterscheidet zwischen *irreversibler Inaktivierung* (**„Zerstörung"**) und *reversibler Inaktivierung* oder *Hemmung* (**Inhibition**). Ein Enzym kann z. B. durch Silberionen dadurch gehemmt werden, daß ein wenig dissoziiertes, inaktives Silbersalz des Enzyms entsteht. Setzt man Schwefelwasserstoff hinzu, so werden die Silberionen als Sulfid beseitigt; die Inaktivierung ist reversibel. Behandelt man ein Enzym mit salpetriger Säure, so kann z. B. eine Deaminierung (Ersatz der primären Aminogruppe durch OH) eintreten, die eventuell zur Inaktivierung führt. Diese Deaminierung kann nicht unter Wiedergewinnung der Aktivität des Enzyms rückgängig gemacht werden; die Inaktivierung ist irreversibel. Ein prinzipieller Unterschied in dieser Beziehung zwischen den Wirkungen verschiedener Reagenzien ist jedoch nicht vorhanden. Jod kann z. B. dadurch irreversibel inaktivieren, daß aromatische bzw. heterocyclische Kerne jodiert werden, eine Reaktion, die ohne Zerstörung des Enzyms nicht rückgängig gemacht werden kann. Andererseits kann Jod auch beispielsweise dadurch ein Enzym inaktivieren, daß es Sulfhydryl- zu Disulfidgruppen oxydiert. In solchen Fällen ist eine Reaktivierung durch Cystein oder andere passende Reduktionsmittel unter Umständen möglich.

Wenn ein Enzym z. B. durch Deaminierung mit salpetriger Säure inaktiviert wird, so kann mit Vorbehalt darauf geschlossen werden, daß die primären Aminogruppen für die enzymatische Wirkung wesentlich sind; sie gehören zu den **essentiellen Gruppen** des Enzymmoleküls. Es kann aber nicht behauptet werden, daß *alle* Veränderungen in den Enzymmolekülen zur Inaktivierung derselben führen. Im Falle des

Pepsins kann man z. B. die freien Aminogruppen der Lysinreste acetylieren, ohne daß die Aktivität verloren geht; in diesem Fall sind also die Aminogruppen nicht essentiell.

Einige der essentiellen Gruppen sind für die Wirkung notwendig, weil sie bei der *Bindung* des Substrates beteiligt sind, andere haben offenbar mit der Substratbindung nichts zu tun, bedingen aber irgendwie (in der Enzym-Substratverbindung) die Umwandlung des Substrats in die Reaktionsprodukte. Wenn ein Stoff dadurch auf ein Enzym inaktivierend wirkt, daß es mit den substratbindenden Gruppen reagiert, so werden diese durch das Substrat vor der Wirkung des inaktivierenden Stoffes mehr oder weniger geschützt. Ist die Reaktion des Inhibitors mit den substratbindenden Gruppen reversibel, so daß ein vom Gesetz der Massenwirkung bestimmtes Gleichgewicht zwischen Enzym, Inhibitor und Enzym-Inhibitorverbindung entsteht, so ist leicht einzusehen, daß dieses Gleichgewicht durch die Anwesenheit des Substrates derartig verschoben werden muß, daß mit Erhöhung der Substratkonzentration eine Abnahme der Menge der Enzym-Inhibitorverbindung, d. h. eine Verminderung der Inhibition eintritt. Ein Inhibitor, der in der beschriebenen Weise auf das Enzym wirkt, gibt eine **kompetitive Hemmung.**

Reagiert dagegen ein Inhibitor mit einer nicht substratbindenden, aber trotzdem essentiellen Gruppe, so spielt offenbar die An- oder Abwesenheit des Substrates für das Ausmaß der Inaktivierung keine Rolle; der Inhibitor gibt eine **nicht kompetitive Hemmung.**

In proteidartig gebauten Enzymen können selbstverständlich Inaktivierungen durch Reaktion eines Hemmungsstoffes mit der prosthetischen Gruppe des Enzyms bedingt sein. Ein Beispiel ist die Inaktivierung der eisenhaltigen Atmungsenzyme mit Cyanwasserstoff (S. 142). In anderen Fällen muß dagegen eine Reaktion des Inhibitors mit dem Eiweiß angenommen werden. Dies ist sicher bei vielen Inaktivierungen der Proteidenzyme der Fall und muß bei denjenigen Enzymen, die einfache Eiweißstoffe sind, immer die Erklärung der Inaktivierung sein. Da wir, jedenfalls in vielen Fällen, annehmen müssen, daß Enzyme ausschließlich die gewöhnlichen Aminosäuren enthalten, so ist anzunehmen, daß die Hemmungen dieser Enzyme durch Reaktion der Inhibitoren mit Gruppen der Aminosäurereste bedingt werden, also Gruppen wie die primäre Aminogruppe, andere basische Gruppen, Hydroxyl-, SH-, Carboxylgruppen usw. Substitution aromatischer bzw. heterocyclischer Kerne ist ebenfalls in Betracht zu ziehen.

Von besonderem Interesse sind selbstverständlich Inaktivierungen durch möglichst spezifische Reagenzien, d. h. Fälle, bei denen die Untersuchung der Inaktivierung und ihrer Abhängigkeit von der Substratkonzentration, der Acidität usw. Schlüsse über die Anwesenheit bestimmter essentieller Gruppen im Enzym erlauben. Als Beispiel sei die Inaktivierung der Saccharase durch verschiedene Reagenzien angeführt, die für die Carbonylgruppen bzw. Aldehydgruppen mehr oder weniger spezifisch sind. So kann z. B. die Inaktivierung des Enzyms durch Anilin nnd kernsubstituierte Derivate davon als Bildung Schiffscher Basen mit einer (möglicherweise einem Zuckerrest gehörigen) Aldehydgruppe im Enzymmolekül erklärt werden. Betrachtet man in diesem Falle das nicht geladene Aminmolekül $R-NH_2$ als das wirksame Agens, so findet man, wie zu erwarten, daß die Inaktivierung vom *p*H der Lösung unabhängig ist. Rechnet man dagegen mit der Totalmenge des Amins ($R-NH_2 + R-NH_3^+$), so findet man in den meisten Fällen mit zunehmender Acidität eine verminderte Hemmung, offenbar weil das Amin je nach dessen Basenstärke mehr oder weniger vollständig in die inaktive, geladene Form, $R-NH_3^+$, übergeführt wird.

Besonderes Interesse verdienen Inaktivierungen durch Reagenzien, die für HS-Gruppen mehr oder weniger spezifisch sind. In mehreren Fällen hat man in kristallisierten Enzymen die Anwesenheit von Sulfhydrylgruppen direkt nachweisen können; in vielen anderen Fällen aber hat man ihre Anwesenheit durch zweckmäßig angestellte Inaktivierungsversuche beweisen können. Als Inhibitoren kommen in diesem Falle eine ganze Reihe von Stoffen in Betracht: Jodessigsäure bzw. Jodacetamid reagieren durch Alkylierung:

$$\text{Enzym}-SH + JCH_2-COOH \rightarrow \text{Enzym}-S-CH_2-COOH + HJ\,.$$

Milde Oxydationsmittel wie Jod, Ferricyanid, oxydiertes Glutathion Chinone u. a. inaktivieren durch Überführung der Sulfhydryl- in Disulfidgruppen. Wichtige Ergebnisse haben weiter Inaktivierungsversuche mit organischen Arsen- und Quecksilberverbindungen geliefert.

Als in gewissem Sinne unspezifisch können die Inaktivierungen angesehen werden, die durch Reaktion des Inhibitors mit denjenigen sauren Gruppen des Enzyms verursacht werden, die die Aktivitäts-*p*H-Kurve bestimmen oder mitbestimmen. Die Hefesaccharase sei wieder als Beispiel gewählt. Man findet, daß die Inaktivierung durch Ag^{2+}, Cu^{2+}, Zn^{2+}, Pb^{2+}, Cd^{2+} und wahrscheinlich mehrere andere Metallionen von der Substratkonzentration unabhängig ist, aber mit der Acidität sehr stark variiert. Tatsächlich sind, wie aus der Abb. 4 hervorgeht, die Aktivitäts-*p*H-Kurven (ausgezogen) des Enzyms in Anwesenheit einer bestimmten Metallionmenge durch eine Parallelverschiebung des alkalischen Astes der *p*H-Kurve entstanden. Die Erklärung ist, daß die sauren Gruppen des Enzyms mit den Metallionen wenig dissoziierte Salze geben. Da wir in dem betreffenden *p*H-Gebiet vom Ladungszustand der basischen Gruppen des Enzyms und dadurch auch von der Substratkonzentration absehen können, so haben wir z. B. in Anwesenheit einer gewissen Menge Silbersalz [Ag] die Gleichgewichte:

$$[H^+] \cdot [E^-] = K_a \cdot [HE] \tag{24}$$

$$(Ag-AgE) \cdot [E^-] = K_{Ag} \cdot [AgE] \tag{25}$$

$$\Sigma = [HE] + [AgE] + [E^-] \tag{26}$$

Man findet leicht:

$$\text{Relative Aktivität} = \frac{[HE]}{\Sigma} = \frac{1}{1 + \frac{K_a}{[H^+]}\left(1 + \frac{(Ag-AgE)}{K_{Ag}}\right)} \tag{27}$$

Die Formel gibt Kurven, die mit dem alkalischen Ast der *p*H-Kurve parallel sind und mit den experimentell gefundenen gut übereinstimmen.

In ähnlicher Weise können die Inaktivierungen berechnet werden, die durch Salzbildung zwischen Anionen und den basischen Gruppen des Enzyms verursacht werden. Zu bemerken ist, daß wir hier mit der Substratkonzentration zu rechnen haben, da die Hemmung nach dem obigen kompetitiv sein muß, was auch mit den Experimenten im Einklang steht. Untersucht wurden im Falle der Saccharase

Säuren wie: Pikrinsäure, Phosphorwolframsäure usw. Im Falle der Pikrinsäure, die eine relativ schwache Wirkung hat, können wir die vom Enzym gebundene Menge des Inhibitors gegen die Totalmenge [P] vernachlässigen und haben, da wir in dem in Frage kommenden pH-Gebiet von der Dissoziation des Enzyms als Säure absehen können, die Gleichgewichte:

$$[\mathrm{E-NH_3^+}] \cdot [\mathrm{OH^-}] = K_b \cdot [\mathrm{E-NH_2}] \tag{28}$$

$$[\mathrm{E-NH_3^+}] \cdot [\mathrm{P^-}] = K_P \cdot [\mathrm{E-NH_3P}] \tag{29}$$

$$[\mathrm{E-NH_2}] \cdot [\mathrm{S}] = K_m \cdot [\mathrm{E-NH_2S}] \tag{30}$$

$$\Sigma = [\mathrm{E-NH_2S}] + [\mathrm{E-NH_3^+}] + [\mathrm{E-NH_2}] + [\mathrm{E-NH_3P}] \tag{31}$$

Hieraus berechnet man

$$\text{Relative Aktivität} = \frac{[\mathrm{E-NH_2S}]}{\Sigma} = \frac{1}{1 + \frac{K_m}{[\mathrm{S}]}\left[1 + \frac{K_b}{[\mathrm{OH^-}]}\left(1 + \frac{[\mathrm{P}]}{K_P}\right)\right]} \tag{32}$$

Die Formel zeigt, daß die Inaktivierungskurven aus dem sauren Ast der Aktivitäts-pH-Kurve durch Parallelverschiebung entstanden sind, was auch mit den Experimenten übereinstimmt (Abb. 4, gestrichelte Kurven).

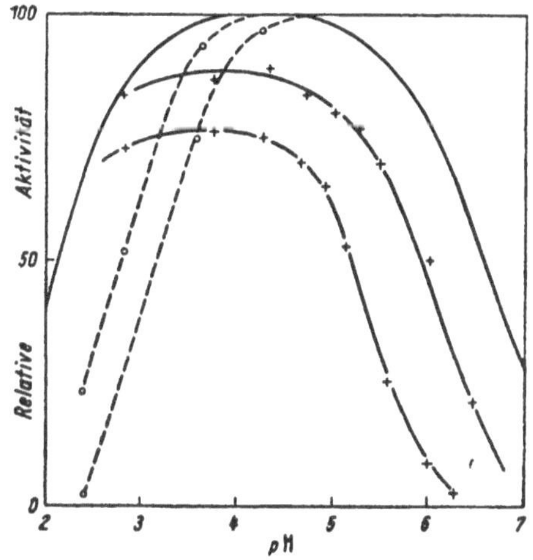

Abb. 4

In einigen Fällen sind Verbindungen von Enzymen mit inaktivierenden Stoffen in kristallisierter Form gewonnen worden. Beispiele sind unter Chymotrypsin (S. 74) angeführt; in diesen Verbindungen ist das molekulare Verhältnis zwischen Enzym und Hemmungskörper = 1, was selbstverständlich nicht immer der Fall zu sein braucht.

Schließlich sei erwähnt, daß in sehr vielen Fällen die Existenz natürlicher Hemmungskörper nachgewiesen worden ist, die mit Enzymen inaktive Verbindungen (oft im molekularen Verhältnis 1 : 1) geben. Diese natürlichen Hemmungskörper sind oft sehr spezifisch. Die sog.

Proenzyme (siehe hierüber weiter S. 38) sind oft, wenn nicht immer, als Verbindungen der Enzyme mit spezifischen, natürlichen Hemmungskörpern zu betrachten. Dabei scheint jedoch meistens die Bindung Enzym-Hemmungskörper eine normale Hauptvalenzbindung, oft eine Peptidbindung zu sein, die vermutlich erst durch die Wirkung gewisser proteolytischer Enzyme gelöst werden kann. Gewisse natürliche Hemmungskörper bilden aber, wenn in Lösung mit den entsprechenden Enzymen gemischt, ohne weiteres die inaktiven Verbindungen, wobei die Reaktion wohl meistens als die Bildung eines schwach dissoziierten Salzes aufzufassen ist. Selbstverständlich kann auch in diesem Fall eine scheinbare Lösung der Bindung Enzym-Hemmungskörper durch ein proteolytisches Enzym dadurch zustande kommen, daß das Enzym den Hemmungskörper abbauen kann. Eventuell könnte dies auch eine Erklärung für die enzymatische Aktivierung gewisser Proenzyme sein.

Ein natürlicher Hemmungskörper des Trypsins kommt in Sojabohnen vor. Er ist in reiner Form bekannt und ist ein Eiweißstoff (Globulin). Er reagiert in der nativen aber nicht in der denaturierten Form mit Trypsin. Die Reaktion verläuft unmeßbar schnell und wird als eine Ionen-Reaktion betrachtet. Offenbar besteht in der Mischung ein Gleichgewicht zwischen Enzym, Inhibitor und Verbindung derselben, da die Hemmung schon durch Verdünnung der Lösung teilweise aufgehoben werden kann.

Auch in der Pankreasdrüse selbst kommt ein Trypsininhibitor vor, der ebenfalls in kristallisierter Form bekannt ist. Er ist ein Polypeptid mit dem Molekulargewicht etwa 9000. Die Inaktivierung ist in diesem Falle eine Zeitreaktion; bei pH = 3 zerfällt die Trypsin-Inhibitorverbindung, und es entsteht aktives Trypsin.

16. Kinetik

Es sollte zunächst hervorgehoben werden, daß Verunreinigungen der Enzymlösungen den zeitlichen Verlauf der enzymatischen Reaktion beeinflussen können; es lohnt sich deshalb kaum, bei Versuchen mit unreinen Enzymlösungen mehr oder weniger komplizierte Ausdrücke für den Verlauf der Reaktion aufzustellen. Aber auch mit reinen Enzymen wird der zeitliche Verlauf der Wirkung durch so viele Faktoren beeinflußt, daß ein Anschluß der Reaktion an die eine oder andere Formel mehr als ein Zufall betrachtet werden muß.

Betrachten wir zunächst den einfachen Fall der Rohrzuckerhydrolyse in saurer Lösung, sagen wir in 0,1 N Salzsäure. Die Katalysatorkonzentration ist hoch, und wie man sich auch den Mechanismus der Spaltung vorstellen mag, so kann ohne weiteres angenommen werden, daß bei der Mischung von Rohrzucker- und HCl-Lösung weder eine merkbare Änderung der Katalysator- noch der Substratkonzentration stattfindet. Die Reaktionsgeschwindigkeit wird dann mit den beiden Konzentrationen proportional sein. In einem gewissen Versuche wird also nach der Zeit t die Geschwindigkeit

$$v = \frac{dx}{dt} = k(\mathrm{A}-\mathrm{x}) \qquad (33)$$

sein, wobei A die ursprüngliche Substratmenge, x die zur Zeit t umgesetzte Substratmenge und k eine Konstante ist. Durch Integration erhält man die gewöhnliche Formel der monomolekularen Reaktion,

$$(34)\qquad k = \frac{1}{t} \ln \frac{A}{A-x}$$

nach der die Säurehydrolyse des Rohrzuckers sehr genau berechnet werden kann.

Bei den enzymatisch katalysierten Reaktionen liegen nun die Verhältnisse anders. Die Reaktionsgeschwindigkeit ist der Konzentration einer Enzym-Substratverbindung proportional. Dies bedeutet zwar, daß die Geschwindigkeit bei gleichbleibender Substratkonzentration mit der totalen Enzymmenge in weiten Grenzen proportional ist, dagegen nicht unter allen Umständen mit der Substratkonzentration. Bei mäßigen Reaktionsgeschwindigkeiten ist die Katalysatorkonzentration immer sehr klein. Da die Affinität des Enzyms zum Substrat meistens hoch ist, so ist die Konzentration der Enzym-Substratverbindung im Verhältnis zu der Totalkonzentration des Enzyms beträchtlich, aber im Verhältnis zu der des Substrates verschwindend klein. Nehmen wir einen leicht realisierbaren Fall, in dem die Affinität Enzym-Substrat sehr hoch ist, so würde man erwarten, daß, wenn das Enzym auf eine relativ konzentrierte Substratlösung einwirken darf, die Konzentration der Enzym-Substratverbindung fast konstant (und approximativ gleich der totalen Enzymkonzentration) sein sollte, bis beinahe alles Substrat verbraucht worden ist. Dies würde bedeuten, daß die Reaktion fast bis zu Ende geradlinig verläuft. Diesen Fall findet man tatsächlich bei einigen Enzymreaktionen verwirklicht (Reaktion nullter Ordnung). Wenn man den Substratumsatz gegen die Reaktionszeit aufträgt, findet man aber in den meisten Fällen nach oben mehr oder weniger konvexe Kurven. Dies ist unschwer zu verstehen; die Affinität Enzym-Substrat ist oft nicht so enorm groß, sondern die Menge der Enzym-Substratverbindung (und dadurch die Reaktionsgeschwindigkeit) sinkt stetig ab. Wäre die Affinität Enzym-Substrat ganz niedrig, würde man eine Reaktion erster Ordnung finden, jedoch nur unter der Voraussetzung, daß keine anderen Stoffe als das Substrat zu dem Enzym eine Affinität haben. Es hat sich aber, wie schon erwähnt, gezeigt, daß in den meisten Fällen nicht nur das Substrat, sondern auch die Reaktionsprodukte (oder *ein* Reaktionsprodukt) das Enzym bindet. Da bei der enzymatischen Reaktion die Konzentration der Reaktionsprodukte mit der Zeit zunimmt, so werden offenbar stetig zunehmende Mengen des Enzyms dem Substrat entzogen, d. h. die Reaktionsgeschwindigkeit wird vermindert, und die Umsatzkurve wird immer stärker gekrümmt. Das Verhältnis der Affinitäten des Enzyms zum Substrat und zu Reaktionsprodukten kann deshalb zufällig bedingen, daß die Reaktion annähernd monomolekular verläuft.

Denkbar ist, daß Reaktionsprodukte an andere essentielle Gruppen als die substratbindenden angelagert werden; die Hemmung durch die Reaktionsprodukte wird in diesem Fall nicht kompetitiv sein. Gewöhnlicher dürfte wohl der Fall sein, in dem die Reaktionsprodukte zu den substratbindenden Gruppen oder zu einigen derselben Affinität haben. Dieser Fall wäre wohl auch als der interessantere zu betrachten, weil dabei eventuell Aufschlüsse über die chemische Natur der substratbindenden Gruppen erhältlich wären. Unter allen Umständen ist natürlicherweise die Hemmung durch die Reaktionsprodukte von derjenigen anderer Inhibitoren nicht prinzipiell verschieden; die Verhältnisse werden nur dadurch kompliziert, daß sich die Konzentration der Reaktionsprodukte während der Reaktion ändert.

Wie kompliziert die Verhältnisse sein können, läßt sich am Beispiel der rohrzuckerspaltenden Enzyme zeigen. Erstens darf bei der Untersuchung eines unbekannten Enzymmaterials die Möglichkeit nicht unbeachtet bleiben, daß mehr als ein rohrzuckerspaltendes Enzym mitwirkt. Da Rohrzucker ein β-Fructopyranosido-α-glucopyranosid ist, so ist denkbar, daß sowohl β-Fructosidasen wie α-Glucosidasen Rohrzucker spalten können. Dies scheint tatsächlich der Fall zu sein (siehe S. 44). Man darf aber nicht den Schluß ziehen, daß eine rohrzuckerspaltende α-Glucosidase Fructose nicht bindet, bzw. daß eine β-Fructosidase zu Glucose keine Affinität hat. Im Gegenteil scheint z. B. festzustehen, daß die Hefesaccharase obgleich sie eine β-h-Fructosidase ist, nicht nur Rohrzucker und Fructose sondern auch Glucose bindet. Michaelis hat gezeigt, daß sich der zeitliche Verlauf der Rohrzuckerspaltung in diesem Fall (approximativ; siehe unten) unter der Annahme berechnen läßt, daß Rohrzucker, Glucose und Fructose mit dem Enzym Verbindungen mit bestimmten Dissoziationskonstanten (K_m, K_G und K_F) geben. Die Konstanten können nach der auf S. 25 beschriebenen Methode berechnet werden. Folgende Formel wurde von Michaelis abgeleitet:

$$\text{Konst.} = \frac{1}{t}\left(\frac{1}{[S]} + \frac{1}{K_G} + \frac{1}{K_F}\right)[S]\cdot \ln\frac{[S]}{[S]-x} + \frac{1}{t}\left(\frac{1}{K_m} + \frac{1}{K_G} + \frac{1}{K_F}\right)\cdot x$$

Hier bedeutet x die zur Zeit t umgesetzte Substratmenge. Die Formel ist bemerkenswert, weil sie die Berechnung des Reaktionsverlaufes ohne Zuhilfenahme willkürlicher Konstanten erlaubt. Indessen sind die dieser recht komplizierten Formel zugrundeliegendenAnnahmen schon stark vereinfacht. Es wird nämlich mit „Glucose" und „Fructose" gerechnet ohne Rücksicht darauf, daß in den Versuchsmischungen nicht nur die verschiedenen anomeren Formen der Monosaccharide, sondern wahrscheinlich sowohl Pyranosen wie Furanosen anwesend sind, die verschiedene Affinitäten zum Enzym haben können und die sich ineinander mit schwer zu berechnenden Geschwindigkeiten umwandeln.

17. Die Spezifität der Enzyme

Eingangs wurde erwähnt, daß wir zwischen *Reaktionsspezifität* und *Substratspezifität* unterscheiden. Man spricht auch von *absoluter* und *relativer* Spezifität. Unter absoluter Spezifität versteht man, daß ein Enzym gewisse Substrate umwandelt, andere gar nicht, während unter relativer Spezifität die Erscheinung verstanden wird, daß ein Enzym verschiedene Substrate verschieden leicht angreift. Schließlich kann in gewissem Sinne von einer *biologischen Spezifität* der Enzyme gesprochen werden.

Zu beachten ist, daß verschiedene Enzyme ein und dasselbe Substrat in verschiedener Weise angreifen können. So wird z. B. die Raffinose durch Saccharase in Fructose und Melibiose gespalten, während Emulsin dagegen das Trisaccharid in Galactose und Rohrzucker zerlegt.

a) **Reaktionsspezifität.** Ein Oxydationsenzym kann keine Hydrolyse katalysieren und umgekehrt. Diese Erscheinung nennen wir Reaktionsspezifität. Unter den Oxydationsfermenten wirken einige als „Wasserstoffüberträger", wobei die Acceptoren spezifische organische Stoffe oder Sauerstoff sein können[1]). Andere Enzyme oxydieren ihre Substrate mit Hilfe von Wasserstoffperoxyd usw. Es scheint, als wäre die Reaktionsspezifität bei den Oxydationsenzymen durch die prosthetische Gruppe bestimmt. Die Erscheinung, daß einige Enzyme Ester hydrolysieren, andere Glykosidbindungen, andere wieder Peptid- bzw. Amidbindungen, wurde auch früher vielfach als Reaktionsspezifität bezeichnet. Neue Ergebnisse lassen es richtiger erscheinen, überhaupt alle enzymatischen Hydrolysen als einen Reaktionstypus zusammenzufassen und innerhalb der Gruppe der Hydrolasen nur von Substratspezifität zu reden. Ob irgend etwas gemeinsames im Bau der Hydrolasen für die hydrolysierende Wirkung verantwortlich gemacht werden kann, ist noch nicht möglich zu sagen. Wie schon erwähnt, haben die Hydrolasen im allgemeinen keine prosthetischen Gruppen. Zwar werden, wie wir im folgenden sehen werden, mehrere Hydrolasen von Metallionen derartig aktiviert, daß man vielleicht mit Recht die aktiven Enzyme als Metallproteide bezeichnen kann; die Metalle können aber nicht in demselben Sinne als prosthetische Gruppen bezeichnet werden, wie z. B. die Farbstoffkomponenten vieler Oxydationsenzyme.

b) **Substratspezifität.** Sie äußert sich darin, daß die Enzyme im allgemeinen auch gegenüber geringen Unterschieden im Bau der Substrate empfindlich sind. Notwendig für das Zustandekommen der enzymatischen Reaktion ist nicht nur, daß *eine* Gruppe im Enzymmolekül vorhanden ist, die ein Substrat binden kann; vielmehr läßt sich an Hand von vielen Beispielen leicht zeigen, daß *mehrere* Einzelheiten im Bau der Substrate bzw. der Enzyme von ausschlaggebender Bedeutung sind. Das Enzym muß, um Emil Fischer zu zitieren, zum Substrat passen wie der Schlüssel zum Schloß. H. v. Euler hat als Arbeitshypothese angenommen, daß die Enzyme (dabei sind die hydrolysierenden Enzyme gemeint) ihre Substrate durch zwei Gruppen binden („Zweiaffinitätstheorie"), wobei selbstverständlich nicht nur die Art der substratbindenden Gruppen, sondern auch deren Abstand, die Valenzwinkel usw. für die Bindung bestimmend sein müssen. Es wurde z. B. angenommen, daß die Esterasen bei der Spaltung eines Esters sowohl den Säure- wie auch den Alkoholrest mit je einer Bindung anlagert. Es wurde auch darauf hingewiesen, daß die Zweiaffinitätstheorie für die Deutung gewisser enzymatischer Synthesen, wie z. B. die der Estersynthese (S. 68), eine Bedeutung haben könnte. Es erscheint im Lichte neuerer Untersuchungen zweifelhaft, ob immer die beiden Komponenten des zu spaltenden Substrats vom Enzym gebunden werden; andererseits er-

[1]) Ausnahmsweise auch andere anorganische Stoffe wie Schwefel, Nitrat und Nitrit.

scheint es wahrscheinlich, daß in vielen Fällen mehr als zwei substratbindende Gruppen beteiligt sind. Tatsächlich erscheint es oft besser, statt von einer oder mehr bindenden Gruppen, von einer „bindenden Fläche" des Enzyms zu reden, wobei man sich also vorstellt, daß auf der bindenden Fläche eine vielleicht recht große Zahl substratbindender Gruppen derartig geometrisch angeordnet ist, daß sie zu entsprechenden Gruppen im Substratmolekül passen. So wird es verständlich, warum in so vielen Fällen ganz kleine Abänderungen im Bau des Substrats die enzymatische Spaltung verhindern.

Daß die Substratspezifität der hydrolysierenden Enzyme mit der Art und Anordnung gewisser Gruppen des Enzymeiweiß zusammenhängt, ist ohne weiteres klar. Es hat sich aber gezeigt, daß auch bei den Enzymen mit charakteristischen prosthetischen Gruppen die Substratspezifität durch das Apoenzym, d. h. durch das Eiweiß, bedingt wird. Eine große Zahl von Dehydrogenasen haben z. B. ein und dasselbe „Coenzym", d. h. dieselbe prosthetische Gruppe; ob das aus Apoenzym und Coenzym bestehende Holoenzym die eine oder andere Substanz dehydrogenieren kann, wird ausschließlich vom Apoenzym bestimmt. Die Erklärung ist selbstverständlich auch in diesem Falle, daß eine Verbindung Substrat-Enzymeiweiß entsteht, in der ein „Wasserstofftransport" vom Substrat zu dem (vom Eiweiß ebenfalls gebundenen) Coenzym stattfindet (S. 39, 112).

Es dürfte aus dem oben Gesagten hervorgehen, daß die Bezeichnung „Träger" oder „Pheron" für das Enzymeiweiß irreführend ist. Vielmehr kann behauptet werden, daß sowohl die äußerst spezifische Bindung des Substrates wie die in ihrem Wesen noch unbekannte „Aktivierung" derselben eben durch das Enzymprotein vermittelt wird. Es soll dabei selbstverständlich nicht verneint werden, daß bei der Bindung des Substrates z. B. Metallatome eine Rolle als Vermittler spielen können.

Ein lehrreiches Beispiel der relativen Spezifität bietet die β-h-Fructosidase, die außer Rohrzucker auch Raffinose spaltet. Da das Enzym noch nicht in reiner Form gewonnen worden ist, so erhebt sich die Frage, ob nun wirklich ein und dasselbe Enzym für beide Wirkungen verantwortlich ist. Vergleicht man Enzympräparate *aus derselben Hefe*, so findet man den Quotienten zwischen den beiden Spaltungsgeschwindigkeiten immer konstant; er variiert aber stark mit der Heferasse. R. Kuhn hat aber zeigen können, daß, obgleich Saccharasen verschiedener Herkunft zu den beiden Substraten verschiedene Affinitäten haben können, das Verhältnis der Affinitäten zu Rohrzucker und zu Raffinose konstant = etwa 16 ist. Nehmen wir als Beispiel zwei Saccharasepräparate, deren Enzym-Rohrzuckerverbindungen die Dissoziationskonstanten 0,02 bzw. 0,04 haben. In der Abb. 5 sind die Aktivitäts-pS-Kurven (relative Wirkung als Funktion vom log [S]) veranschaulicht. Mit Rohrzucker als Substrat erhält man die beiden linken Kurven mit Inflexionspunkten bei log [S] = – 1,70 bzw. –1,40. Mit Raffinose erhalten wir die beiden rechten Kurven mit Inflexionspunkten bei log [S] = – 0,50 bzw. – 0,20. Wenn wir die Wirkung der beiden Präparate auf Rohrzucker und Raffinose bei derselben Substratkonzentration, etwa bei log [S] = – 1,2 (gestrichelte Vertikale in der Abb. 5) bestimmen, so werden wir finden, daß sich die Geschwindigkeiten der Rohrzuckerspaltung etwa wie 5:4, die der Raffinosespaltung dagegen wie etwa 2:1 verhalten. Selbstverständlich darf man hieraus nicht den Schluß ziehen, daß Saccharase und Raffinase zwei verschiedene Enzyme sind, denn untersucht man die beiden Präparate bei Substratkonzentrationen, die den verschiedenen Affinitäten entsprechen, z. B. wo die halben maximalen Geschwindigkeiten gefunden werden, so findet man das Verhältnis der Geschwindigkeiten konstant. Überlegungen dieser Art haben außer Zweifel gestellt, daß die β-h-Fructosidase sowohl Rohrzucker als auch eine Glykosidbindung der Raffinose spaltet.

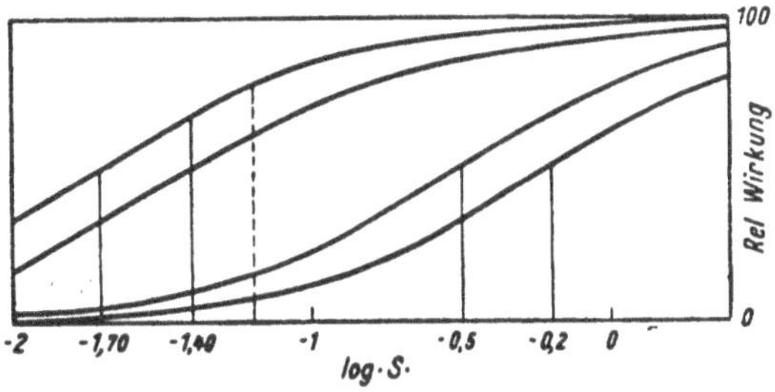

Abb. 5

Wie klein die strukturellen Veränderungen die zur Nichtspaltbarkeit führen in einem Substrat sein können, geht z. B. aus Untersuchungen (Helferich, Veibel) der **β-Glykosidase** aus Mandeln („Emulsin") hervor. Das Enzym spaltet β-*d*-Glucopyranoside; geringe Änderungen im Zuckerteil des Glykosids können aber die Spaltbarkeit völlig aufheben. α-Glykoside werden also nicht angegriffen, ebensowenig β-*l*-Glykoside und β-Furanoside. Von den 15 Stereoisomeren des β-Glucopyranosids sind 9 untersucht worden; alle zeigten sich als nicht spaltbar, wahrscheinlich mit Ausnahme des β-Galactopyranosids (S. 45). Veränderungen an den Hydroxylen der Kohlenstoffatome 2, 3 und 4 des β-Glucopyranosids, wie Veresterung, Verätherung oder Substitution, heben ebenfalls die Spaltbarkeit auf. Weniger Einfluß haben Veränderungen am Kohlenstoffatom 6 außerhalb des Pyranoseringes. Einführung verschiedener Substituenten bedingt hier im allgemeinen nur eine Änderung der Spaltungsgeschwindigkeit, wobei jedoch sehr große Substituenten die Geschwindigkeit so stark herabsetzen können, daß die Stoffe praktisch unspaltbar werden. Wird z. B. der Hydroxylwasserstoff am sechsten Kohlenstoffatom durch einen zweiten Zuckerrest ersetzt, so wird das Glykosid unspaltbar; β-Gentiobioside müssen deshalb als unspaltbar gelten. Dagegen kann die $HOCH_2$-Gruppe in den β-Glucopyranosiden durch H ersetzt werden, ohne daß die Spaltbarkeit aufgehoben wird; β-*d*-Xyloside sind also spaltbar.

Strukturelle Änderungen im Aglykon des β-*d*-Glucopyranosids scheinen überhaupt weniger Bedeutung zu haben. Im allgemeinen tritt nur eine Änderung der Spaltungsgeschwindigkeit ein, die jedoch in extremen Fällen praktisch zu Nichtspaltbarkeit führen kann.

Ähnlichen Verhältnissen begegnen wir bei der α-Glucosidase (Maltase). Auch hier hat das Aglucon verhältnismäßig wenig Einfluß auf die Spaltbarkeit des Glucosids, während schon geringe Änderungen im Glucoseteil die Spaltbarkeit ganz aufheben können und zwar scheinen die Hydroxyle an den Kohlenstoffatomen 2, 4 und 6 bei der Bindung des Substrats mitzuspielen.

Schließlich muß, wenn von der Spezifität eines Enzyms die Rede ist, hervorgehoben werden, daß Enzyme verschiedener Herkunft, die gegenüber *einem* Substrat isodynam sind, d. h. dieselbe Wirkung zeigen, nicht dieselbe Spezifität haben müssen. Zwei Enzyme verschiedener Herkunft, die z. B. Maltose gleich schnell spalten, können gegenüber α-Methylglucosid verschiedene Wirkung zeigen usw.

c) Die zuerst von Dakin beobachtete sog. **optische Spezifität** ist ein interessanter Sonderfall der Substratspezifität; die Enzyme greifen meistens nur eine Antipode eines optisch aktiven Substrats an (absolute optische Spezifität), oder spalten jedenfalls eine Antipode schneller als die andere (relative optische Spezifität). Die α-Glucosidase ist z. B. gegenüber den Glucosiden der *l*-Glucose völlig wirkungslos. Enzyme, die Peptidbindungen spalten, greifen nur oder vorzugsweise solche Peptide an, die aus den natürlichen *l*-Formen der Aminosäuren aufgebaut sind. Auch bei den esterspaltenden Enzymen findet man ausgesprochene optische Spezifität, die aber meistens nur relativ ist.

Im Lichte unserer jetzigen Vorstellungen über die Bindung des Substrats durch Gruppen einer besonderen sterischen Anordnung auf der Enzymoberfläche, ist die optische Spezifität unschwer zu verstehen. Es muß aber hervorgehoben werden, daß die Nichtspaltbarkeit einer Antipode des Substrats nicht notwendigerweise darauf beruhen muß, daß das Enzym zu der betreffenden Antipode keine Affinität hat. Denn wie schon erwähnt wurde, ist für das Eintreten einer enzymatischen Reaktion nicht nur notwendig, daß das Substrat ans Enzym gebunden wird; das gebundene Substratmolekül muß auch zerfallen. Es zerfällt aber, wie schon oben hervorgehoben, offenbar nicht einfach weil es gebunden wird; es muß so angelagert werden, daß die zur Spaltung führende Elektronenverschiebung zustande kommt. Die Spaltungsgeschwindigkeit wird durch zwei Faktoren bestimmt, nämlich a) die Konzentration der Enzymsubstratverbindung (die also mit der Affinität Enzym-Substrat zusammenhängt), und b) die Zerfallsgeschwindigkeit der Enzymsubstratverbindung, die nicht mit der Konzentration, wohl aber mit dem sterischen Bau der Enzym-Substratverbindung zusammenhängt. Wenn man die Esterase aus Schweineleber auf razemischen Mandelsäureester in passender Konzentration einwirken läßt, so wird die rechtsdrehende Antipode schneller gespalten. Untersucht man dagegen die Wirkung des Enzyms auf die isolierten optischen Antipoden des Esters in entsprechenden Konzentrationen, so findet man, daß die Spaltung der linksdrehenden Form der der rechtsdrehenden vorauseilt. Im letzteren Falle wird die Reaktionsgeschwindigkeit im großen und ganzen von der Zerfallsgeschwindigkeit der Enzymsubstratverbindungen bestimmt, wobei die der linksdrehenden Form des Esters die größere ist. Im ersten Falle dagegen konkurrieren die beiden Formen des Substrats um das Enzym. Da die Affinität der (+)-Form zum Enzym etwa 7 mal größer ist als die der (—)-Form, so wird die Reaktionsgeschwindigkeit in diesem Fall durch die größere Konzentration der Verbindung (+)-Form-Enzym bestimmt (Willstätter, Bamann, Ammon).

d) **Biologische Spezifität.** In gewissen Fällen, z. B. dem des Chymotrypsins (S. 73), kann aus einem kristallisierten Enzym ein Teil des Enzymproteins hydrolytisch abgetrennt werden, wobei ein neues, isodynames Enzym mit niedrigerem Molekulargewicht entsteht. Schon dieses Beispiel zeigt, daß isodyname Enzyme Eiweißstoffe sein können, die nicht oder nur teilweise identisch sind. Bedenkt man, wie spezifisch die Eiweißstoffe überhaupt sind (was ja besonders aus immunologischen Untersuchungen hervorgeht), so erscheint es ja sogar wahrscheinlich, daß auch die Enzyme eine biologische Spezifität besitzen. Dies wäre wohl so zu verstehen, daß isodyname Enzyme verschiedener Herkunft verschiedene Eiweißstoffe sein können, die aber in dem Teil der Moleküle, wo die Substrate angelagert werden, identisch oder jedenfalls ähnlich gebaut sind.

Tatsächlich hat sich gezeigt, daß isodyname Enzyme, die aus demselben Organ verschiedener Tiere stammen, verschieden sein können. Als Beispiel seien in der Tabelle (nach K. H. Meyer) einige Eigenschaften der α-Amylasen aus menschlichem Speichel, menschlichem Pankreas und Schweinepankreas angeführt. Zum Vergleich sind auch einige andere kristallisierte α-Amylasen mitgenommen.

	Menschl. Speichel	Menschl. Pankreas	Schweine-pankreas	α-Malz-amylase	*Aspergillus oryzae*	*Bac. subtilis*
Relative Aktivität pro mg Stickstoff	1	1	0,64	0,38	0,39	0,58
*p*H-Optimum	6,9	6,9	6,9	4,7—5,4	5,5—5,9	5,3—6,8
Opt. Stabilität bei *p*H	4,8—11	4,8—11	7,0—8,5	4,9—9,1	5,5—8,5	4,8—8,5
Isoelektr. Punkt bei *p*H	5,3	5,3	5,3	5,6	4,2	—
Löslichkeit bei 2°						
*p*H = 6,5	sehr klein	sehr klein	0,22	> 15	> 10	~ 6
8,5	0,3	0,3	6	—	—	—
11	groß	groß	—	—	—	—
Stickstoffgehalt % ...	15,8	15,8	15,8	13,4	12,9	15,8
Phosphorgehalt	0,01	0,01	0,05	0,01	< 0,03	
Schwefelgehalt.......	0	0	0	0,05		
Aktivierung mit Ca^{2+} .	—	—	—	+	—	—
Aktivierung mit Cl^- ..	+	+	+	—	—	+

Die Tabelle zeigt, daß die Amylasen der beiden menschlichen Drüsen in allen untersuchten Eigenschaften übereinstimmen. (Die elektrophoretische Mobilität bei verschiedenen Aciditäten ist auch dieselbe.) Andererseits geht daraus hervor, daß die Pankreasamylase des Menschen von der des Schweines verschieden ist: Die Löslichkeit in Wasser ist sehr verschieden, ebenso das Stabilitäts-*p*H-Optimum und die Aktivität pro mg Stickstoff. Andererseits fällt auf, daß die analytische Zusammensetzung dieselbe ist. (Die kleinen Phosphormengen dürften als Verunreinigung betrachtet werden können.) Wenn man die Analysenzahlen als einen Beweis dafür betrachten darf, daß die drei Enzyme dieselbe

Aminosäurezusammensetzung haben, so dürfte die Erklärung der Verschiedenheit des menschlichen und des tierischen Enzyms darin zu suchen sein, daß entweder die Molekulargewichte verschieden, oder die Polypeptidketten der Proteine verschiedenartig „gefaltet" sind.

Inwieweit die hier beschriebene „Artspezifität" isodynamer Enzyme allgemein auftritt, kann noch nicht gesagt werden. Andere, ähnliche Fälle sind aber schon bekannt. Die Katalase aus Rinderleber ist z. B. beim isoelektrischen Punkt in Wasser fast unlöslich, während die Katalase aus Pferdeleber ziemlich löslich ist.

Eine ganz andere Frage ist, ob es Enzyme gibt, die auf *artspezifische Substrate* eingestellt sind („Abwehrfermente" nach Abderhalden). Eine derartige Spezifität wäre wohl nur im Falle proteolytischer Enzyme denkbar. Tatsachen, die eine diesbezügliche Spezifität außer Zweifel stellen, sind aber nicht bekannt. Vielleicht hängt dies damit zusammen, daß in allen Eiweißlösungen ein Gleichgewicht zwischen nativer und denaturierter Form besteht, und daß immer nur die denaturierte, nicht die artspezifische Form enzymatisch angegriffen wird.

18. Aktivierung der Enzyme

Zwei Fälle sind zu unterscheiden: erstens die Überführung inaktiver Proenzyme in die Aktiven Enzyme, zweitens die Aktivierung von Enzymen durch Stoffe, die mit den Enzymen oder den Substraten oder beiden Verbindungen geben oder dieselben sonst beeinflussen.

Die **Aktivierung der Proenzyme** ist, wenigstens in den näher untersuchten Fällen, ein enzymatischer Vorgang, und zwar, wie auch mit Hinsicht auf die stoffliche Natur der Enzyme verständlich erscheint, ein proteolytischer. So sind die Aktivierungen der Vorstufen des Pepsins, des Trypsins, des Chymotrypsins usw. sowie die Herauslösung und Aktivierung der inaktiven β-Amylase der Getreidearten proteolytische Spaltungen von Peptidbindungen. In den inaktiven Proenzymen werden Peptidbindungen gesprengt bzw. es werden Molekülteile (Peptide) abgespalten, wobei die essentiellen Gruppen der entsprechenden Enzyme freigelegt werden. Das in der Magenschleimhaut vorkommende inaktive Pepsinogen, ein Eiweißstoff mit dem Molekulargewicht von etwa 42000, zerfällt z. B. in saurer Lösung autokatalytisch in aktives Pepsin (Molekulargewicht etwa 37000) und einen Hemmungskörper (Molekulargewicht etwa 5000), der offenbar polypeptidartig gebaut ist und vom Pepsin abgebaut wird. Im Falle des sehr eingehend untersuchten Chymotrypsins (vgl. S. 74) scheint hervorzugehen, daß das Proenzym geschlossene Polypeptidketten enthält, die bei der Aktivierung durch Trypsin geöffnet werden, wonach aus den offenen Ketten Peptide abgespalten werden.

Bei den **nichtenzymatischen Aktivierungen** gewisser Enzyme durch die den Reaktionsmischungen zugesetzten Stoffe können verschiedene Typen unterschieden werden. So werden Aktivierungen durch allerlei Stoffe in solchen Fällen beobachtet, in welchen die Enzyme oder die Substrate oder beide in fester oder flüssiger, wasserunlöslicher Form vorhanden sind, wie z. B. bei der Spaltung des Olivenöls durch eine Lipase. Stoffe, die ohne das Enzym zu beeinflussen, das Fett emulgieren und die angreifbare Oberfläche vergrößern, können dadurch aktivierend wirken. Oder ein Stoff kann vielleicht, wie von Willstätter im Falle der Lipasen angenommen wurde, für die Enzymwirkung förderliche Sorbate, wie

Fett — Albumin — Lipase

bilden. Aktivierungen dieser Art müssen als ziemlich unspezifisch betrachtet werden.

Spezifische Aktivatoren besonderer Art sind die sog. **Coenzyme (Cofermente).** Der Name Coenzym wurde von Bertrand geprägt; er fand, daß gewisse Enzyme durch Dialyse reversibel inaktiviert werden konnten, offenbar weil niedrigmolekulare Aktivatoren entfernt wurden. Die Bezeichnung Coenzym wendet man nur für organische Aktivatoren, nicht etwa für anorganische Salze bzw. Ionen an. Als das typische Coenzym galt lange das von Harden entdeckte sog. *Coenzym der alkoholischen Gärung.* Er fand, daß das Gärungsferment, die *Zymase* (damals als einheitlich betrachtet), durch Dialyse in zwei Komponenten zerlegt werden konnte, wovon der nicht dialysable, thermolabile Anteil die Eigenschaften eines Enzyms zeigte, während der dialysable, für den Eintritt der Gärung ebenfalls notwendige Anteil verhältnismäßig thermostabil war. Der niedrigmolekulare Aktivator wurde als das Coenzym der Zymase (später *Cozymase, Codehydrogenase I, Diphosphopyridin- nukleotid,* DPN) bezeichnet, da angenommen werden konnte, daß er mit dem Enzym **(Apoenzym, Enzymprotein)** eine Verbindung (später **Holoenzym** genannt) bildet, die erst enzymatische Aktivität besitzt. Allmählich wurde klar, daß in diesem und ähnlichen Fällen das sog. Coenzym als die (dissoziierende) prosthetische Gruppe des proteidartig gebauten Holoenzyms betrachtet werden kann (siehe weiter S. 112). Will man überhaupt in derartigen Fällen die Bezeichnung Coenzym beibehalten, so muß hervorgehoben werden, daß zwischen den aus Coenzymen und Apoenzymen aufgebauten Holoenzymen und den Proteidenzymen mit nicht dissoziierenden prosthetischen Gruppen kein prinzipieller Unterschied besteht.

In dem hier oben als Beispiel angeführten Fall hat sich gezeigt, daß die enzymatische Reaktion in einer Dehydrogenierung eines Substrats unter gleichzeitiger Hydrogenierung des Coenzyms besteht. Man kann also das Coenzym ebensogut als einen spezifischen Wasserstoffacceptor bezeichnen. Die Acceptorspezifität des Apoenzyms ist nicht merkwürdiger als die bekannte Donatorspezifität (Substratspezifität) desselben. In beiden Fällen ist die Spezifität zweifellos dadurch bedingt, daß die reagierenden Stoffe vom Enzymeiweiß durch besondere Gruppen gebunden werden müssen. Ob man die Wirkungsweise aller Coenzyme in dieser Weise betrachten kann, ist selbstverständlich noch unsicher.

Bei mehreren Enzymen sind bestimmte anorganische Ionen notwendige Aktivatoren, und zwar kommen dabei sowohl Metallionen als auch negative Ionen in Betracht. So sind beispielsweise einige proteolytische Enzyme nur in Gegenwart bestimmter Metallionen aktiv (S. 71). Das aktive Enzym ist in diesen Fällen ein Metallprotein. Wie das Metallion seine Wirkung ausübt, ist noch nicht ganz klar; in einigen Fällen ist angenommen worden, daß das Metall bei der Bindung des Substrats an das Enzym betätigt ist.

Eine aktivierende Wirkung negativer Ionen findet man z. B. bei den tierischen Amylasen (S. 52). Das Enzymeiweiß bildet mit den betreffenden Ionen (Cl^-, Br^-, J^-, NO_3^-, ClO_3^- usw.) Komplexe mit bestimmten Aktivitäten und bestimmten Aktivitäts-*p*H-Kurven. Näheres über die Natur der Ionenwirkungen ist nicht bekannt.

19. Enzymatische Synthesen

Selbstverständlich tritt, wie schon eingangs erwähnt wurde, eine enzymatische Reaktion nur dann ein, wann sie aus energetischen Gründen möglich ist, d. h. wenn sie von einer Erniedrigung der freien Energie des Systems begleitet ist. Die erste Voraussetzung für die enzymatische Spaltung einer chemischen Bindung ist also die Freisetzung eines gewissen Energiebetrages. Je nach der Art der Bindung kann dieser Betrag groß oder klein sein. Ist der Energiebetrag sehr groß, so bedeutet dies, daß die Spaltung praktisch vollständig verläuft; sie kann z. B. nicht durch Änderung der Konzentrationen der reagierenden Stoffe in feststellbarem Grade rückgängig gemacht werden. Eine enzymatische Synthese einer derartigen Bindung ist deshalb nicht ohne Zufuhr von Energie möglich.

Ist aber bei der enzymatischen Spaltung einer Bindung die freigesetzte Energiemenge klein, so sind die Möglichkeiten einer Umkehrung der Reaktion größer, d. h. die Spaltung verläuft bis zu einer Gleichgewichtslage, die je nach den energetischen Verhältnissen mehr oder weniger weit von 100% Spaltung liegt. In diesen Fällen ist es auch möglich, durch zweckmäßige Wahl der Konzentrationen der reagierenden Stoffe, eine enzymatische Synthese der betreffenden Bindung hervorzurufen. Es kann also sehr wohl so sein, daß ein Enzympräparat eine verdünnte Maltoselösung praktisch vollständig in Glucose zerlegt, daß aber dasselbe Enzympräparat, in z. B. 50-prozentige Glucoselösung gebracht, eine Synthese von Maltose bewirkt.

Eine derartige enzymatische Synthese wurde erstmalig 1898 von Croft-Hill beobachtet, der bei der Einwirkung von Hefeextrakt („Maltase“) eine Bildung zusammengesetzter Saccharide feststellte. Croft-Hill nahm an, daß das Reaktionsprodukt Maltose sei; es hat sich aber herausgestellt, daß neben Maltose auch andere Produkte synthetisiert werden, was ja mit Hinsicht auf die Uneinheitlichkeit des Enzympräparates nicht verwunderlich ist.

Da bei den enzymatischen Reaktionen eigentlich nicht die Substrate, sondern die Enzymsubstratverbindungen die reagierenden Moleküle sind, so muß vorausgesehen werden, daß die Affinitäten der Enzyme zu Substrat und Reaktionsprodukten für die Lage des Gleichgewichts mitbestimmend sein wird (v. Euler und Josephson).

Im Jahre 1900 beobachteten Kastle und Loevenhart die enzymatische Estersynthese. Auf die damit zusammenhängenden Fragen wird auf S. 68 eingegangen.

Offenbar kann die Ausbeute bei einer enzymatischen Synthese nicht nur dadurch gesteigert werden, daß man die Konzentration der Ausgangsstoffe erhöht, sondern auch dadurch, daß das Produkt dem Gleichgewicht entzogen wird. Ist das Produkt der Synthese sehr schwer löslich, so daß es größtenteils auskristallisiert, kann die Synthese selbstverständlich deswegen weit fortschreiten. Dies ist z. B. bei den erstmalig von Bergmann und Fraenkel-Conrat beobachteten Synthesen von peptidartigen Verbindungen durch proteolytische Enzyme der Fall. Sie fanden z. B. mit Papain und gewissen anderen Proteasen in einer Mischung von Hippursäureamid und Anilin eine Synthese beträchtlicher Mengen des Hippursäureanilids. Wir haben es hier mit zwei umkehrbaren Reaktionen zu tun:

(1) Hippursäureamid + $H_2O \rightleftharpoons$ Hippursäure + Ammoniak

(2) Hippursäure + Anilin $\rightleftharpoons$ Hippursäureanilid + H_2O

Da das Hippursäureanilid viel schwerer löslich ist als die anderen beteiligten Stoffe, so kristallisiert es aus und das Gleichgewicht wird zu dessen Gunsten verschoben. (Über die sog. Plasteinbildung, siehe S. 70.) Ob eine derartige Reaktion bei der natürlichen Eiweißsynthese eine Rolle spielt, ist noch nicht klar.

Wenn die Spaltung einer Bindung mit der Freisetzung einer beträchtlichen Energiemenge verbunden ist, so ist die Synthese der Bindung nur unter Zufuhr von Energie möglich, die von anderen Reaktionen geliefert oder gar von außen zugeführt wird. Bei der Kohlensäureassimilation der grünen Pflanzen stammt die für die Kohlenhydratsynthese nötige Energie aus dem Sonnenlicht, aus welchem Strahlen mit bestimmten Wellenlängen vom Chlorophyll absorbiert werden. In anderen Fällen wird die für die Synthesen nötige Energie von der mit der Synthese gekoppelten Spaltung einer anderen, genügend energiereichen Verbindung geliefert. Bei der Synthese der Polysaccharide durch die Phosphorylasen (S. 93) und ähnliche Enzyme wird also die Synthese der Glykosidbindungen von der Spaltung der relativ energiereichen Phosphatbindungen in Glucose-1-phosphat getrieben. Überhaupt hat sich in den letzten Jahren gezeigt, und wir werden wiederholt darauf zurückkommen, daß die Bildung von Stoffen mit energiereichen Phosphat- oder Acylmercaptanbindungen sowohl beim anaeroben wie besonders beim aeroben Kohlenhydratabbau für die vielen synthetischen Prozesse der lebenden Zelle eine fundamentale Bedeutung hat. Die beim Kohlenhydratabbau gebildeten, energiereichen Verbindungen, insbesondere das Adenosintriphosphat (ATP), accumulieren einen großen Teil der beim Abbau sonst freiwerdenden Energie in einer Form, die ihre Ausnützung bei Synthesen ermöglicht. Die energiereiche Phosphatbindung in ATP entspricht einer Energiemenge von etwa 12000 Cal pro Mol, während die entsprechende Zahl für Glycerinphosphorsäure, Glucose-6-phosphorsäure und ähnliche Verbindungen von der Größenordnung 2000—3000 Cal pro Mol ist.

III. SPEZIELLE CHEMIE DER ENZYME

A. Hydrolysierende Enzyme

Die Enzyme werden, wie eingangs erwähnt, nach ihrer Reaktionsspezifität in Hauptgruppen eingeteilt. Eine große natürliche Gruppe bilden dabei die hydrolysierenden Enzyme oder **Hydrolasen.** Sie katalysieren die Reaktion

$$AB + H_2O \rightleftharpoons AH + BOH$$

Die Reaktion ist prinzipiell umkehrbar; die Gleichgewichtslage kann aber so weit nach rechts verschoben sein, daß eine praktisch vollständige Hydrolyse des Substrats eintritt. Hydrolysiert werden

1. *Glykosidbindungen* (Kohlenhydrate und Glykoside)
2. *Esterbindungen* (einfache Ester, Fette, organische Phosphate usw.)
3. *Peptidbindungen* (Eiweiß und Abbauprodukte davon)
4. *Amidbindungen* (Säureamide, Harnstoff usw.)
5. Einzelne andere Stoffe.

Wie wir sehen werden, ist die Grenze zwischen Hydrolasen und *Transferasen* teilweise fließend; gewisse Enzyme, die als Hydrolasen klassifiziert werden, können unter Umständen eine Transferasenwirkung zeigen. Vom rein theoretischen Gesichtspunkt aus könnte man sogar die Hydrolasen als eine Untergruppe der Transferasen betrachten (S.91). In dieser Beziehung ist ein von Langenbeck entwickelter Gedankengang von großem Interesse: Er stellt sich z. B. im Falle einer enzymatischen Esterhydrolyse vor, daß die eigentliche Enzymreaktion in einer Umesterung mit einer Hydroxylgruppe des Enzyms besteht:

$$R{-}CO{-}O{-}R' + \text{Enzym}{-}OH \rightleftharpoons R{-}CO{-}O{-}\text{Enzym} + HO{-}R'$$

Es wird angenommen, daß der „Enzymester" im allgemeinen im in Frage kommenden *p*H-Gebiet instabil ist und in Anwesenheit von Wasser zerfällt:

$$R{-}CO{-}O{-}\text{Enzym} + H_2O \rightarrow R{-}COOH + \text{Enzym}{-}OH$$

Es erscheint verständlich, daß unter Umständen eine zweite Umesterung mit einer anwesenden organischen Hydroxylverbindung eintreten kann:

$$R{-}CO{-}O{-}\text{Enzym} + HO{-}R'' \rightleftharpoons R{-}CO{-}O{-}R'' + \text{Enzym}{-}OH$$

Das im ersten Falle hydrolysierende Enzym wirkt also im letzteren Falle als eine Transferase. Ganz entsprechende Vorstellungen können selbstverständlich für andere Typen von hydrolysierenden Enzymen entwickelt werden.

1. Enzyme, die Glykosidbindungen spalten

Die Substrate der hierher gehörigen Enzyme sind Polysaccharide, Oligosaccharide und Heteroside. Konsequent würde man die Enzyme *Glykosidasen* nennen und diese in *Polysaccharasen (Polyasen)*, *Oligosaccharasen (Oligasen)* und *Heterosidasen* einteilen. Es hat sich aber gezeigt, daß die Enzyme, die einfache Heteroside spalten, meist auch die entsprechenden Holoside, d. h. die Disaccharide und andere zusammengesetzte Zucker, angreifen. Deshalb werden diese Enzyme im allgemeinen unter der Bezeichnung **Glykosidasen** zum Unterschied von den **Polyasen**, zusammengefaßt. Wenn wir hier diese Einteilung in Glykosidasen beibehalten, so bedeutet dies selbstverständlich nicht, daß die enzymatische Reaktion bei der Polyosenspaltung an sich eine andere ist als bei der Spaltung der einfachen Zucker bzw. Heteroside. Im Gegenteil können wir nunmehr als festgestellt betrachten, daß die Bindungen, die von Polyasen gelöst werden, normale Glykosidbindungen sind.

a) Glykosidasen

Gegenüber den α- bzw. β-Glykosiden scheint unter den Glykosidasen eine absolute Substratspezifität zu bestehen; wir können also zwischen α- und β-Glykosidasen unterscheiden. (Dieselbe Einteilung ist auch bei den Polyasen möglich.) Bezgl. der Substratspezifität der Glykosidasen sei weiter auf das im allgemeinen Teil (S. 33) Gesagte verwiesen.

α-Glucosidasen

Maltasen. Maltosespaltende Enzyme kommen sowohl in tierischen Organen wie in Pflanzen und Mikroorganismen vor, oft zusammen mit stärkespaltenden Enzymen. Außer Maltose spalten die Maltasen verschiedene Maltosederivate sowie mehrere α-Alkyl- bzw. α-Arylglucoside. Das Verhältnis der Spaltungsgeschwindigkeiten verschiedener Substrate variiert oft stark mit dem Ursprung des Maltasepräparates. Früher wurde sogar angenommen, daß man zwischen zwei Typen von Maltasen unterscheiden könne, nämlich eine „Glucosidomaltase", die vom Aglykon weitgehend unbeeinflußt sein sollte, und eine „Glucomaltase", deren Bindung an das Enzym durch den reduzierenden Glucoserest der Maltose vermittelt sein sollte. Die „Glucomaltase" sollte also α-Heteroside nicht angreifen. Weitere Untersuchungen haben aber gezeigt, daß eine derartige Einteilung nicht möglich ist; die „Glucomaltase" (aus Takadiastase) spaltet z. B. α-Phenylglucosid usw.

Die bestuntersuchte Maltase ist die aus Hefe. Man erhält sie nach Willstätter und Bamann durch Plasmolyse von feuchter Hefe mit 10% Äthylazetat wobei wegen der Instabilität der Maltase in saurer Lösung die Mischung durch Zusatz von Ammoniak lackmusneutral gehalten wird. Als *Maltaseeinheit* wird die Enzymmenge bezeichnet, die 2,5 g Maltosehydrat in 50 ml bei $pH = 6{,}8$ und 30° in 1 Minute zu 50% spaltet. Die Bestimmung der Spaltung erfolgt zweckmäßig polarimetrisch.

Das *p*H-Optimum der Unterhefenmaltase liegt bei 6,5—7,0. Die Maltasen aus Takadiastase (*Aspergillus oryzae*) und Gerstenmalz haben ein Optimum, das bei $pH =$ etwa 4,5 liegt.

Die Affinität der Maltase zu Maltose und anderen Substraten wechselt mit dem Ursprung des Enzympräparates (sogar von Hefe zu Hefe). Dabei sollte jedoch nicht vergessen werden, daß die gefundenen Affinitätskonstanten von Verunreinigungen in den Enzymlösungen beeinflußt sein können. Die Maltase wird durch Glucose stark gehemmt; es hat sich gezeigt, daß die Affinität des Enzyms zu Glucose etwa 10 mal so groß ist wie die zu Maltose.

In sehr konzentrierter Glucoselösung bedingt die Maltase eine Synthese zusammengesetzter Zucker (erste enzymatische Synthese in vitro, Croft-Hill, 1898, vgl. S. 40).

Rohrzuckerspaltende α-Glucosidase. Da der Rohrzucker ein α-Glucopyranosido-β-fructofuranosid ist, ist denkbar, daß er nicht nur von der β-Fructofuranosidase (β-h-Fructosidase, Hefensaccharase) sondern auch von α-Glucosidasen gespalten wird. Tatsächlich gibt es auch rohrzuckerspaltende Enzyme, die als α-Glucosidasen zu klassifizieren sind und die also z. B. Maltose spalten („Glucosaccharasen"). Andererseits scheint festzustehen, daß es Maltasen (α-Glucosidasen) gibt, die gegenüber Rohrzucker wirkungslos sind. Glucosaccharasen kommen z. B. in Hefen, Schimmelpilzen und in der Dünndarmmucosa vor.

Trehalase Die Trehalose ist ein α-Glucopyranosido-α-glucopyranosid; das trehalosespaltende Enzym, die Trehalase, muß also eine α-Glucosidase sein. Alle α-Glucosidasen sind indessen nicht zur Trehalosespaltung befähigt; die Hefenmaltase ist z. B. gegenüber Trehalose wirkungslos. Die Trehalase kommt sowohl in niederen wie höheren Pilzen vor, weiter in höheren Pflanzen (Malz) und in tierischen Organen, meistens jedoch in kleiner Menge. Das Enzym wurde von Bourquelot in *Aspergillus niger* entdeckt. Der Pilz enthält auch Maltase, von der sich aber die Trehalase durch eine wesentlich niedrigere Thermostabilität unterscheidet. Die Trehalase spaltet Trehalose-6-monophosphorsäure. Daß das Enzym bei der Synthese des Trehalosephosphats in der Hefe beteiligt sein sollte, erscheint nicht wahrscheinlich.

β-Glucosidase

Substrate der β-Glucosidasen sind, wie schon im Allgemeinen Teil (S. 35) erwähnt wurde, sowohl β-Alkyl- wie β-Arylglucoside und die β-glucosidischen Disaccharide. Das Spezifitätsbereich der β-Glucosidase scheint sehr weit zu sein; innerhalb desselben findet man eine ausgesprochene relative Spezifität. Kein anderes Enzym dürfte in bezug auf Spezifität so eingehend untersucht sein wie die β-Glucosidase (Helferich, Veibel, Pigman).

Das Enzym kommt besonders in Mandeln und ähnlichen Kernen vor; das Mandelenzym wurde von den Entdeckern, Liebig und Wöhler, **Emulsin** genannt. In kleinen Mengen kommt es auch in anderen höheren Pflanzen, in gewissen Pilzen und in einigen tierischen Organen vor.

Weitgehende Reinigung der β-Glucosidase ist besonders durch Adsorption und Elution erreicht worden. Kristallisiert bzw. einheitlich konnte das Enzym bis jetzt nicht erhalten werden. Die chemische Natur des Enzyms ist also noch unbekannt; niemand wird aber bezweifeln, daß es ein Eiweißstoff ist. Für das Vorhandensein einer abtrennbaren prosthetischen Gruppe liegen keine Anhaltspunkte vor.

Zur quantitativen Bestimmung der β-Glucosidasewirkung wendet man zweckmäßig Salicin als Substrat an. Als „Zeitwert" eines Enzympräparates wird die Zeit betrachtet die notwendig ist um bei 30° und *p*H = 4,4—5,0 eine Lösung von 1,986 g Salicin in 50 ml zu 50% zu hydrolysieren. Die Hydrolyse bestimmt man am einfachsten polarimetrisch. Der β-Glucosidasewert ist = 1/Zeitwert.

Das *p*H-Optimum variiert mit dem Ursprung des Enzyms; der oben erwähnte Wert 4,4—5,0 ist für das Mandelemulsin gültig, während z. B. das Enzym aus sog. Milchzuckerhefe ein Optimum bei *p*H = 6,3 hat. Die Aktivitäts-*p*H-Kurve eines β-Glucosidasepräparates variiert etwas mit dem Substrat und mit dem angewendeten Puffer. Neutralsalze können unter Umständen beträchtlich aktivieren; der Mechanismus dieser Aktivierung ist noch unklar.

Verdünnte Lösungen der Substrate werden vom Enzym fast vollständig hydrolysiert. Daß die Reaktion umkehrbar ist, geht aber daraus hervor, daß eine enzymatische Synthese von β-Glucosiden mit Hilfe der β-Glucosidase möglich ist. Man geht dabei von Lösungen oder Suspensionen von Glucose in konzentrierten Lösungen des Aglykons aus. Es mag sein, daß das Enzym in solchen Mischungen sehr wenig löslich ist; es scheint aber auch in fester Form wirksam zu sein, denn eine Synthese tritt, wenn auch sehr langsam, ein.

Über „Umglucosylierungen" s. S. 92.)

β-Galactosidase

Wie schon (S. 35) erwähnt, spalten Mandelemulsin und die meisten anderen β-Glucosidasepräparate auch β-Galactoside. Nach **Helferich** können die β-Glucosidase- und die β-Galactosidasewirkung nicht getrennt werden, und bis auf weiteres müssen wir annehmen, daß die β-Glucosidase auch β-Galactoside angreifen kann. Andererseits können (z. B. aus Sojabohnen, Kaffee oder Alfalfasamen) Enzympräparate gewonnen werden, die β-Galactoside, nicht aber β-Glucoside spalten. Die Existenz einer besonderen *β-Galactosidase* erscheint also sichergestellt. Außer Alkyl- und Arylgalactosiden spaltet das Enzym auch Disaccharide mit β-galactosidischer Bindung. Die Annahme einer besonderen *Lactase* erscheint also überflüssig.

Die enzymatische Synthese von β-Galactosiden ist sichergestellt.

α-Galactosidasen

Sowohl Emulsin als auch die oben erwähnten β-Galactosidasepräparate spalten α-Galactoside. Reinigungsversuche usw. zeigen aber, daß dabei ein von der β-Galactosidase bzw. der β-Glucosidase verschiedenes Enzym, die *α-Galactosidase*, wirksam ist. Das Enzym kommt sonst z. B. in Brauereihefe, aber nicht in Bäckerhefe, vor. Das Hefeenzym ist mit der α-Glucosidase (Maltase) nicht identisch. Als Substrat für die α-Galactosidase wendet man zweckmäßig Melibiose, α-Galactosido-6-glucose, an. Mit Hilfe des Enzyms konnten verschiedene α-Galactoside synthetisiert werden.

Mannosidasen

Eine *α-Mannosidase* ist in den meisten *β*-Glucosidase- und *β*-Galactosidasepräparaten vorhanden wie z. B. in Alfalfasamen. Die *α*-Mannosidase kann von den anderen Enzymen durch Reinigungsoperationen, selektive Zerstörung usw. getrennt werden. Eine schwache Wirkung auf *β-Mannoside* findet man in Hefeautolysaten.

β-h-Fructosidase

Die *β-h-Fructosidase*, *β-Fructofuranosidase*, oft schlechthin **Saccharase** oder **Invertase** genannt, ist das rohrzuckerspaltende Enzym der Hefen. Es kommt in fast allen Kultur- und Wildhefen vor; in *Saccharomyces apiculatus*, einigen *Torula*-Arten usw. soll es fehlen. Das Enzym kommt sonst in vielen Schimmelpilzen und Bakterien vor, weiter in höheren Pflanzen, wie in den Blättern der Zuckerrübe. Das in gewissen tierischen Geweben vorkommende, rohrzuckerspaltende Enzym dürfte eine *α*-Glucosidase sein (siehe oben).

Bei der quantitativen Bestimmung der Saccharase ist von Bedeutung, daß jedenfalls bei den Kulturhefen, das Enzym der lebenden Zellen so wirkt, als wenn es in der Lösung frei gelöst wäre. (Über die Ursache hierzu siehe S. 4.) Den Saccharasegehalt der Hefen kann man also ohne Autolyse der Zellen bestimmen. Untersucht man eine Hefesuspension, so soll sie zur Unterdrückung der Gärung mit Toluol gesättigt sein. Man entnimmt Proben, die man in 5% Sodalösung einpipettiert. Hierdurch wird erstens die Enzymwirkung zum Stillstand gebracht, zweitens die Mutarotation der entstandenen Monosaccharide momentan aufgehoben. Man filtriert und bestimmt die Drehung X im Polarimeter.

War die ursprüngliche Rechtsdrehung des Reaktionsgemisches R, und die daraus berechnete Linksdrehung bei vollständiger Spaltung L, so ist die prozentische Spaltung bei der Zeit t

$$\frac{100 \cdot (R - X)}{R + L}$$

Bei niedrigen Spaltungsgraden ist der Umsatz mit der Zeit direkt proportional, so daß der Ausdruck

$$\frac{100 \cdot (R - X)}{t \cdot (R + L)}$$

als Maß der Initialgeschwindigkeit verwendet werden kann. Wendet man die monomolekulare Konstante als ein Maß der Reaktionsgeschwindigkeit an, so berechnet man diese aus der Formel:

$$k = \frac{1}{t} \log \frac{R + L}{X + L}$$

Nach v. Euler wird die Aktivität des Enzympräparates durch die *Inversionsfähigkeit* angegeben:

$$\text{Inversionsfähigkeit } If_{20°} = k \cdot \frac{\text{g Zucker}}{\text{g Enzym}}$$

Die If-Werte sind von der Substratkonzentration praktisch unabhängig, wenn diese größer als etwa 5% ist. (Bei den meisten Saccharasepräparaten ist *k* nicht konstant, sondern steigt mit t mehr oder weniger stark an.)

Der Saccharasegehalt der Hefen kann im allgemeinen durch Vorbehandlung in Rohrzuckerlösung beträchtlich gesteigert werden. Saccharaselösungen gewinnt man dann durch Autolyse in Gegenwart von

Äthylacetat, Toluol u. dgl. In vielen Fällen ist die Saccharase der Hefen sehr fest an unlöslichen Zellenbestandteilen verankert und kann durch die zelleigenen Proteasen bzw. zugesetztes Papain in Lösung gebracht werden. Fraktionierte Autolyse kann in solchen Fällen von Vorteil sein.

Zur Isolierung der Saccharase wurden bisher vor allem die Willstätterschen Sorptionsmethoden angewendet. Rein wurde das Enzym noch nicht erhalten. Die reinsten Präparate enthalten meist 8—12% Stickstoff. Da an der Proteinnatur des Enzyms nicht zu zweifeln ist, deuten die niedrigen Stickstoffwerte auf eine Beimischung von Kohlehydraten hin, deren Anwesenheit auch oft direkt nachgewiesen worden ist. Der Stickstoff der reinsten Präparate befindet sich fast ganz in Peptidbindung. Die Aktivitäts-*p*H-Kurve, die Inaktivierung des Enzyms durch verschiedene Reagenzien usw. stehen mit der Annahme sehr gut im Einklang, daß das Enzym ein Ampholyt (Protein) mit dem isoelektrischen Punkt bei etwa 5 ist (vgl. S. 21). Die Saccharase ist bei gewöhnlicher Temperatur ein sehr stabiles Enzym. Das Stabilitätsoptimum fällt mit dem Aktivitätsmaximum zusammen.

Bez. Spezifität, Enzym-Substratverbindungen, Inaktivierungen und Kinetik sei auf das im allgemeinen Teil gesagte verwiesen.

Von Bacon und Edelman ist gezeigt worden, daß bei der Saccharasewirkung auf Rohrzucker nicht nur Glucose und Fructose entstehen, sondern in kleinen Mengen auch höhere Saccharide, u. a. Trisaccharide. Das Enzym zeigt also auch eine gewisse Transfructosidasewirkung. Dieses und viele andere Beispiele (S. 97) zeigen, daß zwischen Hydrolasen und Transferasen keine scharfe Grenze besteht. (Vgl. über die Fructanbildung S. 98). Sehr interessant ist, daß viele natürliche Fructane Glucose enthalten und zwar, wie es scheint, in einer Menge, die dem Polymerisationsgrad umgekehrt proportional ist. Es liegt also nahe, anzunehmen, daß die Fructane einen Glucoserest als Endgruppe enthalten).

β-Glucuronidasen

Die *β-Glucuronidasen* zerlegen *β*-Glucuronide wie z. B. das *β*-Phenolglucuronid in Aglykon + *d*-Glucuronsäure:

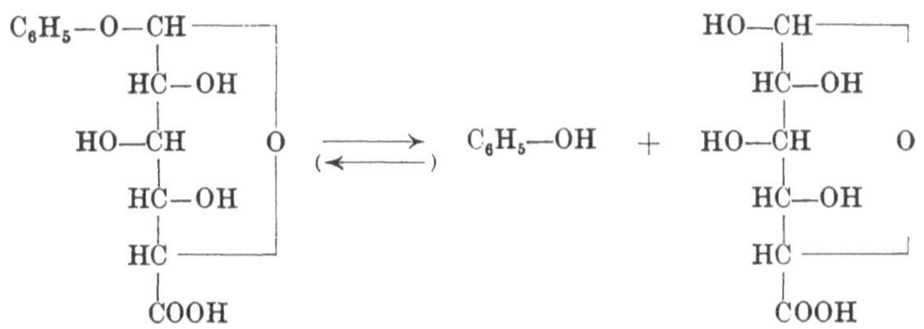

Auf Glucoside haben die Glucuronidasen keine Wirkung. Für die relative Spezifität der Glucuronidasen ist das Aglykon in hohem Grade mitbestimmend; die sog. **Baicalinase** aus *Scutellaria baicalensis* spaltet z. B. Baicalin, 5,6,7-Trioxyflavon-glucuronid, während die *β*-Glucuronidase, die in Emulsinpräparaten vorkommt, dieses Glucuronid nicht, wohl aber andere angreift.

Außer in gewissen Pflanzen kommen Glucuronidasen in, wie es scheint, allen tierischen Geweben vor, besonders in der Milz. (Das Milzenzym hat sein *p*H-Optimum bei 5,0, das des Emulsins bei 4,0). Ob die tierische Glucuronidase bei der

Synthese von Glucuroniden mitwirkt, ist noch unentschieden. Sehr interessant ist die Beobachtung (Fishman), daß der Gehalt des Uterus der Ratte an Glucuronidase nach Ovariektomie abnimmt, um nach Zufuhr von östrogenem Hormon wieder zuzunehmen. Es wurde angenommen, daß das Enzym die Bildung von Glucuroniden der Hormone katalysiert und daß dies für die physiologische Wirkung der Hormone eine Bedeutung hat. Andere Forscher betrachten aber die Zunahme der Enzymmenge nach Hormonzufuhr als eine ziemlich unspezifische Folge der vergrößerten Zellenproliferation.

Myrosinase (Sinigrase)

Das Glykosid Sinigrin (Kaliumsalz der Myronsäure) wird durch Enzyme aus Senfsamen u. dgl. in Allylsenföl, Glucose und Schwefelsäure (bzw. $KHSO_4$) zerlegt:

$$CH_2{=}CH{-}CH_2{-}N{=}C\begin{matrix} \diagup SC_6H_{11}O_5 \\ \diagdown OSO_3K \end{matrix}$$

$$\xrightarrow{+H_2O} CH_2{=}CH{-}CH{-}CH_2{-}CH_2{-}N{=}C{=}S + C_6H_{12}O_6 + KHSO_4$$

Bei der Spaltung sind zwei Enzyme beteiligt, eine Sulfatase (S. 66), die die Schwefelsäure abspaltet, und eine Thioglucosidase, die auf natürliche Thioglucoside sehr spezifisch eingestellt ist; synthetische Thioglucoside werden nicht angegriffen. Die gewöhnlichen α-Glucosidasen greifen Thioglucoside nicht an.

Nucleosidasen

Die früher als Nucleosidasen bezeichneten Enzyme (die z.B. scheinbar Guanosin in Guanin und Ribose hydrolytisch zerlegen) sind meistens keine Glykosidasen und überhaupt keine Hydrolasen sondern *Phosphorylasen* (S. 97). Die Existenz wahrer Nucleosidasen ist wohl deshalb nicht auszuschließen. Angegeben wird z. B., daß in der Leber eine Nucleosidase vorkommt, die aus dem Diphosphopyridinnucleotid (S. 113) das Nikotinsäureamid freisetzt.

b) Polysaccharidspaltende Enzyme (Polyasen)

Während früher im allgemeinen angenommen wurde, daß die Polysaccharide *Assoziationsprodukte* niedrigmolekularer Grundkörper seien, hat sich die besonders von H. Staudinger konsequent vertretene Ansicht völlig durchgesetzt, daß die Polysacharide prinzipiell *Kettenmoleküle* sind, in welchen die Grundkörper, d. h. Monosaccharide oder Derivate davon, durch normale Glykosidverbindungen verknüpft sind. Dementsprechend sind wir uns jetzt darüber ganz klar, daß die Polyasen Glykosidasen sind. Ihre Wirkung besteht ausschließlich in einer Hydrolyse von Glykosidbindungen; „desaggregierende“ Enzyme (die andere Bindungen als Hauptvalenzbindungen lösen sollten) gibt es nicht. Aber selbstverständlich bedingen gewisse Polyasen insofern eine „Desaggregierung“ der Substrate, als die bei langkettigen und besonders bei verzweigten Molekülen eventuell vorkommende „Verfilzung“ der gelösten Moleküle durch den hydrolytischen Abbau aufgehoben wird.

Außer den Hydrolasen spielen für den Polysaccharidabbau verschiedene Transglykosidasen eine wichtige Rolle (S. 93). Diese Enzyme sind außerdem Katalysatoren der Polysaccharidsynthese.

b[1]) Hydrolyse von Stärke und Glykogen durch die Amylasen

Die gewöhnlichen Stärkearten (Kartoffel, Weizen, Mais, Reis, Arrowroot u. a.) enthalten zwei verschieden gebaute Fraktionen:

a) *Amylose*, deren Moleküle einfache, nicht (oder ganz schwach) verzweigte Ketten von rund 300 Glucoseresten sind, durch α-glucosidische 1,4-Bindungen („Maltosebindungen") verknüpft. Die Amylose ist in kaltem Wasser schwerlöslich; konzentriertere Lösungen „retrogradieren" und setzen allmählich die Hauptmenge der Amylose in mehr oder weniger deutlich kristallinischer Form ab. Die Amylose wird von Jod dunkelblau gefärbt. Sie enthält keine Phosphorsäure.

b) *Amylopektin* von sehr hohem Polymerisationsgrad, dessen Moleküle stark verzweigt sind. Die einzelnen Kettenteile zwischen Verzweigungspunkten bzw. zwischen Verzweigungspunkt und Endgruppe enthalten im Mittel etwa 20 Glucosereste, die durch α-glucosidische 1,4-Bindungen verknüpft sind. In den Verzweigungspunkten der Moleküle trägt ein Glucoserest derartige Ketten nicht nur in der 4- sondern auch in der 6-Stellung; jeder Verzweigungspunkt besteht also in einer α-glucosidischen 1,6-Bindung („Isomaltosebindung"). Die Anzahl der Isomaltosebindungen im Amylopectin ist etwa 5% von der gesamten Anzahl der Glucosidbindungen; der „Verzweigungsgrad" ist also 0,05. Ob die Verzweigung der Moleküle irgendwie regelmäßig oder ganz unregelmäßig ist, kann wohl noch nicht als völlig entschieden betrachtet werden. Aus mehreren Gründen erscheint aber eine völlig unregelmäßige, wiederholte Verzweigung am wahrscheinlichsten (K. H. Meyer). Das Amylopectin wird von Jod viel schwächer gefärbt als die Amylose, und zwar ist die Färbung violett oder rötlich. Die chemisch gebundene Phosphorsäure (z. B. in der Kartoffelstärke)[1]) kommt ausschließlich im Amylopectin vor. Das Amylopectin gibt mit heißem Wasser dickflüssige Kleister, die bei genügender Konzentration beim Abkühlen gelieren.

Die oben erwähnten Stärkearten enthalten 20—25% Amylose. In einigen Stärkearten ist der Amylosegehalt höher, in anderen (z. B. Stärke aus sog. Wachsmais) fehlt die Amylosefraktion ganz.

Das *Glycogen* (tierische Stärke) enthält keine Amylose, sondern nur verzweigte Moleküle. Das Glycogen ist also wie das Amylopectin gebaut, nur ist der Verzweigungsgrad höher, in den meisten Glycogenpräparaten etwa 0,09. Das Glycogen wird von Jod rotbraun gefärbt.

Der biologische Abbau von Stärke und Glycogen geschieht, wie schon erwähnt, auf zwei verschiedenen Wegen: erstens durch eine umkehrbare *Phosphorolyse* (sie hierüber S. 93), zweitens durch eine *Hydrolyse*, die praktisch irreversibel ist. Die stärke- bzw. glycogenhydrolysierenden Enzyme werden **Amylasen** (früher oft auch **Diastasen**) genannt.

Bei der Einwirkung der Amylasen auf Stärkekleister beobachtet man, mehr oder weniger deutlich, drei Erscheinungen:

a) eine *Verflüssigung*, d. h. eine Abnahme der Viscosität der Substratlösung,

b) eine *Dextrinierung*, d. h. eine vom Verschwinden der Färbbarkeit mit Jod begleitete Freisetzung reduzierender Gruppen, ohne daß gleichzeitig nennenswerte Mengen vergärbaren Zuckers entstehen,

c) eine *Verzuckerung*, d. h. eine Bildung vergärbarer Zucker, insbesondere Maltose.

Diese Erscheinungen sind alle Folgen der hydrolytischen Spaltung von Glucosidbindungen der Substrate, und zwar können wir feststellen, daß die alleinige Wirkung der wahren Amylasen eine Hydrolyse von

[1]) Die Phosphorsäure der Kartoffelstärke ist mit der primären OH-Gruppe am 6. Kohlenstoffatom der Glucose verestert. Durch Hydrolyse von Kartoffelstärke kann Glucose-6-phosphorsäure erhalten werden (Posternak).

α-glucosidischen 1,4-Bindungen ist. Die 1,6-Bindungen (Isomaltosebindungen) werden von den Amylasen nicht angegriffen; ihre Anwesenheit im Amylopektin und im Glykogen ist die Ursache dazu, daß die Verzuckerung dieser Polysaccharide durch die Amylasen nie zur Bildung von 100% an vergärbaren Zuckern (Maltose und Glucose) führt. Die 1,6-Bindungen in den verzweigten Molekülen bedingen die Bildung der sog. *Grenzdextrine*, in welchen die Isomaltosebindungen im Vergleich zu den natürlichen Polysacchariden mehr oder weniger angereichert sind. In extremen Fällen erhält man als Grenzdextrin die *Isomaltose* (6-α-Glucosido-glucose), oft aber außerdem Saccharide die außer einer Isomaltosebindung auch eine oder mehrere Maltosebindungen enthalten. (Über Spaltung der 1,6-Bindungen vgl. S. 96.)

Die Amylasen können in zwei Hauptgruppen eingeteilt werden:

1. Die **Exoamylasen** oder **β-Amylasen** (auch verzuckernde Amylasen, Sacchrogenamylasen genannt), die die (nicht reduzierenden) *Endgruppen* der Substratmoleküle unter Abspaltung von Maltose in der niedrigdrehenden β-Form angreifen (W a l d e n s c h e Umkehrung!).

2. Die **Endoamylasen** oder **α-Amylasen** (auch Dextrinogenamylasen genannt), die die Kettenmoleküle unabhängig von den Endgruppen, also z. B. *zwischen* zwei Verzweigungspunkten, spalten können. Die reduzierenden Gruppen werden von diesen Enzymen in der hochdrehenden α-Form freigesetzt.

Die β-Amylasen

Diese Amylasen scheinen ausschließlich in höheren Pflanzen vorzukommen; β-Amylasepräparate gewinnt man am einfachsten aus Gerste, Weizen oder Sojabohnen. Anwesende Spuren von α-Amylase können durch Ansäuern der Lösungen zerstört werden.

Die β-Amylase aus Süßkartoffeln (*Ipomoea batatas*) wurde von B a l l s in kristallisierter Form dargestellt und zwar durch fraktioniertes Aussalzen des Preßsaftes bei verschiedenen Aciditäten. Das Enzym ist ein Protein mit 15,1% N und 0,83% Amino-N; es enthält ungewöhnlich viel Tyrosin aber wenig Cystein. Der Schwefel ist größtenteils als Sulfhydryl vorhanden. Im nativen Protein sind die SH-gruppen „maskiert"; nach Hitzekoagulierung wird aber die Nitroprussidreaktion positiv. Eine besondere prosthetische Gruppe und Metalle konnten im Enzym nicht nachgewiesen werden.

Die β-Amylase der Gerste wurde neuerdings von K. H. M e y e r kristallisiert gewonnen. Ausgangsmaterial war das aus Gerstenmalz hergestellte Handelspräparat „Diastafor", das große Mengen von β- und α-Amylase enthält. Letztere wird durch Ansäuerung der Lösung beseitigt. Durch Aussalzen mit Ammonsulfat wurden Zucker, Dextrine usw. abgetrennt. Nach wiederholten Fraktionierungen mit Aceton wird das Enzym kristallisiert. Es ist ein Eiweißstoff und enthält kein Kohlenhydrat.

Alle β-Amylasen scheinen ein Aciditätsoptimum bei pH = etwa 5 zu haben. Es fällt mit dem isoelektrischen Punkt der Enzymproteine nahe zusammen.

Wie schon erwähnt, greifen die β-Amylasen die nicht reduzierenden Endgruppen der Substratmoleküle an und spalten daraus Maltosemoleküle ab. Ein Kettenmolekül, das lauter α-glucosidische 1,4-Bindungen enthält, wird also von der β-Amylase vollständig in Maltose zerlegt, wenn das Molekül eine gerade Zahl von Glucoseresten enthält. Ist die Zahl ungerade, so entsteht nebst Maltose auch ein Molekül Maltotriose. Dieser Zucker wird vom Enzym nicht weiter gespalten. Sonst scheint das Enzym von der Kettenlänge der Substratmoleküle ziemlich unabhängig zu sein; die Maltotetraose wird z. B. in zwei Moleküle Maltose zerlegt.

Wenn eine β-Amylase auf die verzweigten Amylopectin- bzw. Glycogenmoleküle einwirkt, so werden nur die *Endketten* verzuckert. Da das Enzym die 1,6-Bindungen nicht angreift, so hört offenbar die β-Amylasewirkung bei den äußersten Verzweigungen der Moleküle auf. Nebst Maltose entstehen deshalb aus Amylopectin und Glycogen hochmolekulare Grenzdextrine, die sog. *β-Dextrine*, die noch alle Isomaltosebindungen der Substrate enthalten. Aus gewöhnlicher Stärke bildet die β-Amylase etwa 60% Maltose. Nehmen wir an, daß die Stärke 20% Amylose enthält, so können wir daraus schließen, daß das Amylopectin etwa 50% Maltose gibt. Im Amylopectin befinden sich also etwa 50% der Glucosereste in den Endketten.

Die α-Amylasen

Tierische α-Amylasen. Die **Speichelamylase** (Leuchs 1831) ist von K. H. Meyer und Mitarbeitern in kristallisierter Form gewonnen worden. Bzgl. Zusammensetzung und Eigenschaften, vgl. die Tabelle S. 37. Das Enzym ist ein Eiweißstoff ohne prosthetische Gruppe. Es wird wie mehrere andere α-Amylasen von Chlorid- und einigen anderen Anionen aktiviert (siehe weiter unten). Die Speichelamylase ist ein bei Zimmertemperatur ungewöhnlich stabiles Enzym.

Pankreasamylase (Bouchardat 1845). Sowohl die Amylase aus Schweinepankreas wie auch die aus menschlichem Pankreas sind von K. H. Meyer kristallisiert dargestellt worden. Wie schon erwähnt wurde (S. 37), ist die Amylase der menschlichen Bauchspeicheldrüse mit der menschlichen Speichelamylase identisch, aber von der Pankreasamylase des Schweines in gewissen Beziehungen sehr deutlich verschieden. In anderen Eigenschaften sind aber alle drei Enzyme einander mindestens sehr ähnlich. Alle werden von Chlorid- und gewissen anderen Anionen in derselben Weise aktiviert; alle haben dasselbe pH-Optimum (pH = 6,9 in Anwesenheit von NaCl).

Amylasen anderen tierischen Ursprungs. Die Amylasen aus Muskel, Leber, Blut und Harn scheinen den oben erwähnten Speichel- bzw. Pankreasamylasen sehr ähnlich zu sein. Es sei hervorgehoben, daß die Anwesenheit von Phosphorylasen in den untersuchten Geweben usw. leicht zu Fehlschlüssen über die Anwesenheit und Wirkung von Amylasen führen kann.

Aktivierung der tierischen Amylasen durch Anionen. Während Acetat-, Phosphat-, Sulfat- und gewisse andere Anionen ohne besondere Wirkung sind, üben andere, vor allem das Chloridion, eine spezifische Aktivierung aus. Ob das Enzym in Abwesenheit dieser Ionen völlig inaktiv ist, kann noch nicht gesagt werden. Wichtig ist, daß die betreffenden Ionen nicht nur aktivieren, sondern auch das *p*H-Optimum des Enzyms verschieben. Während möglichst salzfreie Enzymlösungen bei $pH = 6$ optimal wirken, ist das Optimum in Anwesenheit von Chlorid-, Bromid- und Jodidionen 6,9—7,0, in Anwesenheit von Nitrat- und Chlorationen etwa 7,2. Die maximale Aktivierung ist für die erwähnten Ionen sehr verschieden. Anzunehmen ist, daß die Ionen mit dem Enzym Verbindungen mit verschiedenen spezifischen Aktivitäten bilden.

Die pflanzlichen α-Amylasen. Gerste, Weizen usw. enthalten, wie oben erwähnt, fast nur β-Amylase. Bei der Keimung (Mälzung) entstehen aber große Mengen einer *α-Amylase.* Ob alle α-Amylasen aus höheren Pflanzen identisch sind, wissen wir noch nicht; untersucht wurde besonders das Enzym des Gerstenmalzes. Das Enzym ist wesentlich thermostabiler als die anwesende β-Amylase (Ohlson), die deshalb durch Erhitzung der Malzextrakte auf etwa 70° beseitigt werden kann. Aus erhitztem Malzextrakt stellten zuerst Schwimmer und Balls die α-Amylase in kristallisierter Form dar, und zwar durch Sorption auf Stärke aus wäßrig-alkoholischer Lösung und fraktioniertes Aussalzen mit Ammonsulfat. Die hexagonalen Prismen enthalten 13,4% Stickstoff und sind phosphorfrei. Das Molekulargewicht ist etwa 60000. Chloridionen sind ohne Einfluß; dagegen sind Ca-ionen wahrscheinlich für die Wirkung unerläßlich; auf alle Fälle ist das Enzym in Abwesenheit von Ca-ionen sehr instabil. *p*H-Optimum bei 4,5—5,5.

Nach E. H. Fischer enthält die kristallisierte α-Malzamylase keinen Schwefel, trotzdem sie von den für SH-Gruppen als spezifisch betrachteten organischen Chlormercuriverbindungen gehemmt wird. Über weitere Eigenschaften des Enzyms, vgl. die Tabelle S. 37.

α-Amylasen der Schimmelpilze. Am besten untersucht ist die sog. **Takaamylase (Takadiastase)** aus *Aspergillus oryzae.* Das Enzym ist eine α-Amylase; in den Handelspräparaten kommen außerdem andere Enzyme vor. Rohe Enzympräparate können eine vollständige Zerlegung in Glucose bewirken, d. h. auch eine Spaltung der 1,6-Bindungen, die jedoch der eigentlichen Amylase nicht zuzuschreiben ist. Möglicherweise sind Maltose und Isomaltose, vielleicht auch Glucose, als die normalen Produkte der Amylase anzusehen. Die Takaamylase ist von Cl-Ionen nicht abhängig. Das *p*H-Optimum ist 5,0—5,5. Pilzamylasepräparate enthalten oft Transglucosylasen (S. 92).

E. H. Fischer hat die Amylase aus *A. oryzae* in kristallisierter Form gewonnen. Das Enzym ist ein Protein mit 12,9% N und dem isoelektrischen Punkt bei 4,2. Über sonstige Eigenschaften vgl. die Tabelle S.37.

Neuerdings haben Underkofler und Roy eine α-Amylase aus einem Schimmelpilz kristallisiert; über die Eigenschaften ist bisher wenig bekannt. Eine **„Grenzdextrinase“** wurde ebenfalls kristallisiert erhalten.

Bakterielle Amylasen. Die Amylasen der Bakterien (mit Ausnahme der sog. Maceransamylase, S. 96) scheinen α-Amylasen zu sein, wenn auch das Verhältnis der Geschwindigkeiten der Verflüssigung und der Verzuckerung beträchtlich variieren kann. Handelspräparate wie *Rapidase*, *Biolase*, *Superclastase* usw. stammen aus *Bacillus subtilis*, *B. mesentericus* oder ähnlichen Bakterien. Das Enzym aus Biolase ist von K. H. Meyer in kristallisierter Form gewonnen. Das Enzym wird von Cl-Ionen aktiviert, ist aber mit den tierischen α-Amylasen nicht identisch (Tabelle S. 37). Das *p*H-Optimum liegt bei etwa 6.

Die Amylase des *Bacillus polymyxa* hat ihr Optimum bei *p*H = 6,2—7,5, die des *Clostridium acetobutylicum* bei *p*H = etwa 4,8. Die Amylase aus *Cl. butyricum* ist nach Whelan von den tierischen Amylasen und von der α-Malzamylase insofern verschieden, als ihre Wirkung auf Kartoffelamylose und Stärke bei einer scheinbaren Maltoseausbeute von 65,6 bzw. 66,5% aufhört.

Mechanismus der α-Amylasewirkung

Es wurde schon erwähnt, daß die α-Amylasen Endoamylasen sind, d. h. sie greifen α-glucosidische 1,4-Bindungen *im Inneren* der Substratmoleküle an, und zwar werden Bindungen weit von „Anomalien“ der Kettenmoleküle, d. h. Endgruppen bzw. Verzweigungen, vorzugsweise gespalten. Bindungen in nächster Nähe der Anomalien werden langsamer oder gar nicht angegriffen, d. h. die α-Amylasen haben eine viel höhere Affinität zu langen Kettenmolekülen als zu kurzen. Dies ist bei der α-Amylase aus Malz besonders ausgeprägt der Fall: Bei der Spaltung der hochmolekularen Substrate werden zunächst im Innern der Ketten Bindungen ziemlich wahllos gesprengt; die so entstehenden Dextrine werden aber mit abnehmender Kettenlänge immer langsamer gespalten. Es scheint, daß die substratbindenden Gruppen des Amylasemoleküls derart angeordnet sind, daß die volle Affinität zum Substrat erst dann wirken kann, wenn etwa acht durch 1,4-Bindungen verknüpfte Glucosereste auf der „bindenden Fläche“ festgehalten werden können, während Ketten, in denen die Abstände Endgruppe-Endgruppe bzw. Endgruppe-Verzweigungspunkt kürzer sind, viel weniger fest gebunden werden können. Dementsprechend findet man, daß bei der Spaltung eines hochmolekularen Substrats durch die α-Malzamylase die Freisetzung reduzierender Gruppen anfangs sehr schnell verläuft, bis etwa $^1/_6$ der Glucosidbindungen gesprengt worden sind, wonach die weitere Spaltung bedeutend langsamer verläuft. In diesem Fall kann also sehr scharf zwischen der Phase der Dextrinierung und der der Verzuckerung unterschieden werden. In der Dextrinierung entstehen nebst kleinen Mengen vergärbaren Zuckers die sog. α-Dextrine, die einen mittleren Polymerisationsgrad von 6—9 haben. Von α-Dextrinen gibt es zweierlei Arten:

a) Die „normalen“ α-Dextrine, die ausschließlich 1,4-Bindungen enthalten und demgemäß von allen Amylasen allmählich vollständig verzuckert werden. Die normalen α-Dextrine entstehen aus der Amylose und aus den Endketten des Amylopectins bzw. des Glycogens. Man sieht leicht ein, daß aus dem stärker verzweigten Glycogen die Ausbeute an normalen α-Dextrinen wesentlich geringer ist als aus dem Amylopectin.

b) Die „anomalen“ α-Dextrine, die die Verzweigungen d. h. die Isomaltosebindungen des Amylopectins bzw. des Glycogens enthalten. Der Polymerisationsgrad der anomalen α-Dextrine ist deshalb auch etwas höher als der der normalen. Ein anomales α-Dextrin hat schematisch die Formel I

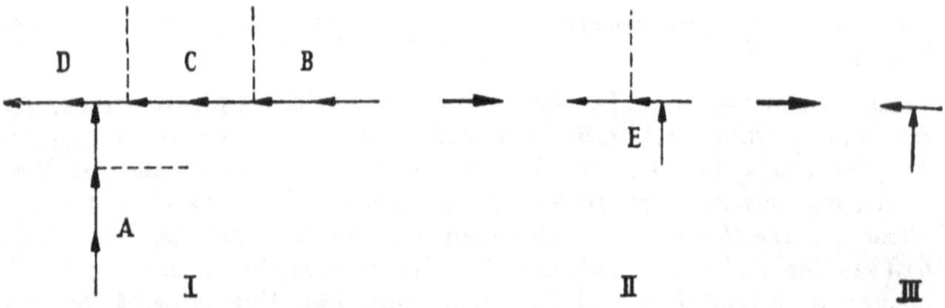

wobei die Längen der drei Ketten variieren können. Läßt man β-Amylase auf dieses Dextrin einwirken, so werden die drei Maltosemoleküle A, B und C abgespalten, und das Grenzdextrin D = II bleibt übrig. Dieselbe Abspaltung von Maltose wird auch von den α-Amylasen bewirkt. In diesem Falle geht möglicherweise die Reaktion langsam weiter, indem der Glucoserest E abgespalten wird, wobei Isomaltose (III) als das endgültige Grenzdextrin entstehen sollte. So könnte gewöhnliche Stärke unter Umständen als Endprodukte etwa 8% Isomaltose und 92% vergärbare Zucker geben; von den vergärbaren Zuckern bildet die Maltose immer die Hauptmenge, während Glucose nur in kleinen und vom Enzym zum Enzym variierenden Mengen auftritt. (Zu bemerken ist, daß wenn die Amylasepräparate Maltase enthalten, was oft der Fall ist, Glucose als Hauptprodukt auftreten kann.)

Hydrolyse von Cellulose, Hemicellulose und Lichenin

Als **Cytasen** wurden früher gewisse Enzyme bezeichnet, deren Wirkung sich in einer Auflösung pflanzlicher Zellwände darstellt. Die Cytasegruppe enthält Enzyme sehr verschiedenartiger Wirkung wie Cellulasen, „Hemicellulasen“, pektinspaltende Enzyme usw. Da die Substrate dieser Enzyme in vielen Fällen weniger gut charakterisiert sind, so ist auch die Abgrenzung der einzelnen Enzyme voneinander, ihre Spezifität und andere Eigenschaften, manchmal noch recht unklar. Im allgemeinen ist die Wirkung vom physikalischen Zustand des Substrates sehr stark abhängig.

Cellulasen kommen in grünen Pflanzen (Malz), in einigen Pilzen (besonders *Aspergillus niger*), Bakterien (wie die cellulosegärenden Anaerobiern, S. 154) und Protozoen (z. B. im Rumen der Wiederkäuer) vor, außerdem bei einigen Invertebraten, wie im Hepatopankreassaft der Weinbergschnecke. Die Celluoseverdauung bei holzfressenden Insekten wie den Termiten dürfte den Darmbakterien zuzuschreiben sein. Daß höhere Tiere manchmal Cellulose im Futter ausnutzen können, hängt ebenfalls mit der Tätigkeit cellulosezersetzender Mikroorganismen zusammen.

Die Wirkung der Cellulasen ist von der Art und Vorbehandlung des Substrates sehr stark abhängig. Natürliche Baumwolle wird wenig angegriffen, gequollene Faser leichter. (Quellung mit Phosphorsäure, Lithiumchlorid u. a.) Die Resistenz gewisser Cellulosepräparate gegenüber den Enzymen dürfte durch die mehr oder weniger deutlich kristalline Anordnung der Polysaccharidketten bedingt sein. Als Substrate bei der Untersuchung der Cellulasen kommen außer gequollenen Naturfasern auch Kupferseide, Zellophan usw. in Frage. Die Anwendung wasserlöslicher Celluloseäther wie Oxyäthylcellulose ermöglicht eine viscometrische Bestimmung. Nur wenige Hydroxylgruppen der Cellulose dürfen veräthert sein, sonst sind die Produkte unspaltbar.

Für die vollständige Zerlegung der Cellulose in Glucose sind in einigen, vielleicht allen Fällen mindestens zwei Enzyme verantwortlich (G r a ß m a n n): Eine **Cellulase**, die Cellulose und höhere Cellodextrine abbaut, gegenüber Cellobiose aber unwirksam ist, und eine **Cellobiase**, die Cellobiose und vielleicht auch niedere Cellodextrine spaltet. Das *p*H-Optimum der Cellulasen scheint im allgemeinen bei etwa 5 zu liegen, bei einigen Bakterienenzymen jedoch bei etwa neutraler Reaktion.

Enzymatische Spaltung der sog. Hemicellulose. Enzyme, die die mehr oder weniger gut charakterisierten Mannane, Galaktane, Xylane usw. der „Hemicellulose", der Pflanzenschleime und ähnlicher Produkte angreifen, werden oft zusammen mit den Cellulasen angetroffen (siehe oben). Durch Enzyme aus der Weinbergschnecke scheinen alle die erwähnten Substrate gespalten zu werden.

Das Salepmannan wird von Malzextrakt ziemlich vollständig zerlegt. Gewisse Ergebnisse können dahin gedeutet werden, daß bei dieser Spaltung eine Polyase und eine Oligase zusammenwirken.

Sogar Holzmehl wird, wenn auch langsam, angegriffen, wobei vor allem Xylose freigesetzt wird. Bei Versuchen mit Holzmehl kann selbstverständlich eventuell auch ein Ligninabbau mitspielen.

Enzymatische Spaltung des Lichenins. Das Polysaccharid Lichenin aus *Cetraria islandica* ist ganz aus Glucoseresten aufgebaut, die nach K. H. Meyer durch β-glucosidische 1,4-Bindungen (etwa 70%) und β-glucosidische 1,3-Bindungen (etwa 30%) verknüpft sind. Licheninspaltende Enzyme kommen zusammen mit den cellulosespaltenden vielfach vor. Ob, wie bisweilen angenommen worden ist, eine Identität zwischen Lichenase und Cellulase besteht, erscheint fraglich.

Spaltung der Fructane

Unter den fructanspaltenden Enzymen ist eigentlich nur die Inulinase etwas näher untersucht worden. Das Enzym zerlegt das Inulin (aus den Wurzeln mancher Compositeen) vollständig in Fructose.

Pectinspaltende Enzyme

In Pflanzen, besonders in gewissen Früchten, kommen pectinartige Substanzen in großen Mengen vor. Diese Substanzen sind prinzipiell als *Polyuronide* zu betrachten, und zwar ist das wesentliche Bauelement die *d*-Galacturonsäure. Die Moleküle der Pectinstoffe bestehen im großen und ganzen aus Ketten von Galacturonsäureresten, die durch α-glykosidische 1,4-Bindungen verknüpft sind. Die Carboxylgruppen sind in variierendem Ausmaß mit Methylalkohol verestert.

In den Früchten usw. kommt das unlösliche sog. *Protopectin* vor. Ob die Unlöslichkeit einfach mit einem sehr hohen Polymerisationsgrad des Polyuronides oder mit einer Bindung desselben an anderen Stoffen zusammenhängt, ist noch nicht als entschieden zu betrachten. Das Protopectin kann durch verschiedene Maßnahmen in Lösung gebracht werden; man erhält dann *Pectin*, ein Polygalacturonid, das mit Methanol mehr oder weniger stark verestert ist. Handelspräparate enthalten im allgemeinen 6—13% Methoxyl; sie geben in Anwesenheit von gewissen Ionen und von viel Rohrzucker Gele. Neuerdings sind auch Präparate erhältlich die weniger als 6% Methoxyl enthalten; ihre Lösungen gelieren bei Anwesenheit bestimmter Ionen schon ohne Rohrzucker.

Protopectin kann zweifelsohne auf enzymatischem Wege in lösliches Pectin umgewandelt werden. Man hat deshalb die Existenz einer **Protopectinase** angenommen. Es erscheint indessen zweifelhaft, ob das beim Löslichwerden des Pectins beteiligte Enzym von den unten zu besprechenden Polygalacturonasen verschieden ist.

Das lösliche Pectin erhält wie erwähnt Metylestergruppen. Diese können enzymatisch abgespalten werden, wobei Methanol und *Pectinsäure* entstehen. Die betreffenden Esterasen (früher als **Pectasen** oder **Pectinesterasen** bezeichnet), die in großen Mengen in höheren Pflanzen und in Schimmelpilzen vorkommen, scheinen sehr spezifisch auf die natürlichen Estergruppen des Pectins eingestellt zu sein und verdienen die Bezeichnung **Pectinmethylesterasen.**

Die Pectinsäure kann enzymatisch depolymerisiert werden, indem dabei die α-glykosidischen 1,4-Bindungen zwischen den Uronsäureresten gesprengt werden. Die dabei beteiligten Enzyme, die früher als **Pectinasen** bezeichnet wurden, sind also als Polyuronasen aufzufassen, und zwar berechtigt die scharf umrissene Spezifität der Enzyme zu der Bezeichnung **Pectinpolygalacturonasen.**

Diese Enzyme spalten auch zu einem gewissen Grade methoxylhaltiges Pectin, aber nicht α-Methylgalacturonsäure. Resistent sind mit Ausnahme der Pectinsäure alle untersuchten Polyuronide aus Galacturon-, Glucuron- und Mannuronsäure. Die Spaltung der Pectinsäure verfolgt man am besten durch Bestimmung der Zunahme der Reduktion. Viscometrische und polarimetrische Methoden kommen auch in Betracht.

Die Pectinpolygalacturonasen kommen in höheren Pflanzen (Malz, Tomaten) vor, aber besonders in Schimmelpilzen. Über die Identität der Enzyme aus verschiedenen Quellen ist nicht viel bekannt. Das Pilzenzym hat sein Optimum bei pH = 3,5; das Enzym aus Tomaten bei 4,5. Aus Schimmelpilzen werden Handelspräparate dargestellt, die bei Bereitung von Obstsäften und Weinen große Verwendung finden („Filtrationsenzyme“).

Spaltung der Glucosamin enthaltenden Polysaccharide

Die Substrate dieser Enzyme können als Mucopolysaccharide zusammengefaßt werden. Die entsprechenden Enzyme würde man **Mucopolysaccharasen** oder kürzer **Mucasen** nennen.

Spaltung des Chitins. Das Chitin ist ein aus N-Acetylglucosamin ganz aufgebautes Polysaccharid, das also keine sauren Gruppen enthält. Die **Chitinase** könnte also zum Unterschied von der Hyaluronidase als eine **„neutrale“ Mucase** bezeichnet werden. Ein chitinspaltendes Enzym wurde von Karrer in der Weinbergschnecke nachgewiesen. Die Wirkung des Enzyms besteht offenbar in einer Sprengung β-glykosidischer 1,4-Bindungen zwischen den N-Acetylglucosaminresten, da N-Acetylglucosamin das Reaktionsprodukt ist. Wahrscheinlich sind bei dieser Spaltung mehrere Enzyme beteiligt.

Spaltung der Hyaluronsäure. Die *Hyaluronsäure*, die aus Nabelschnur, Synovialflüssigkeit oder dem Glaskörper der Rinderaugen hergestellt wird, ist ein aus N-Acetylglucosamin und Glucuronsäure aufgebautes Polysaccharid. Die Hyaluronsäure spaltenden Enzyme sind deshalb **„saure“ Mucasen.** Höchstwahrscheinlich sind am Abbau mehrere Enzyme beteiligt, die auf Produkte besonderen Polymerisationsgrades mehr oder weniger streng spezifisch eingestellt sind. Außer den eigentlichen **Hyaluronidasen** kommen also wahrscheinlich **„Mucodextrinasen“** und **„Oligomucasen“** vor.

Für die quantitative Bestimmung der Hyaluronidasen kommen verschiedene Methoden in Betracht: a) Hyaluronsäure gibt mit Eiweiß in saurer Lösung ein Koagulum, das etwa wie aus Blut koaguliertes Fibrin aussieht. Nach Einwirkung einer Hyaluronidase bleibt die Ausfällung aus, was zur Bestimmung der Aktivität des Enzyms dienen kann. b) Durch viscometrische Methoden können schon sehr geringe Enzymmengen bestimmt werden. c) Bei der Spaltung werden reduzierende Gruppen freigesetzt, die wie üblich bestimmt werden können. d) Freigesetztes Glucosamin kann bestimmt werden.

Das *p*H-Optimum der Hyaluronidasen variiert mit dem Ursprung des Enzyms; im allgemeinen liegt es im *p*H-Bereich 5--7. Gewisse Ionen, vor allem Chloridionen, haben unter Umständen einen starken Einfluß auf die Aktivität der Enzyme.

Die Hyaluronidasen (und andere Mucasen) spielen offenbar dadurch eine sehr große physiologische Rolle, daß sie durch Abbau der Hyaluronsäure und anderer Mucopolysaccharide bzw. Mucoproteide die *Permeabilität* der Gewebe beeinflussen. Die Enzyme gehören zu den sog. „*spreading factors*". Wenn man z. B. einem Kaninchen etwas Tusche subkutan einspritzt, so bleibt normalerweise die Tusche als eine Blase an der Injektionsstelle, und es findet keine nennenswerte Diffusion statt. War aber die Tusche mit Hyaluronidase versetzt, so breitet sich die Blase schnell aus, so daß größere Gebiete der Haut und sogar der darunterliegenden Muskeln gefärbt werden.

Große Mengen von Hyaluronidase kommen in den Testes vor; Stierhoden sind das gewöhnlichste Ausgangsmaterial für die Gewinnung des Enzyms. Die Anwesenheit der Hyaluronidase im Sperma ist vielleicht für die schnelle Befruchtung der Eier wesentlich. Die Eier sind nämlich von einer Hülle von Zellen umgeben, die durch einen „Kitt" von Hyaluronsäure zusammengeklebt sind, und die den Zugang der Spermien zu den Eiern erschweren. Die Hyaluronidase löst den Kitt auf; die Hülle löst sich vom Ei ab, und die Befruchtung tritt ein. (Bemerkenswert ist, daß bei Vögeln, Amphibien und Reptilen die Testes keine Hyaluronidase enthalten und die Eier keine umgebenden follikulären Zellen besitzen.) Es ist möglich, daß Mangel an Hyaluronidase eine Ursache der männlichen Sterilität sein kann.

Es sei hier nur kurz darauf hingewiesen, daß Veränderungen in den normalen Mucopolysacchariden, bei welchen die Hyaluronidase eventuell eine Rolle spielt, bei den rheumatischen Krankheiten, bei Altersveränderungen der Gefäßwände usw. auftreten. Schließlich sei erwähnt, daß das reichliche Vorkommen von Hyaluronidasen bei vielen pathogenen Bakterien zu der Überlegung geführt hat, daß die durch die Hyaluronidasewirkung bedingte vergrößerte Permeabilität der Gewebe zur Verbreitung von Infektionen beitragen kann.

Das Lysozym. Fleming zeigte, daß gewisse Enzympräparate eine Auflösung des *Bacillus lysodeikticus* herbeiführen. Das dabei wirksame Enzym, das **Lysozym,** kommt z. B. im Hühnereiweiß vor und wurde hieraus von Abraham und Robinson in kristallisierter Form dargestellt (Mol. gew. 19800). Später konnte festgestellt werden, daß die Wirkung des Enzyms in einer Spaltung eines in der bakteriellen Zellwand vorkommenden Mucopolysaccharids besteht. Das Polysaccharid kann mit Lauge extrahiert werden und die Lysozymwirkung durch Bestimmung der Viscositätsabnahme der Lösung quantitativ gemessen werden[1]).

Man hat gefunden, daß bei *Colitis ulcerosa* der Darminhalt sehr viel Lysozym enthält, während die normalen Faeces praktisch frei davon sind. Dies hat zur Annahme geführt, daß das Enzym die Auflösung einer die Darmschleimhaut schützenden Mucinschicht bedingt.

---

[1]) Über bakterielle Polysaccharide und ihre enzymatische Spaltung siehe weiter Burger, M., *Bacterial Polysaccharides, their chemical and immunological aspects*, Ch. C. Thomas, Publ., Springfield, Ill., USA. 1950.

Spaltung der schwefelsäurehaltigen Mucopolysaccharide. Viele Hyaluronidasepräparate spalten Chondroitinschwefelsäure, andere nicht. Die Existenz einer besonderen Gruppe von Enzymen, Sulfomucasen, erscheint also sichergestellt. Wie bei der Spaltung der Hyaluronsäure dürften auch hier für die totale Zerlegung der Polysaccharide mehrere Enzyme notwendig sein. Zu den Sulfomucasen gehört auch ein z. B. in Kaninchenleber nachgewiesenes Enzym (Heparinase), das das *Heparin* (S. 82) inaktiviert.

2. Enzyme, die Esterbindungen spalten

a) Spaltung von Carboxylsäureestern

Esterasen „im weiteren Sinne“ katalysieren die Reaktion:

$$R{-}COO{-}R' + H_2O \xrightleftharpoons{\text{Esterase}} R{-}COOH + HO{-}R'$$

Die Formel zeigt, daß die Reaktion prinzipiell umkehrbar ist; die Esterasen können also auch die Synthese der Ester bewirken (vgl. S. 41 u. 68). Innerhalb der Gruppe der Esterasen können auf Grund einer mehr oder weniger ausgesprochenen Substratspezifität mehrere Untergruppen unterschieden werden, und zwar hat sich gezeigt, daß sowohl die Gruppe R wie auch die Gruppe R′ der Substrate dabei von Bedeutung sind. Wenn R und R′ einfache Alkylgruppen sind, so spricht man von **Esterasen „im engeren Sinne“**. Ester der Essigsäure werden von einigen Enzymen vorzugsweise angegriffen; diese Enzyme werden **Acetylesterasen** genannt. Die Enzyme, die die typischen Fette spalten, tragen die alte Benennung **Lipasen.** Gallussäureester, einschließlich Tannin, werden von **Tannasen** hydrolysiert, Cholesterinester von der **Cholesterinesterase.** Die **Chlorophyllase** spaltet aus Chlorophyll das Phytol ab. Die Enzyme, die Ester N-haltiger Alkohole spalten, werden als **Azolesterasen** bezeichnet; unter diesen sind die **Cholinesterasen** die wichtigsten.

Bei der Esterspaltung werden Carboxylgruppen freigesetzt, was meistens eine einfache Bestimmung der Enzymwirkung durch Titration mit Lauge ermöglicht. Andererseits verursacht die Säurebildung eine Verschiebung des *p*H der Reaktionsmischungen, die die Berechnung von Reaktionsgeschwindigkeiten usw. unter Umständen beträchtlich erschweren kann.

Die *p*H-Optima der Esterasen variieren beträchtlich (zwischen $pH = 5$ und 9) mit dem Ursprung des Enzyms. Dies dürfte wohl wenigstens zum Teil auf einer wirklichen Verschiedenheit der Enzyme beruhen; andererseits ist festgestellt worden, daß Beimengungen in den Enzympräparaten sehr starke Verschiebungen der Aktivitäts-*p*H-Kurven bedingen können. Dies erschwert selbstverständlich die genaue Bestimmung der Enzyme sehr, da inaktive Beimengungen oder Zusätze außer einer Wirkung auf die *p*H-Kurve auch eine direkt aktivierende oder inaktivierende Wirkung haben können. Um verschiedene Esterasepräparate vergleichen zu können, versuchte deshalb R. Willstätter eine sog. ausgleichende Aktivierung durch Zusatz von Albumin und Calciumoleat (vgl. S. 99). Die starke Wirkung der Beimengungen der Enzyme zeigt sich auch in ihrem Verhalten gegenüber Inhibitoren. Rohe Esteraselösungen können z. B. gegenüber Chinin resistent sein, während gereinigte stark gehemmt werden. Ähnliche Erscheinungen können selbstverständlich bei allen Enzymen auftreten, sie scheinen aber bei den Esterasen besonders ausgeprägt zu sein.

Esterasen (im engeren Sinne) und Lipasen. Innerhalb dieser Gruppe findet man eine sehr deutliche relative Spezifität, indem die Spaltungsgeschwindigkeit verschiedener Ester sehr stark variieren kann, und zwar sind dabei wie schon erwähnt sowohl der Säure- wie der Alkoholrest von Bedeutung. Hier wie bei anderen Enzymen ist es ja leicht verständlich, daß der chemische Bau des Substrates die Bindung desselben an das Enzym, d. h. die Affinität Enzym-Substrat bestimmt. Es sei aber wiederholt, daß eine Bindung eines Substrats an das Enzym, sei es mit einer noch so hohen Affinität, nicht an sich die Spaltbarkeit des Substrates bedingt. Ein Substrat kann sehr fest gebunden aber sehr langsam zersetzt werden. Ein derartiges Substrat kann dann z. B. die Spaltung eines zweiten Substrates stark hemmen, das für sich allein viel schneller gespalten wird (vgl. S. 36).

Bei den Lipasen steigt die Spaltungsgeschwindigkeit a) mit der Kettenläge der Fettsäuren, b) mit der Anzahl der an Glycerin gebundenen Fettsäuren und c) mit dem Gehalt an ungesättigten Fettsäuren. Triolein wird also viel schneller gespalten als Tristearin usw. Vergleicht man verschiedene Ester einer bestimmten Fettsäure, wie die der Stearinsäure, so findet man ebenfalls sehr große Unterschiede: Schneller als Tristearin werden die Ester einfacher aliphatischer Alkohole gespalten, besonders der des Allylalkohols. Sehr schnell wird der Ester des Benzylalkohols angegriffen. (Dagegen werden Ester sekundärer und tertiärer Alkohole nur sehr langsam gespalten.) Ester von Oxysäuren werden ebenfalls zerlegt, einige sehr leicht wie z. B. Ester der Milchsäure und der Mandelsäure. Aus den Estern dibasischer Carboxylsäuren wird im allgemeinen nur eine Alkoholgruppe abgespalten. Bamann hat aber gezeigt, daß die Abspaltung der zweiten Alkoholgruppe bei einem anderen *p*H erfolgen kann, als die der ersten. Ketonsäureester können gespalten werden. Sehr leicht wird der Benzoylessigester gespalten, sehr langsam dagegen der Benzoylameisensäureester, obwohl die Affinität Enzym-Substrat im letzten Fall sehr hoch ist.

Eine relative *Cis-transspezifität* (z. B. gegenüber den Estern der Fumar- bzw. Maleinsäure) ist in einigen Fällen beobachtet worden. Bzgl. der optischen Spezifität der Esterasen, vgl. den allgemeinen Teil S. 36.

Unter den Lipasen der höheren Pflanzen interessiert besonders die **Ricinuslipase**, die auch bei der industriellen Fettspaltung Anwendung gefunden hat. Nach Willstätter kommt in den ungekeimten Ricinussamen eine Lipase, die sog. *Spermatolipase* vor (*p*H-Optimum bei etwa 4,8), während in den gekeimten Samen ein anderes Enzym, die *Blastolipase* (*p*H-Optimum bei etwa 7) angetroffen wird. Die Ricinuslipase ist in Wasser fast unlöslich; als Enzympräparat wird eine durch Reiben der Samen mit Wasser und Zentrifugieren erhältliche „Sahne“ angewendet.

In den meisten daraufhin untersuchten tierischen Organen kommen Lipasen bzw. Esterasen vor. In großen Mengen kommt im Pankreas ein Enzym, die **Pankreaslipase** vor, das als eine wahre Lipase zu bezeichnen ist, weil es echte Fette viel leichter spaltet als niedere Ester.

Nach Willstätter bestimmt man die Wirkung der Lipasen unter Anwendung von Olivenöl (2,5 g in 13 ml, enthaltend 2 ml Ammoniak-Ammonchloridpuffer von *p*H = 8,9, 10 mg $CaCl_2$ und 15 mg Albumin). Die Lipasemenge, die bei 30° das Olivenöl in einer Stunde zu 24% spaltet, wird die *Lipaseeinheit* genannt.

Werden echte Lösungen niederer Ester angewendet, so kommt für die Bestimmung die stalagmometrische Methode in Betracht. Man ermittelt dabei den Gang der Reaktion durch Bestimmung der Änderung der Obenflächenspannung, die infolge der Esterspaltung eintritt.

Trockene Rohpräparate der Pankreaslipase gewinnt man durch Behandlung von Pankreasbrei mit Aceton und danach mit Äther. Das Enzym kann zweckmäßig mit Glycerin extrahiert werden, wonach mit Wasser verdünnt wird. Eine wesentliche Aktivitätssteigerung kann durch Sorption und Elution erreicht werden. Das Enzym wirkt am besten in schwach alkalischer Lösung, aber wie schon erwähnt, kann sich die Aktivitäts-*p*H-Kurve bei Zusatz von Aktivatoren (bzw. Hemmungsstoffen) sehr stark verschieben.

Die **Magenlipase** wird aus dem Magensaft oder der Magenschleimhaut gewonnen. Letztere wird mit Aceton und Äther in ein trockenes Pulver verwandelt, aus dem die Lipase mit schwach alkalisch gemachtem Wasser extrahiert werden kann.

Das Enzym kann eine Lipase genannt werden, da es vorzugsweise echte Fette spaltet. Es kann aber auch gegenüber niederen Estern eine beträchtliche Wirkung entfalten. Im Magensaft oder Rohpräparaten des Enzyms findet man das *p*H-Optimum bei etwa 4. Das Optimum ist aber wie bei den anderen Lipasen von Beimengungen im Enzympräparat stark abhängig, so daß sich bei reineren Präparaten das Optimum dem des Pankreasenzyms nähert. Die optische Spezifität der Magenesterase ist aber von der der Pancreaslipase verschieden.

Die **Leberesterase** ist im Gegensatz zu den zwei oben erwähnten Enzymen gegen niedere Ester viel stärker wirksam als gegen die eigentlichen Fette. In der stereochemischen Spezifität scheinen alle drei Enzyme verschieden zu sein.

In vielen Mikroorganismen, sowohl Schimmelpilzen und Hefen wie Bakterien, sind esterspaltende Enzyme nachgewiesen worden. Das Enzym aus *Aspergillus oryzae (Takadiastase)* hat stärkere Wirkung auf niedere Ester als auf Fette.

Die **Acetylesterasen** greifen vorzugsweise Ester der Essigsäure an, und zwar ist dabei unerwarteterweise die Art der veresterten Hydroxylverbindung von geringem Einfluß. Außer Acetaten von gewöhnlichen Alkoholen und Phenolen wird z. B. auch Acetylcholin gespalten. Die Acetylesterase ist aber mit der wahren Cholinesterase (S. 61) nicht identisch. N-Glucosamin und ähnliche Verbindungen werden von der Acetylesterase nicht angegriffen. Die Acetylesterase scheint vorwiegend im Pflanzenreich (Citrusfrüchten) vorzukommen.

Cholesterinesterasen kommen in mehreren tierischen Organen vor. Bei den Säugetieren können zwei Enzyme unterschieden werden, ein mit dem *p*H-Optimum bei 5,3 in Leber, Niere, Darmschleimhaut usw. und ein mit dem Optimum bei etwa 7 in Pankreas und Blut. Wie die anderen Esterasen katalysieren diese Enzyme sowohl Spaltung wie Synthese von Estern. Besonders leicht wird das Cholesterin verestert aber auch andere Sterine wie Dihydrocholesterin und (langsamer) Ergosterin, Stigmasterin u. a. Dehydroandrosteron wird auch verestert; dies dürfte die Erklärung dafür sein, daß *per os* gegebenes Dehydroandrosteron biologisch wirksam ist, indem es als Ester resorbiert werden kann. Am leichtesten werden die Sterine mit den höheren Fettsäuren (Stearin-, Palmitin- und Ölsäure) verestert, aber Veresterung mit niederen Fettsäuren ist auch beobachtet worden, dagegen keine Veresterung mit Phosphorsäure.

Tannasen kommen besonders in Schimmelpilzen wie *Aspergillus niger* vor; außerdem wahrscheinlich, obgleich nur in kleinen Mengen, in gewissen tierischen Organen. Die Tannasen zersetzen Gallotannin in Gallussäure und Glucose. Tannasepräparate spalten aber auch gewisse andere Substrate, darunter Gallussäuremethylester, wenn auch nicht sichergestellt ist, daß dasselbe Enzym einfache Ester und Depside angreift. Unter allen Umständen sind die Tannasen von den gewöhnlichen Esterasen verschieden. Für rohe Pilzextrakte wird ein *p*H-Optimum bei 3—4 angegeben, für reinere Präparate 5—6.

Azolesterasen. Als Azolesterasen bezeichnet man, wie erwähnt, Enzyme, die Ester von N-Alkoholen spalten. Die **Tropinesterasen,** z. B., zerlegen Atropin in Tropin und Tropasäure. Dieselben Enzyme scheinen auch ähnliche Stoffe wie Hyoscyamin und Scopolamin anzugreifen. Ein anderes Enzym ist die **Cocainesterase,** die das Cocain in Methanol und Benzoylecgonin zerlegt.

Von besonderem Interesse ist, daß diese Enzyme erstens nur im Serum gewisser Tierarten angetroffen werden und zweitens nicht bei allen Individuen einer bestimmten Art. Beim Kaninchen findet man z. B. Tropinesterase in rund 25% der Fälle. Die nähere Untersuchung hat gezeigt, daß das Auftreten des Enzyms genetisch bedingt ist. Unerwartet ist, daß Kaninchen ohne Tropinesterase dieselbe hohe Toleranz gegenüber Atropin zeigen wie Tiere, die das atropinzerstörende Enzym enthalten.

Zu den Azolesterasen rechnet man die sehr wichtigen **Cholinesterasen,** Enzyme die Acetylcholin, selbstverständlich unter Vernichtung dessen physiologischer Wirkung spalten. Da das Acetylcholin bei der Transmission der Nervenimpulsen eine fundamental wichtige Rolle spielt, so ist die physiologische Bedeutung der Cholinesterasen verständlich.

Zwei Gruppen von Cholinester spaltenden Enzymen können unterschieden werden: a) Die Enzyme in Nerven- und Muskelgewebe, in den Erythrocyten sowie einigen Schlangengiften, die in dem Sinne für Acetylcholin spezifisch sind, daß dieses Substrat eine höhere Affinität zum Enzym hat als alle andere Cholinester. Diese Enzyme werden neuerdings als **Acetylcholinesterasen** bezeichnet. Die physiologisch bedeutungsvolle Spaltung des Acetylcholins ist diesen Enzymen zuzuschreiben. b) Enzyme in Serum, Pankreas und anderen Organen, für welche die Benennung **Cholinesterasen** beibehalten werden kann; diese Enzyme spalten Cholinester leichter als andere Ester, sind aber für das Acetylcholin nicht besonders spezifisch. Ihre biologische Bedeutung ist unbekannt.

Bei der Hydrolyse des Acetylcholins ist die Abnahme der freien Energie bedeutend. Das Gleichgewicht ist also gegen freies Cholin stark verschoben. Es erscheint unwahrscheinlich, daß die Cholinesterasen bei der Synthese des Acetylcholins wesentlich beteiligt sind. In der Tat hat man gefunden, daß bei dieser Synthese ein anderes Enzym(system), die sog. Cholinacetylase tätig ist, wobei der Energiezufuhr über Adenosintriphosphat erfolgt (vgl. S. 173).

Acetylcholinesterase. Das Vorkommen des Enzyms bei allen Tieren im Nervengewebe und in Muskeln sowie in enormen Mengen in den elektrischen Organen von *Electrophorus*, *Torpedo* u. a. spricht ja sehr dafür, daß das Enzym bei der Transmission der Nervenimpulsen eine Rolle spielt. Oder richtiger ausgedrückt: Das Acetylcholin hat dabei eine Bedeutung, und das Enzym hat die Aufgabe, das Acetylcholin sofort nach der Transmission zu zerstören. Diese Zerstörung hat z. B. zur Folge, daß die durch einen einzelnen Nervenimpuls verursachte Aktivität eines Muskels sofort aufhört und daß die Fähigkeit der Nerven, neue Impulse zu befördern, wiederhergestellt wird.

Über die chemische Natur der Acetylcholinesterasen ist wenig bekannt. Essentielle SH-Gruppen sind wahrscheinlich anwesend. Die Enzyme werden durch Dialyse inaktiviert; Ca^{2+}-Ionen (Mg^{2+}, Mn^{2+}) reaktivieren. Zum Unterschied von den Cholinesterasen werden die Acetylcholinesterasen von einem Überschuß des Substrates gehemmt, so daß die Aktivitäts-pS-Kurve eine charakteristische Glockenform hat. Es wird angenommen, daß außer der aktiven Enzym-substrat-Verbindung ES eine enzymatisch nichts zerfallende Verbindung ES_2 gebildet wird (S. 24). Das *p*H-Optimum liegt bei etwa 8. Die Enzymwirkung wird durch einige Gifte in wie es scheint sehr spezifischer Weise gehemmt. Physostigmin hemmt z. B. in sehr geringen Konzentrationen (10^{-8}—10^{-6} M), und die physiologische Wirkung des Alkaloids dürfte direkt mit der Hemmung der Acetylcholinspaltung zusammenhängen. Außerordentlich stark hemmend wirken Diisopropylfluorphosphat und ähnliche Verbindungen; die Wirkung auf die Acetylchlolinesterasen dürfte die Ursache der hohen Toxicität dieser Verbindungen sein.

Chlorophyllase. Das Enzym Chlorophyllase scheint in allen grünen Pflanzen und in chlorophyllhaltigen Bakterien vorzukommen. Es spaltet aus den Chlorophyllen a und b sowie aus den entsprechenden Mg-freien Phäophytinen a und b das Phytol ab. Läßt man das Enzym in äthylalkoholhaltiger Lösung wirken, so tritt eine Umesterung ein, indem das Phytol durch Äthanol ersetzt wird. Eine Chlorophyllase aus einer *Scrophularia*-art wurde in kristallisierter Form gewonnen (Weast und Mackinney).

b) Spaltung von Phosphorsäureestern

Die *Phosphatasen* können nach der Substratspezifität in mehrere Gruppen geteilt werden. Hydrolysiert werden Mono- und Di-ester der Orthophosphorsäure (während die Tri-ester enzymatisch nicht angegriffen werden), Pyrophorphorsäure und ihre Ester, Meta- und Polyphosphorsäuren, Phytinsäure, Adenosintriphosphorsäure, Acetylphosphat und einige andere Phosphorsäureverbindungen. Die Phosphatasewirkung ist prinzipiell umkehrbar; die Lage des Gleichgewichts ist bei verschiedenen Substraten sehr verschieden.

Phosphomonoesterasen. Unter diesen ist die sog. **alkalische Phosphatase** wichtig. Sie kommt in großen Mengen in der Dünndarmmucosa, in den wachsenden Zonen der Knochen und in der Nierenrinde vor, in kleineren Mengen in praktisch allen tierischen Geweben und in Hefen und Bakterien, nicht aber in grünen Pflanzen und höheren Pilzen. Das *p*H-Optimum des Enzyms liegt bei *p*H = 9,3, obgleich das Enzym in neutraler Lösung stabiler ist als beim Aktivitätsoptimum. Charakteristisch für das Enzym ist dessen Aktivierung durch gewisse zweiwertige Ionen, vor allem Mg^{2+} aber auch Mn^{2+}, Co^{2+} und Zn^{2+}. Stoffe, die diese Metallionen durch Komplexbildung entfernen, hemmen dementsprechend die Enzymwirkung: Cyanide, SH-Verbindungen.

Sehr viel spricht dafür, daß die alkalische Phosphatase bei der *Knochenbildung* mitwirkt; das Enzym setzt aus Estern Phosphorsäure frei, die mit den Kalciumionen unlösliches Trikalciumphosphat bildet.

Wahrscheinlich ist, daß die zu spaltenden Ester in dem Knochengewebe aus Glykogen und Phosphorsäure durch eine Phosphorylasewirkung (S. 92) synthetisiert werden. Hervorgehoben muß werden, daß die Anwesenheit genügender Mengen von Phosphatase an sich nicht die Knochenbildung erklärt; erstens sind dabei andere Faktoren wie die D-Vitamine von Bedeutung, andererseits gibt es ja Gewebe, wie die Nierenrinde, die enorme Mengen des Enzyms enthalten, ohne Zeichen einer Knochenbildung zu zeigen[1]).

In der Nierenrinde ist die Aufgabe des Enzyms zweifelsohne mit der Resorption der Glucose verknüpft. Bekanntlich geht zunächst durch die Glomerulusmembran die Glucose des Blutes direkt in den Primärharn über, ohne irgendwie zurückgehalten zu werden. Dann tritt aber in den *Tubulis contortis* eine fast vollständige Resorption der Glucose ein; dabei spielt die Veresterung durch Phosphorsäure durch die Nierenphosphatase eine entscheidende Rolle.

Es liegt selbstverständlich nahe anzunehmen, daß die Phosphatase der Dünndarmschleimhaut ebenfalls bei der Resorption der Zucker beteiligt ist. Bestimmt ist dies auch der Fall, wenn es auch nicht ausgeschlossen ist, daß die Darmphosphatase auch andere Aufgaben hat.

Stein und Koshland haben gezeigt, daß in mit O^{18} gekennzeichnetem Wasser die Hydrolyse verschiedener Substrate folgendermaßen verläuft:

$$ROPO_3H_2 + H_2O^{18} \rightleftarrows ROH + HO^{18}PO_3H_2$$

Das Enzym sprengt also die P—O- und nicht etwa die R—O-Bindung. Auch die anorganische Phosphorsäure ist als ein Substrat des Enzyms anzusehen, denn in H_2O^{18} findet man einen langsamen Austausch.

Sehr verbreitet in der Natur ist auch eine sog. **saure Phosphatase** mit einem *p*H-Optimum der Aktivität und Stabilität bei etwa 5,4. Sie kommt in vielen tierischen Geweben vor, jedoch nicht in denen die an alkalischer Phosphatase reich sind. Große Mengen findet man in der menschlichen Prostatadrüse, aus der sehr wirksame Präparate gewonnen werden können. Das Enzym kommt auch in höheren Pflanzen (Kartoffelknollen) vor, außerdem in Pilzen und Bakterien. Typisch für das Enzym ist, daß Mg^{2+} und andere Metallionen (deshalb auch HCN, SH-Verbindungen usw.) wirkungslos sind. Im Gegensatz zur alkalischen Phosphatase wird die saure von F^- sehr stark gehemmt. Die physiologische Bedeutung der sauren Phosphatase ist weniger gut bekannt.

In der Leber kommt neben der erwähnten sauren Phosphatase eine **zweite saure Phosphatase** vor, die bei *p*H = etwa 3,8 ihr Aktivitätsoptimum hat und die von Mg-Ionen *gehemmt* wird. Das Enzym kommt auch in Schimmelpilzen (Takadiastase) und Hefen vor. Eine **dritte saure Phosphatase** findet sich in Erythrocyten und in Unterhefe. Dieses Enzym wird von Mg-Ionen *aktiviert*, hat sein *p*H-Optimum bei etwa 5,7 und spaltet, im Gegensatz zu den oben erwähnten Phosphomonoesterasen, α-Glycerophosphat besser als die β-Verbindung.

Wie schon erwähnt und wie wir im folgenden sehen werden, sind Mg-Ionen notwendig für die Wirkung vieler Phosphatasen und Phosphokinasen (S. 99). Dialy-

[1]) Vor kurzem wurde festgestellt, daß die alkalische Phosphatase durch phosphoryliertes Vitamin D_2 aktiviert wird.

siert man deshalb die betreffenden Phosphataselösungen, so werden sie inaktiv. Es hat sich gezeigt (Roche), daß Zusatz von Mg- oder ähnlichen Ionen für die Wiederherstellung der Aktivität zwar notwendig aber nicht immer ausreichend ist. Eingeengtes Dialysat reaktiviert das dialysierte Enzym, aber die Asche des Dialysats ist für sich allein unwirksam. Dies hat zu der Annahme geführt, daß die Phosphatasen außer der Metallionen noch eines organischen Coenzyms bedürfen. Diese Frage ist noch ungeklärt; es erscheint aber wahrscheinlich, daß die aktiven Enzyme Komplexe von Eiweißstoffen (Apoenzymen) mit Metallionen und dialysierbaren Peptiden und/oder Nucleotiden sind.

Zur Ermittlung der Phosphataseaktivität bestimmt man meistens die aus einem leicht spaltbaren Substrat (oft Glycerinphosphorsäure) freigesetzte Phosphorsäure. Wählt man ein passendes Substrat, beispielsweise p-Nitrophenylphosphat, so kann auch die Bestimmung der freigesetzten Hydroxylverbindung zweckmäßig sein.

Phosphodiesterasen begleiten die Monoesterasen in den meisten untersuchten Materialien. In einzelnen Fällen ist ein monoesterasereiches Organ, wie die Prostata, frei von Diesterase. In einigen Schlangengiften kommt die Diesterase allein vor (vgl. S. 86). Eine typische Wirkung der Phosphodiesterasen ist die Abspaltung eines Mols Phenol aus Diphenylphosphat. Je nach dem pH-Optimum können eine saure Diesterase (pH $= 5{,}5$) und eine alkalische (pH $= 8{,}8$) unterschieden werden.

Pyrophosphatasen, die Pyrophosphorsäure und ihre Ester zerlegen, im letzteren Falle unter Bildung von freier Phosphorsäure und Orthophosphorsäureestern, werden im allgemeinen zusammen mit den Phosphomonoesterasen angetroffen. Wie bei diesen kann man bei den Pyrophosphatasen je nach dem Aciditätsoptimum und dem Verhalten gegenüber Mg^{2+} und anderen Ionen mindestens drei Gruppen von Enzymen unterscheiden, darunter eine alkalische Pyrophosphatase die von Mg^{2+}, Mn^{2+} Zn^{2+} spezifisch aktiviert wird.

Eine („anorganische") Pyrophosphatase aus Bäckerhefe ist vor einiger Zeit in kristallisierter Form gewonnen worden (Kunitz). Das Enzym ist ein farbloses Albumin mit 0,14% S und keinem Phosphor. Das Molekulargewicht ist etwa 100000.

Spaltung der Adenosintriphosphorsäure. Der *Adenosintriphorsäure* (ATP) kommt, wie wir später sehen werden, eine sehr große physiologische Bedeutung zu.

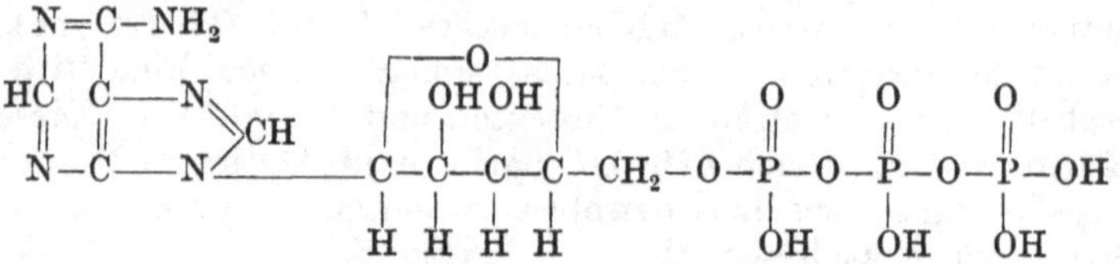

Adenosintriphosphorsäure (ATP)

Die bei gewissen Abbaureaktionen, z. B. bei der Glycolyse formal freiwerdende Energie kann in Form der energiereichen ATP gespeichert und für das Inganghalten von Reaktionen (Synthesen) angewendet werden, die Zufuhr von Energie erfordern (S. 173). Besonders wichtig sind in diesem Zusammenhang die Reaktionen, in denen Phosphatgruppen von ATP durch die Wirkung der sog. *Phosphokinasen* (S. 99) auf andere Verbindungen übergeführt werden. Eine wesentliche Rolle spielen aber auch die Enzyme, die Orthophosphorsäure aus ATP hydrolytisch freisetzen. Unter diesen ist die **Adenosintriphosphatase** oder **ATPase** besonders wichtig, die aus ATP *einen* Phosphorsäurerest unter Bildung von Adenosindiphosphorsäure (ADP) freisetzt. Die ATPase des Muskels hat, wie zuerst von Engelhardt gezeigt wurde, einen engen Zusammenhang mit dem kontraktilen Muskeleiweißstoff Myosin (bzw. dem Myosinteil des sog. Actomyosins); tatsächlich ist bis jetzt eine Trennung des Enzyms vom Myosin nicht gelungen und die Eigenschaften des Enzyms stimmen mit denen des Myosins weitgehend überein. Die physikalischen Eigenschaften des Myosins werden durch ATP tiefgehend beeinflußt.

Rohe Myosinlösungen spalten aus ATP anscheinend zwei Phosphorsäurereste ab, so daß Adenylsäure (Adenosinmonophosphat AMP) entsteht. Dies beruht indessen darauf, daß außer der ATPase auch *Myokinase* (S. 100) anwesend ist.

Die gewöhnliche ATPase des Muskels wird von Ca^{2+}-Ionen aktiviert, von Mg^{2+}-Ionen gehemmt. Eine zweite, sehr instabile **ATPase** der Muskeln, die frei von Myosin erhalten werden kann, wird dagegen von Mg-Ionen stark aktiviert, von Ca-Ionen gehemmt (Meyerhof). Angeblich ist das Enzym ein Lipoprotein oder jedenfalls in Muskelhomogenaten an Lipoproteinpartikeln gebunden.

Durch Enzyme aus Leber sowie gewissen Pflanzenextrakten werden aus ATP zwei Phosphorsäurereste freigesetzt. Enzyme mit dieser Wirkung werden vielfach als **Apyrasen** bezeichnet.

Metaphosphatasen. Anorganische Metaphosphate wie z. B. das sog. Hexametaphosphat, werden durch die Metaphosphatasen in Orthophosphorsäure umgewandelt. Die Enzyme kommen in Hefe, Schimmelpilzen, einigen Bakterien und tierischen Organen vor. Mit Ausnahme der tierischen Enzyme greifen die Metaphosphatasen auch hochmolekulare kolloidale Metaphosphate an, die aller Wahrscheinlichkeit nach folgendermaßen gebaut sind:

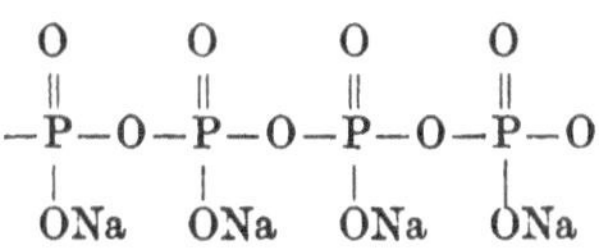

$= (NaPO_3)_n$

In diesem Zusammenhang ist von größtem Interesse, daß hochmolekulare, anorganische Metaphosophate aus gewissen Mikroorganismen, wie z. B. *Aspergillus niger*, isoliert werden können. Da die Polymetaphosphate wie ATP und gewisse andere Phosphorverbindungen (siehe weiter S. 41) „energiereiche" Phosphatbindungen enthalten, so ist denkbar, daß sie bei physiologisch wichtigen, Energiezufuhr erfordernden Reaktionen mitspielen.

Eine „Triphosphatase“, die Pyrophosphorsäure aus anorganischer Triphosphorsäure erzeugt, ist von Neuberg nachgewiesen worden.

Phosphoacylasen. Die Enzyme spalten gemischte Anhydride der Phosphorsäure mit Fettsäuren, wie z.B. das Acetylphosphat $CH_3-CO-O-PO(OH)_2$ (S. 124). Es dreht sich auch hier um die Hydrolyse energiereicher Phosphorsäureverbindungen und den Enzymen dürfte eine wesentliche physiologische Bedeutung zukommen. Man findet sie in tierischen Geweben, besonders in Leber und Muskel. (Vgl. S. 106 über die Transacetylasen.)

Phytasen zerlegen Phytinsäure d. h. Mesoinosithexaphosphorsäure und wahrscheinlich auch andere Inositphosphorsäuren. Über ihre Spezifität im einzelnen ist nicht sehr viel bekannt; auf alle Fälle gibt es viele Phosphatasen, die gegenüber Phytinsäure unwirksam sind. Zusammen mit Phytin (Ca-Mg-Salz der Phytinsäure) kommen in Cerealien Phytasen vor, die bei $pH = 5{,}5$ optimal wirken und die von Mg-Ionen nicht aktiviert werden während eine Phytase in der Dünndarmschleimhaut der Ratte bei $pH = 7{,}8$ optimal wirkt und von der Anwesenheit von Mg-Ionen abhängig ist (Courtois).

Da die Phosphatasen noch nicht in kristallisierter Form bekannt sind, können meistens keine völlig sicheren Angaben der Spezifitätsbereiche gemacht werden. Es ist sehr wohl möglich, daß außer den hier erwähnten Enzymen noch andere, mehr oder weniger spezifische Phosphatasen vorkommen. So konnte z. B. gezeigt werden (Roche), daß neben der „gewöhnlichen“ alkalischen Phosphatase noch eine „*Fructose*-1,6-*diphosphatase*“ existiert.

c) Spaltung von Schwefelsäureestern

Viele Schwefelsäureester haben große physiologische Bedeutung (Chondroitinschwefelsäure, Heparin usw.); die Enzyme, die aus diesen und ähnlichen Ersten Schwefelsäure abspalten, werden Sulfatasen genannt. Innerhalb der Sulfatasegruppe macht sich eine ausgeprägte Substratspezifität geltend.

Chondrosulfatase spaltet Schwefelsäure aus Chondroitin- und Mucoitinschwefelsäure ab. Das Enzym kommt in vielen Bakterien, dagegen nicht in tierischen Geweben, höheren Pflanzen oder Schimmelpilzen vor. Chondrosulfatasepräparate greifen auch Glucose-6-schwefelsäure an, wobei vielleicht ein anderes Enzym tätig ist. Auf alle Fälle existiert eine **Glucosulfatase,** die Chrondroitinschwefelsäure nicht spaltet. Die Glucosulfatase kommt in einigen Bakterien und in niederen Tieren wie Mollusken vor. Sie spaltet nicht nur Glucose-6-schwefelsäure, sondern auch Di-, Tri- und Tetraschwefelsäureestern von Glucose und anderen Zuckern. Eine spezifische **Phenolsulfatase** kommt in Schimmelpilzen, Mollusken und vielen Organen bei höheren Tieren vor. Sie spaltet z. B. Phenylsulfat, p-Nitrophenylsulfat und Indoxylschwefelsäure.

In der sog. Myrosinase (S. 48) kommt neben der Thioglucosidase eine spezifische Myrosulfatase vor.

d) Enzymatische Lecithinspaltung

Die lecithinspaltenden Enzyme sind spezifische Esterasen; verschiedene Enzyme greifen die vier verschiedenen Esterverbindungen des Lecithinmoleküls an

$$
\begin{array}{l}
CH_2O \overset{(a)}{\text{---}} CO-R \quad \text{(ungesättigte Fettsäure)} \\
| \\
CHO \overset{(b)}{\text{---}} CO-R \quad \text{(gesättigte Fettsäure)} \\
| \\
CH_2O \overset{(c)}{\text{---}} \underset{\displaystyle O^-}{\underset{|}{PO}} - O \overset{(d)}{\text{---}} CH_2-CH_2-\overset{+}{N}(CH_3)_3
\end{array}
$$

Die Esterbindung (a) wird durch **Phospholipase A (Lecithinase A, Phosphatidase)** gesprengt. Das Enzym entfernt also die *ungesättigte* Fettsäure aus dem Lecithinmolekül; der Rest wird *Lysolecithin* genannt, weil er stark haemolysierend wirkt. Die Phospholipase A kommt in mehreren tierischen Organen vor, besonders aber in den Giften der Schlangen, Insekten und anderer Tiere. Das Enzym ist für die haemolysierende Wirkung dieser Gifte verantwortlich. Die Phospholipase A spaltet auch Kephalin, aber nicht synthetisches Lecithin mit ausschließlich gesättigten Fettsäuren. Gewöhnliche Triglyceride werden auch nicht angegriffen.

Das aus dem Gift der Klapperschlange *(Crotalus terrificus)* gewonnene *Crotoxin*, ein kristallisierter und wie es scheint einheitlicher Eiweißstoff, dürfte als eine kristallisierte Phospholipase A anzusprechen sein. Aus dem Gift der Cobra *(Naja naja)* wurde ebenfalls eine kristallisierte Lecithinase gewonnen.

Sowohl die Phospholipasen A wie die anderen Phospholipasen sind ganz außergewöhnlich thermostabil; die Schlangengifte können (bei $pH = 6$) gekocht werden, ohne ihre Aktivität zu verlieren.

Die Esterbindung (b) im Lysolecithin (aber nicht in Lecithin selbst) wird von der **Phospholipase B (Lecithinase B, Lysophospholipase)** gesprengt. Das Enzym entfernt also die *gesättigte* Fettsäure, wonach *Glyceryl-phosphorylcholin* übrig bleibt. Die Phospholipase B kommt in Pankreas und anderen Tierorganen vor, weiter in gewissen höheren Pflanzen (Reiskleie), in Schimmelpilzen und im Gift der Wespen. Gewöhnliche Triglyceride werden nicht gespalten.

Die Esterbindung (c) des Lecithins wird durch die **Phospholipase C** gespalten, wobei also ein Diglycerid und *Phosphorylcholin* entstehen. Das Enzym wird von einigen Bakterien, nämlich *Clostridium welchii* und einigen nahestehenden Arten gebildet und in das Kulturmedium abgegeben. Es hat sich gezeigt, daß das sog. *α-Toxin* der erwähnten Bakterien mit der Phospholipase C identisch ist. Das Enzym spaltet außer Lecithin auch Sphingomyelin, aber nicht Kephalin, Lysolecithin, Cerebroside, Phosphatidylserin oder einfache Phosphorsäureester.

Die Esterbindung (d) des Lecithins wird durch ein Enzym, **Phospolipase D,** angegriffen und das Substrat in freies Cholin und eine Verbindung von Glycerin mit zwei Fettsäuren und Phosphorsäure („Phosphatidylsäure") zerlegt. Das Enzym kommt in Mohrrüben und anderen Gemüsen vor, möglicherweise auch in gewissen tierischen Organen.

Die Phospholipasen C und D sind formell als spezifische **Phosphodiesterasen** (S. 64) zu bezeichnen. Das Phosphorylcholin wird von den gewöhnlichen Phosphomonoesterasen in Cholin und freie Phosphorsäure zerlegt.

e) Enzymatische Estersynthese

Wie schon erwähnt, ist die enzymatische Esterhydrolyse eine umkehrbare Reaktion; je nach der Konzentration der reagierenden Stoffe führt die Spaltung zu einem bestimmten Gleichgewicht, und zwar wird in vergleichbaren Versuchen von beiden Seiten her dieselbe Gleichgewichtslage erreicht. Das Gleichgewicht wird durch die Geschwindigkeiten von Spaltung und Synthese bestimmt. Die Spaltungsgeschwindigkeit ist gegeben durch

$$v_1 = k_1 \cdot [\text{Ester}] \cdot [\text{Wasser}]$$

und die der Synthese durch

$$v_2 = k_2 \cdot [\text{Säure}] \cdot [\text{Alkohol}]$$

Im Gleichgewicht ist dann

$$K = \frac{k_1}{k_2} = \frac{[\text{Säure} \cdot] [\text{Alkohol}]}{[\text{Ester} \cdot] [\text{Wasser}]}$$

Dieses Gleichgewicht ist unabhängig von der Anwesenheit eines *idealen* Katalysators, von welchem im Verhältnis zur Totalmenge nur sehr kleine Mengen von den reagierenden Stoffen gebunden werden. Bodenstein und Dietz fanden bei der Spaltung des Amylbutyrats in nicht enzymatischen Versuchen $K_1 = 1{,}96$. Beim Gleichgewicht in Versuchen mit Enzym war zwar immer $K_2 = k_1/k_2$; K_2 zeigte aber eine starke Abweichung von K_1 und variierte übrigens mit der Anfangskonzentration des Substrates. Dies hängt zweifelsohne damit zusammen, daß in den Enzymversuchen relativ große Mengen des Katalysators von den verschiedenen reagierenden Stoffen gebunden werden; die Affinitäten zwischen dem Enzym einerseits und Substrat und Reaktionsprodukten andererseits werden also hier eine wesentliche Rolle spielen (vgl. S. 40).

Ob die hier besprochenen Estersynthesen eine physiologische Bedeutung haben, erscheint zweifelhaft. Völlig sicher ist, daß die Synthese des Acetylcholins keine einfache Umkehrung der hydrolytischen Spaltung ist. Das acetylierende Agens ist in diesem Falle eine energiereiche Acetylverbindung des sog. Coenzym A. Wahrscheinlich spielen entsprechende Acylderivate auch für die biologische Synthese der Fette aus Glycerin und Fettsäuren die ausschlaggebende Rolle (S. 173).

3. Enzyme, die Peptidbindungen spalten

Die Peptidbindungen spaltenden Enzyme (**proteolytische Enzyme**) erscheinen von den anderen Gruppen der Hydrolasen deutlich abgegrenzt. Wie bei den Polyasen (S. 48) ist man bei den proteolytischen Enzymen zur Einsicht gekommen, daß die Enzymwirkung immer in einer Lösung von Hauptvalenzbindungen besteht; „desaggregierende" Enzyme, die andere Arten von Bindungen lösen sollten, gibt es nicht.[1]) So wurde von R. Willstätter, Waldschmidt-Leitz, Grassmann u. a. gezeigt, daß die Wirkung der proteolytischen Enzyme immer in einer Lösung von Peptidbindungen besteht:

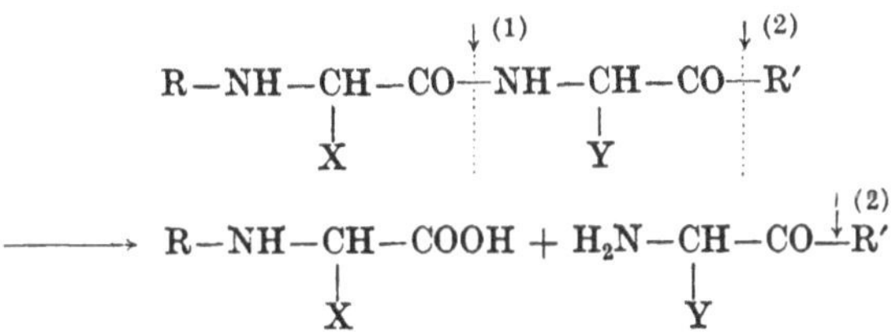

Die Spaltung der Bindung (1) wurde also als die typische Wirkung der proteolytischen Enzyme betrachtet, und es wurde angenommen, daß die Bindung (2) nur in dem Falle angegriffen wird, wenn R′ eine Aminosäure oder ein Peptid ist. In letzter Zeit hat sich aber gezeigt, daß die Bindung (2) unter Umständen gespalten werden kann, wenn R′ eine Amid-, Hydrazid-, Hydroxylamid- oder sogar Estergruppe ist (H. Neurath)[2]). Es hat sich auch gezeigt, daß für die Spaltbarkeit einer Peptidbindung wie die Bindung (1) die Gruppen („Seitenketten") X und Y eine viel größere Bedeutung haben, als früher angenommen wurde. Umgekehrt ist gefunden worden, daß der Polymerisationsgrad des Substrates, d. h. die Anzahl der Aminosäurereste, weniger bedeutungsvoll ist.

Substrate der hierhergehörenden Enzyme sind die natürlichen Eiweißstoffe, ihre Spaltprodukte sowie synthetisch hergestellte Peptide, Peptid- und Aminosäurederivate. Über die Natur der niedrigmolekularen Substrate herrschen keine verschiedenen Auffassungen, dagegen ist die Natur der nativen, hochmolekularen Proteine nicht in allen Einzelheiten klargelegt. Es sind aber nicht zuletzt unsere Kenntnisse über den enzymatischen Abbau der Proteine, die die Auffassung stützen, daß die Polypeptidkette das Hauptelement der Proteine ist. Andererseits ist klar, daß wenigstens bei den sog. globulären Proteinen auch andere Bindungen als die Peptidbindungen im Spiel sind, und zwar ist anzunehmen, daß zwischen verschie-

---

[1]) Eine Art „Desaggregation" könnte evtl. durch eine Lösung von S-S-Brücken oder anderen „Querbindungen" in den globulären Proteinen zustande kommen. Dabei möglicherweise beteiligte Enzyme könnten jedoch schwerlich als „desaggregierend" bezeichnet werden.

[2]) Die proteolytische Spaltung der Aminosäureester wurde schon im Jahre 1905 von O. Warburg beobachtet. Da die Enzyme stereochemisch spezifisch sind, so kann die Spaltung für eine einfache Trennung der Antipoden vieler racemischer Aminosäuren ausgenutzt werden.

denen Teilen einer Polypeptidkette bzw. zwischen verschiedenen Ketten „Querbindungen“ eine besondere Anordnung der Ketten schaffen. Als derartige Querbindungen kommen z. B. Disulfidbrücken, —S—S—, und salzartige Bindungen zwischen sauren und basischen Gruppen in Betracht.

In vielen Fällen ist gefunden worden, daß native, globuläre Proteine von den proteolytischen Enzymen weniger leicht angegriffen werden als denaturierte Proteine. Noch ist wohl nicht völlig klar, was bei der Denaturierung eines globulären Proteins geschieht (vgl. S. 15); es scheint aber durchgehend so zu sein, daß die Moleküle bei der Denaturierung eine mehr fadenförmige Gestalt annehmen. Die Denaturierung ist ein reversibler Vorgang, zum Unterschied von der *Ausflockung* des denaturierten Proteins, die unter Umständen eintritt. Möglicherweise ist es so, daß in einer Proteinlösung immer ein Gleichgewicht zwischen der nativen und der denaturierten Form existiert und daß nur die denaturierte Form, die im großen und ganzen ein Polypeptid ist, von den proteolytischen Enzymen angegriffen wird.

Bestimmung. Bei der proteolytischen Spaltung einer Bindung wird, wie aus dem obigen ersichtlich ist, immer eine Carboxylgruppe frei. Bei der Spaltung der natürlichen Substrate werden außerdem primäre Aminogruppen in äquivalenter Menge freigesetzt (Ausnahme: Peptidbindungen, in welche die NH-Gruppen von Prolin bzw. Oxyprolin eingehen). Unter den vielen Methoden, die zur Bestimmung der proteolytischen Wirkung angewendet werden können, seien erwähnt: a) Die Formoltitration nach Sörensen, b) die Titration mit Alkali in alkoholischer Lösung nach Willstätter und Waldschmidt-Leitz, c) die Titration mit Säure in Acetonlösung nach Linderström-Lang, d) die Aminostickstoffbestimmung mit salpetriger Säure nach van Slyke, e) viscometrische Methoden, f) Leitfähigkeitsmessungen, g) Bestimmung des aus unlöslichen Substraten löslichwerdenden Stickstoffes, h) Bestimmung des unveränderten Substrates, z. B. durch Fällung mit einem der gewöhnlichen Eiweißreagenzien (wobei jedoch beachtet werden muß, daß auch höhere Spaltprodukte gefällt werden können).

Umkehr der proteolytischen Spaltung. Die Spaltung von Peptid- und ähnlichen Bindungen durch die Proteasen dürfte als prinzipiell umkehrbar betrachtet werden können, was indessen gar nicht ein Beweis dafür ist, daß die normale biologische Eiweißsynthese eine Umkehr der proteolytischen Spaltung ist. Im allgemeinen ist das Gleichgewicht bei der Spaltung eines Peptids sehr stark zugunsten der Hydrolyse verschoben; in gewissen Fällen kann die Schwerlöslichkeit eines Produktes eine weitgehende Synthese desselben bedingen. So wird aus Benzoyl-l-tyrosin und Glycinanilid durch Chymotrypsin Benzoyl-l-tyrosyl-glycinanilid synthetisiert, während das Enzym die entsprechende Bindung in Benzoyl-l-tyrosyl-glycin*amid* weitgehend spaltet (vgl. auch S. 41). Bei den Synthesen macht sich wie bei der Spaltung die optische Spezifität der Enzyme geltend.

Eine enzymatische Synthese von Peptidbindungen tritt auch sicher bei der sog. *Plasteinbildung* ein. Setzt man z. B. frisches Pepsin zu einer sehr konzentrierten Lösung peptischer Abbauprodukte, so fällt allmählich ein Niederschlag, Plastein, aus. Die Natur der Plasteine ist noch nicht geklärt; jedenfalls ist sicher, daß die Plasteine keine wirklichen Eiweißstoffe sind, so daß z. B. das aus peptischen Abbauprodukten des krystallisierten Trypsins mit Pepsin entstehende Plastein kein Trypsin ist.

Klassifizierung der proteolytischen Enzyme. Die früher übliche Einteilung in **Proteinasen**, die wahre, hochmolekulare Proteine angreifen, und **Peptidasen,** die nur verhältnismäßig niedrigmolekulare Peptide spalten sollten, kann nicht mehr beibehalten werden, nachdem sich gezeigt hat, daß die als typische Proteinasen betrachteten Enzyme (wie das Pepsin) ganz niedrigmolekulare, synthetische Peptide bzw. Peptidderivate spalten können. (Eine Einteilung nach der Lage des *p*H-Optimums muß als wenig zweckmäßig angesehen werden, da man dabei vom allgemeinen Prinzip der Klassifizierung nach der Spezifität abgeht. Die *p*H-Optima variieren außerdem mit dem angewendeten Substrat.) Wesentlich besser, wenn auch nicht ganz konsequent durchführbar ist eine Einteilung der proteolytischen Enzyme in **Exo-** und **Endopeptidasen.** Erstere greifen einfache Substrate an, die in der Nähe der zu spaltenden Bindungen freie Amino- und / oder Carboxylgruppen besitzen; diese Enzyme sind gegenüber Proteinen offenbar unwirksam. Die Endopeptidasen dagegen sind von der Anwesenheit freier Endgruppen unabhängig; sie können Proteine spalten, aber auch Peptide, deren Endgruppen durch zweckmäßige Substitution abgeändert worden sind.

Schließlich ist eine Einteilung nach der chemischen Natur der Enzyme bis zu einem gewissen Grade möglich, da mehrere derselben in reiner, kristallisierter Form bekannt sind, und ihr Verhalten gegenüber Aktivatoren, Hemmstoffen, verschiedenen Substraten u. a. einwandfrei hat festgestellt werden können. Vorgeschlagen wurde eine Einteilung in drei Gruppen: a) Enzyme, die Eiweißstoffe ohne prosthetische Gruppe sind, und die keiner besonderer Aktivatoren bedürfen (Pepsin, Trypsin, Chymotrypsin u. a.), b) Enzyme, die von Mn^{2+}, Mg^{2+}, Co^{2+} und ähnlichen Ionen aktiviert werden und deshalb als Metallproteine aufzufassen sind (tierische und pflanzliche Exopeptidasen), c) Enzyme, die von HCN, Cystein, Glutathion u. ähnlichen Verbindungen aktiviert werden (pflanzliche Endopeptidasen wie das Papain; gewisse tierische Endopeptidasen, die sog. Kathepsine).

Bei allen Versuchen einer Klassifizierung der proteolytischen Enzyme nach der Substratspezifität muß, wie schon erwähnt, beachtet werden, daß für die Spaltbarkeit einer Peptidbindung nicht nur ihre Lage im Verhältnis zu freien Endgruppen, sondern auch die Art der in der Bindung beteiligten Aminosäuren (d. h. die Gruppen X und Y in der Formel S. 69) ausschlaggebend ist. Man kann also auch von einer „Seitenkettenspezifität" der Enzyme reden.

Im folgenden werden einige der wichtigsten Endo- und Exopeptidasen besprochen.

a) Endopeptidasen („Proteinasen")

Pepsin (Schwann 1836) ist das wichtigste proteolytische Enzym des Magensaftes, in dem aber auch eine **Gelatinase,** das sog. **Brücke-Pepsin** und vielleicht ein **Kathepsin** vorkommen. Pepsin koaguliert Milch, unterscheidet sich aber vom *Lab* (*Chymosin,* S. 80).

Die Magenschleimhaut enthält kein Pepsin, sondern eine inaktive Vorstufe, das **Pepsinogen,** das von Herriott und Northrop kristallisiert dargestellt worden ist. Es ist ein Eiweißstoff vom Molekulargewicht etwa 42000 und einem isoelektrischen Punkt bei 3,7. Bei Aciditäten unterhalb von *p*H = 6 wird das Pepsinogen autokatalytisch in aktives Pepsin und einen spezifischen Hemmungskörper mit einem Molekulargewicht von etwa 5000 zerlegt. Der Hemmungskörper wird dann vom Pepsin abgebaut und unschädlich gemacht.

Das **Pepsin** wurde schon 1930 von Northrop in kristallisierter Form gewonnen. Das Enzym ist ein einfacher Eiweißstoff, der keine prosthetische Gruppe enthält. Es enthält ein Atom P pro Molekül, aber sonst nur α-Aminosäuren in ungefähr den für viele nichtenzymatische Eiweißstoffe gewöhnlichen Mengen. Das Pepsin ist ein ungewöhnlich saures Protein; sogar bei *p*H = 1 ist es als negatives Ion vorhanden. Dies kann aber sicher nicht die Proteasenwirkung des Proteins bedingen, da, wie wir unten sehen werden, andere proteolytische Enzyme ganz andere elektrochemische Eigenschaften zeigen.

Die freien Aminogruppen des Pepsinmoleküls sind für die enzymatische Wirkung offenbar nicht unerläßlich, da man sie, ohne die Aktivität zu vernichten, mit Keten acetylieren kann. Dagegen dürfen in den Tyrosinresten des Enzyms (z. B. durch Jodierung) keine Veränderungen des Baues vorgenommen werden.

Das Pepsin wurde lange als die typische Proteinase betrachtet; das Enzym wurde niedrigmolekularen Peptiden gegenüber als völlig wirkungslos betrachtet. Besonders durch Arbeiten von Max Bergmann und Fruton konnte indessen gezeigt werden, daß das Enzym gewisse ganz einfache Peptidderivate, wie z. B. das Carbobenzoxy-*l*-glutamyl-*l*-tyrosin spaltet. Später wurde gefunden, daß sogar gewöhnliche Dipeptide angegriffen werden, wenn sie besondere Aminosäuren enthalten, wie z. B. das Tyrosylcystein. (Bemerkenswert ist, daß das Tyrosyl*cystin* sehr viel langsamer gespalten wird). Während das *p*H-Optimum der Spaltung eigentlicher Proteine bei etwa 2 liegt, werden die niedrigmolekularen Substrate bei *p*H = etwa 4 am schnellsten angegriffen. Das Optimum variiert in beiden Fällen etwas mit dem Substrat.

Die eiweißspaltende Wirkung des *Pankreassaftes* wurde früher *einem* Enzym, *Trypsin (Tryptase, Pankreasproteinase)* zugeschrieben. Es hat sich aber gezeigt, daß mindestens zwei Proteinasen darin vorkommen, *Trypsin* und *Chymotrypsin.*

Trypsin. Das Trypsin kommt in der Pankreasdrüse als inaktive Vorstufe, **Trypsinogen,** vor. Die Aktivierung des Trypsinogens ist eine proteolytische Spaltung desselben, wie schon 1899 von Schepowalnikow angenommen wurde; die Spaltung kann bewirkt werden durch: 1. die **Enterokinase** aus der Dünndarmschleimhaut, offenbar ein proteolytisches Enzym, dessen Wirkungsbereich aber sonst unbekannt ist, 2. eine **Kinase** aus gewissen Schimmelpilzen, und 3. das **Trypsin** selbst, das für die oft beobachtete „Selbstaktivierung" der Pankreasextrakte verantwortlich ist. Bei der Überführung des Trypsinogens in Trypsin wird ein

Hemmungskörper (Peptid) abgespalten und zwar von dem Aminoende der Polypeptidkette; die Reaktion ist aber weniger durchsichtig als die der Pepsinogenspaltung, da meistens auch inaktives Protein als Nebenprodukt entsteht.

Ein spezifischer Hemmungskörper des Trypsins (Mol. Gew. 9000) ist aus dem Pankreas kristallisiert dargestellt worden, ebenso ein Hemmungsstoff aus Sojabohnen. Letzterer ist ein Protein mit dem Molgewicht 24000. Ovomucoid aus Hühnereiweiß (Mol. Gew. 29000) hemmt das Trypsin ebenfalls sehr stark. Die erwähnten Hemmungskörper geben mit dem Enzym Verbindungen im molekularen Verhältnis 1:1, die in einigen Fällen in kristallisierter Form gewonnen worden sind. Der Hemmungskörper aus Pankreas ist ein basisches Peptid, das kein Histidin enthält.

Das **Trypsin** wurde 1931 von Northrop und Kunitz kristallisiert. Das Enzym ist ein einfacher Eiweißkörper ohne besondere prosthetische Gruppe. Das Molekulargewicht ist etwa 34000. Von den mehr oder weniger reaktiven Gruppen des Proteins scheinen Guanido-, Amido- und Indolgruppen für die Enzymwirkung essentiell zu sein, während Carboxyl-, Amino- und Phenolgruppen wenig Bedeutung haben. Von den Aminogruppen können jedenfalls die meisten ohne Vernichtung der Enzymaktivität acetyliert werden.

Sehr bemerkenswert ist, daß, wenn man kristallisiertes Trypsin in schwach saurer Lösung auf 90° erhitzt, das Enzym zwar bei dieser Temperatur inaktiv ist, beim Abkühlen aber die Aktivität wiedergewinnt. In den Trypsinlösungen besteht ein von der Temperatur stark abhängiges Gleichgewicht zwischen nativem und denaturiertem Protein. Die bei der Denaturierung bei höherer Temperatur „entfalteten" Polypeptidketten ordnen sich bei niederer Temperatur offenbar wieder nach dem Muster des ursprünglichen, nativen Proteins.

Das Trypsin spaltet gewisse ganz niedrigmolekulare Substrate wie das α-Benzoyl-*l*-argininamid und den α-Benzoyl-*l*-argininmethylester unter Freisetzung von Ammoniak bzw. Methanol. Die entsprechenden Lysinderivate werden auch angegriffen, und es ist anzunehmen, daß in den spaltbaren Proteinen eben solche Peptidbindungen gesprengt werden, die im Verhältnis zu den freien Guanido- bzw. ε-Aminogruppen dieselbe Position haben. Die schon erwähnte leichtere Spaltbarkeit denaturierter Proteine und relative Resistenz nativer Formen derselben ist bei der Trypsinspaltung sehr ausgeprägt.

Chymotrypsin (Kunitz und Northrop). In der Pankreasdrüse kommt das inaktive **Chymotrypsinogen** vor, das durch Trypsin, nicht aber durch Enterokinase oder das Chymotrypsin selbst in aktives **Chymotrypsin** übergeführt wird. Chymotrypsin hat eine starke milchkoagulierende Wirkung; daher der Name.

Die Aktivierung des Chymotrypsinogens ist eine komplizierte Folge von Reaktionen. Die wichtigsten beteiligten Stoffe werden im folgenden Schema zusammengefaßt. Insgesamt sind sechs aktive Formen des Enzyms bekannt. Alle sind einfache Proteine ohne prosthetische Gruppen. Die relative Aktivität A (im Vergleich mit der des α-Chymotrypsins) und die Molekulargewichte M sind im Schema angegeben:

Chymotrypsinogen[1]) (A = 0)
↓ (Trypsin)
π-Chymotrypsin (A = 2–2,5)
↙ (Trypsin) ↘ (Chymotrypsin)

δ-Chymotrypsin (A = 1,5) α-Chymotrypsin (A = 1; M = 43000[1]))
↓ (Chymotrypsin)
β-Chymotrypsin (A = 1; M = 30000)
↓ (Chymotrypsin)
γ-Chymotrypsin (A = 1; M = 27000)

Von diesen Stoffen sind Chymotrypsinogen, α-, β- und γ-Chymotrypsin in kristallisierter Form bekannt. Die eigentliche Aktivierung des Chymotrypsinogens, d. h. seine Überführung in π-, δ- oder α-Chymotrypsin scheint von keiner Abspaltung eines Hemmstoffes oder dgl. begleitet zu sein (vgl. jedoch die Fußnote!). Man nimmt an, daß Peptidbindungen *innerhalb* des Moleküls geöffnet werden.

Das Aciditätsoptimum der Chymotrypsine liegt wie das des Trypsins bei pH = etwa 8; es variiert jedoch etwas mit dem Substrat. Wenn wir die Substrate der Chymotrypsine durch die allgemeine Formel

$$\mathrm{X{-}CO{-}NH{-}\underset{\displaystyle \mathrm{Y}}{\underset{|}{CH}}{-}CO\overset{\downarrow}{-}R}$$

veranschaulichen, so kann die Gruppe R abgespalten werden, nicht nur, wenn R eine Aminosäure oder ein Peptid, sondern auch eine Ester-, Amid-, Hydrazid- oder Hydroxylamidgruppe ist, dies jedoch nur unter der Voraussetzung, daß die die Gruppe Y tragende Aminosäure einen bestimmten Bau hat, und zwar wird die Bindung nur dann einigermaßen schnell gelöst, wenn die Aminosäure Tyrosin, Phenylalanin, Tryptophan oder Methionin ist. Die Gruppe X hat dagegen für die Spaltbarkeit des Substrates wenig Bedeutung.

Durch Oxydation von α-Chymotrypsin mit Perjodat haben Jansen und Balls ein „künstliches" Chymotrypsin, und zwar in kristallisierter Form gewonnen. Bei der Oxydation wurden niedrigmolekulare, stickstoffhaltige Stoffe abgespalten; das Molekulargewicht des oxydierten Enzyms war aber nicht wesentlich kleiner als das des α-Chymotrypsins. Das oxydierte Enzym hatte etwa 65% der Esteraseaktivität, aber nur etwa 35% der Proteinaseaktivität des α-Chymotrypsins. Reduzierende Stoffe wie Cystein bedingen keine Reaktivierung. Verbindungen des oxydierten Enzyms mit dem Hemmungsstoff Diisopropylfluorphosphat und fünf analoge Verbindungen wurden ebenfalls kristallisiert erhalten.

Kathepsine (Organproteinasen). Alle tierischen Organe enthalten Proteinasen, die von Pepsin und den Pankreasproteinasen verschieden

[1]) Neuerdings wird angegeben, daß das wahre Molekulargewicht des α-Chymotrypsins 21500 ist, daß aber in Lösung schnell eine Dimerisierung eintritt. Das Molekulargewicht des Chymotrypsinogens soll 23000 betragen.

sind. Die Menge wechselt sehr stark von Organ zu Organ, sie ist hoch in Leber, Niere und Milz, sehr niedrig in Lunge, Herz, Muskel usw. Die Wirkung dieser Proteinasen und der gleichzeitig anwesenden Peptidasen zeigt sich augenfällig bei der *Autolyse* (Selbstauflösung), der ein herausgenommenes Organ, auch unter Fernhaltung aller Mikroorganismen, unterliegt. Die Autolyse und die dabei beteiligten Proteinasen haben ein Optimum bei *p*H = 5—6.

Durch Arbeiten von Willstätter und seinen Schülern wurde u. a. gezeigt, daß die Kathepsine durch Cystein, Glutathion u. dgl. spezifisch aktiviert werden. (Sie verhalten sich in dieser Beziehung wie die pflanzlichen Proteinasen, siehe unten). Weitere Arbeiten, besonders von M. Bergmann und seiner Schule, über die Spezifität der Organproteinasen und speziell ihr Verhalten gegenüber synthetischen Substraten haben gezeigt, daß eine ganze Reihe von verschiedenen Kathepsinen unterschieden werden kann. Fast alle werden von Sulfhydrylverbindungen aktiviert, einige auch von Ascorbinsäure.

Im Blutserum kommt eine besondere Proteinase, das sog. **Plasmin,** (Fibrinolysin) als inaktive Vorstufe, das **Plasminogen,** vor. Eine Aktivierung tritt unter Umständen „spontan" ein. Sie kann auch durch Chloroform und gewisse andere organische Stoffe hervorgerufen werden sowie durch eine **„Streptokinase"** aus Streptokokken. Das Plasmin löst Fibrin auf und wirkt also dem Thrombin gewissermaßen entgegen. Es greift auch Fibrinogen und gewisse andere Proteine an.

Bakterielle Proteinasen sind in großer Zahl bekannt. Insbesondere wurde bei vielen Bakterien eine Wirkung auf Gelatine und Collagen beobachtet. Das sog. K-Toxin aus Kulturen des *Chlostridium welchii* ist eine derartige Collagenase. Die meisten Bakterienproteinasen scheinen von SH-Verbindungen unabhängig zu sein; eine Collagenase aus *Clostridium histolyticum,* die in anscheinend einheitlicher Form gewonnen worden ist (Kocholaty und Krejci), soll aber durch Sulfhydrylverbindungen aktiviert werden.

Proteinasen der höheren Pflanzen (Phytoproteinasen). Das typische Enzym dieser Gruppe ist das **Papain (Papayotin)** aus dem Milchsaft des sog. Melonenbaumes *(Carica papaya)*. Aus dem Latex wurde sowohl das Papain (Molekulargewicht etwa 30 000), wie das begleitende **Chymopapain** (Molekulargewicht etwa 45000) von Balls kristallisiert gewonnen. Ein ähnliches kristallisiertes Enzym, **Asclepain,** ist aus den Wurzeln von *Asclepias syriana* dargestellt worden. Das Aciditätsoptimum dieser und ähnlicher Enzyme liegt meistens um *p*H = 6. Es variiert etwas mit dem Substrat.

Schon früh wurde festgestellt, daß das Papain von Cyanwasserstoff, Schwefelwasserstoff und Sulfhydrylverbindungen aktiviert wird. Nachdem gefunden worden war, daß Papainpräparate leicht oxydierbare Sulfhydrylgruppen enthalten, nahm man an, daß die erwähnte Aktivierung in einer Reduktion von Disulfidbrücken besteht. Indessen hat sich aber auch gezeigt, daß das aktivierte Enzym durch Dialyse wieder inaktiv gemacht werden kann, was ja dafür spricht, daß die Aktivatoren als eine Art Coenzym wirken. Die beste Deutung der komplizierten Verhältnisse scheint gegenwärtig die folgende zu sein (Bergmann):

Das Papain kommt in einer inaktiven Form vor, die durch Sulfhydrylverbindungen, aber nicht durch HCN, in eine andere Form, vielleicht eine SH-Form, übergeführt werden kann, die aber auch an sich inaktiv ist, aber durch HCN und größere Mengen von Sulfhydrylverbindungen aktiviert wird, wobei die Aktivatoren mit dem Enzym Komplexe mit verschiedenen Aktivitäten bilden.

Die Bedeutung des Redoxpotentials für die Wirkung von Papain, Kathepsin und vielen anderen, oxydierbare SH-Gruppen enthaltenden Enzymen ist besonders von Bersin hervorgehoben worden. Gewisse Befunde können darauf hindeuten, daß in einigen Fällen ein hydrolysierendes SH-Enzym durch Oxydation zur Disulfidstufe synthetisierende Eigenschaften erhält.

Wie die anderen Proteinasen ist auch das Papain gegenüber gewissen niedrigmolekularen Substraten aktiv. Es spaltet z. B. Benzoylglycinamid und Benzoyl-*l*-argininamid (vgl. S. 72).

b) Exopeptidasen („Peptidasen“)

Als Peptidasen bezeichnete man ursprünglich Enzyme, die gegenüber Eiweißstoffen wirkungslos sind, die aber niedrigmolekulare Spaltprodukte derselben sowie synthetische Peptide zerlegen. Dabei wurde zunächst angenommen daß die wahren Proteasen (Proteinasen) wie z. B. das Pepsin andere Bindungen als einfache Peptidbindungen lösen. Nachdem vor allem durch Arbeiten von Willstätter und seinen Schülern klargestellt worden war, daß die proteolytische Spaltung überhaupt in der Zerlegung von Peptidbindungen besteht, so wurden die beobachteten Spezifitätsunterschiede auf den Polymerisationsgrad der Substrate zurückgeführt, was um so mehr wahrscheinlich erschien, als gezeigt werden konnte, daß unter den Peptidasen Enzyme vorkommen, die gewisse Dipeptide, dagegen nicht höhere Peptide spalten. Die Peptidasen wurden auf Grund derartiger Beobachtungen in *Dipeptidasen* und *Polypeptidasen* eingeteilt. Neue Untersuchungen zeigten aber, daß der Polymerisationsgrad der Substrate überhaupt von sekundärer Bedeutung ist. Wie schon erwähnt, konnte gezeigt werden, daß sogar die als typische Proteinasen betrachteten Enzyme ganz niedrigmolekulare Peptide bzw. Peptidderivate spalten können. Weiter wurde z. B. gefunden (H. v. Euler), daß ein Enzym, das Glycyl-glycin spaltet, gegenüber Acetylglycylglycin unwirksam ist, d. h. daß gewisse Enzyme von der Anwesenheit einer freien Aminogruppe neben der zu spaltenden Peptidbindung abhängig sind. In anderen Fällen fand man, daß freie Carboxylgruppen der Substrate eine entsprechende Bedeutung haben. Eine Unterscheidung von Amino- und Carboxypeptidasen ist also möglich und zweckmäßig. Die eine zeitlang übliche Einteilung der Peptidasen in Dipeptidasen, Amino- und Carboxypolypeptidasen hat sich aber auch nicht als ausreichend erwiesen. So konnte Linderstöm-

Lang zeigen, daß Leucylglycin von einem anderen Enzym gespalten wird als Alanylglycin, mit anderen Worten, daß es keine Dipeptidase gibt, die alle Dipeptide spaltet. Allgemein hat sich bei den Peptidasen wie bei den Proteinasen gezeigt, daß die Art der in einer Peptidbindung beteiligten Aminosäuren für die Spaltbarkeit der Bindung in erster Linie bestimmend ist. Die Klassifizierung der Peptidasen ist deshalb eine schwierige und noch bei weitem ungelöste Aufgabe, um so mehr, als nur ganz wenige der hierher gehörenden Enzyme in garantiert einheitlicher Form bekannt sind.

Die von Waldschmidt-Leitz entdeckte **Carboxypeptidase der Pankreasdrüse** ist von Anson kristallisiert worden. Das Enzym spaltet Substrate der allgemeinen Formel

$$R-NH-\underset{\displaystyle X}{\underset{|}{CH}}-CO\overset{\downarrow}{-}NH-\underset{\displaystyle Y}{\underset{|}{CH}}-COOH$$

Die Carboxylgruppe muß frei sein; das entsprechende Säureamid wird z. B. nicht angegriffen. Die Aminogruppe der anderen Aminosäure muß dagegen substituiert sein (d. h. R darf nicht gleich H sein). Der Substituent kann eine Aminosäure sein; leichter spaltbar sind indessen Stoffe, in welchen R eine Chloracetyl- oder Carbobenzoxygruppe ($C_6H_5-CH_2-O-CO-$) ist. Indessen werden nicht nur acylierte Peptide, sondern auch gewisse acylierte Aminosäuren wie das Chloracetyl-*l*-tyrosin gespalten. Die relative Spezifität des Enzyms wird auch von der Gruppe X und besonders von Y beeinflußt. Wie die oben beschriebenen Proteinasen hat auch die Carboxypeptidase eine Esterasewirkung; die Hippuryl-β-phenylmilchsäure

$$C_6H_5-CO-NH-CH_2-CO\overset{\downarrow}{-}O-\underset{\displaystyle CH_2-C_6H_5}{\underset{|}{CH}}-COOH$$

wird z. B. leicht gespalten.

Die kristallisierte Carboxypeptidase ist ein Eiweißstoff, der auch nach vielen Umkristallisierungen beträchtliche Mengen von Magnesium enthält. Wahrscheinlich ist das Enzym wie die anderen Peptidasen ein Metallprotein; nur ist das Metallatom ungewöhnlich fest gebunden. Die Hemmung der Enzymwirkung durch HCN, H_2S usw. wäre durch Komplexbildung am Metallatom zu erklären.

In der frischen Pankreasdrüse kommt das Enzym als inaktive **Procarboxypeptidase** vor. Diese wird durch Trypsin in die aktive Peptidase übergeführt.

Mehrmals umkristalliserte Carboxypeptidase spaltet Salmin und kann deshalb vielleicht mit der von Waldschmidt-Leitz gefundenen **Protaminase** identifiziert werden.

Conjugasen. Als Carboxypeptidasen können wahrscheinlich auch die sog. *Conjugasen* bezeichnet werden, die Glutaminsäure aus den sog. Conjugaten der Folinsäure freisetzen. Beispiel: Spaltung der Pteroylglutamylglutaminsäure.

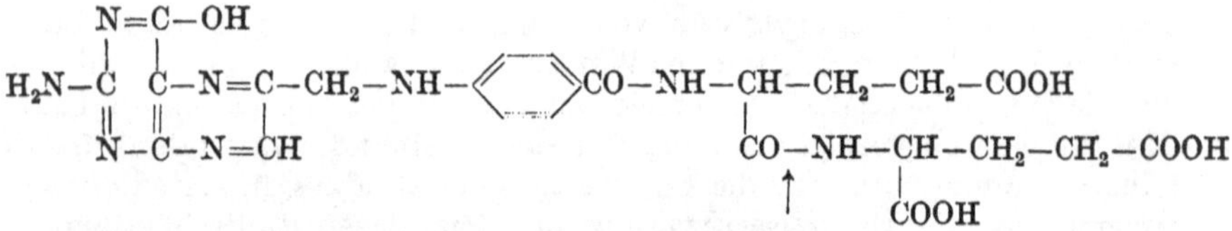

Aminopeptidasen. Unter den tierischen Aminopeptidasen sei ein in der Darmschleimhaut und vielen anderen Geweben in großen Mengen vorkommendes Enzym erwähnt, das auf Grund seiner Spezifität auch *Leucylpeptidase (Leucylaminopeptidase)* genannt worden ist. Das Enzym ist ein Bestandteil des früher als einheitlich betrachteten sog. **Darmcrepsins.** Es spaltet Dipeptide vom Typus des *l*-Leucyl-glycins, höhere Peptide wie z. B. das *l*-Leucylglycylglycin, und auch Aminosäureamide wie *l*-Leucinamid, *l*-Norleucinamid und (langsamer) *l*-Alaninamid. In *l*-Alanyl-*l*-leucinamid werden beide Bindungen gelöst.

Das Enzym ist ein Metallprotein; dialysierte oder sonst gereinigte Präparate sind inaktiv, werden aber durch Zusatz von Mg^{2+}- oder Mn^{2+}-Salzen aktiviert. Die Aktivierung ist eine Zeitreaktion. Mn-Ionen wirken schneller, aber die Mg-Ionen dürften die natürlichen Aktivatoren sein. Metallkomplexbildner hemmen das Enzym.

In vielen tierischen Organen wie z. B. in der Thymusdrüse kommt eine Peptidase vor, deren Wirkungsbereich den Namen **Aminotripeptidase** zu rechtfertigen scheint. Das Enzym wird auch **Lymphopeptidase** genannt. Es spaltet viele Tripeptide der allgemeinen Formel:

$$\begin{array}{l} H_2N-\underset{\displaystyle X}{\underset{|}{CH}}-CO\overset{\downarrow}{\cdots}NH-\underset{\displaystyle Y}{\underset{|}{CH}}-CO-NH-\underset{\displaystyle Z}{\underset{|}{CH}}-COOH \end{array}$$

scheint aber gegenüber Dipeptiden unwirksam zu sein. In den Tripeptiden muß sowohl die Amino- wie die Carboxylgruppe frei sein. Das Enzym ist von Ågren in elektrophoretisch einheitlicher Form dargestellt worden. Es wird von Pyrophosphat und Cystein gehemmt. Durch Dialyse bei pH = 4 wird es inaktiviert und durch Zusatz des Dialysats wieder teilweise aktiviert. Dies scheint darauf zu deuten, daß auch dieses Enzym ein Metallprotein ist; völlig sichergestellt ist dies aber nicht.

Dipeptidasen. Wie schon erwähnt, gibt es wahrscheinlich keine Dipeptidasen, die alle Dipeptide spalten. Dagegen sind mehrere Dipeptidasen bekannt, die auf gewisse Dipeptide mehr oder weniger spezifisch eingestellt sind. So enthalten z. B. tierische Organe ein Enzym, das, wie es scheint, ausschließlich Glycylglycin angreift und also den Namen **Glycylglycindipeptidase** verdient.

Das Enzym wird sehr spezifisch von Co^{2+} aktiviert. Dabei ist von größtem Interesse, daß Glycylglycin, zum Unterschied von anderen Dipeptiden und vom Glycin und Diglycylglycin, mit Kobaltionen eine Komplexverbindung gibt (wie spektroskopisch leicht nachzuweisen ist). Es wird angenommen, daß in der Enzym-substratverbindung das Kobaltatom das Enzymprotein und das Substrat koordinativ bindet, und zwar ist zu vermuten, daß im letzten Fall sowohl die Amino- wie die Carboxylgruppe und der Peptidwasserstoff beteiligt sind.

Eine **Glycylleucindipeptidase** kommt ebenfalls in vielen tierischen Organen vor. Je nach dem Ursprung wird das Enzym von Mn^{2+} oder Zn^{2+} aktiviert. Ca^{2+} hemmt dagegen. Eine spezifische Dipeptidase ist die **Prolidase,** die Glycylprolin spaltet:

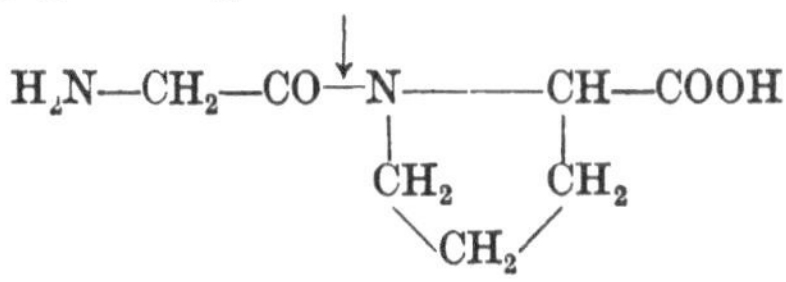

Die freie Aminogruppe des Substrats ist für die Spaltbarkeit wesentlich; dagegen ist das Enzym offenbar von der Anwesenheit eines Peptidwasserstoffs unabhängig. Die Prolidase wird von Mn^{2+} spezifisch aktiviert. Ein Metallprotein (mit Mn^{2+} oder Zn^{2+}) ist weiter die **Carnosinase,** die sehr spezifisch Carnosin, *β*-Alanyl-*l*-Histidin angreift

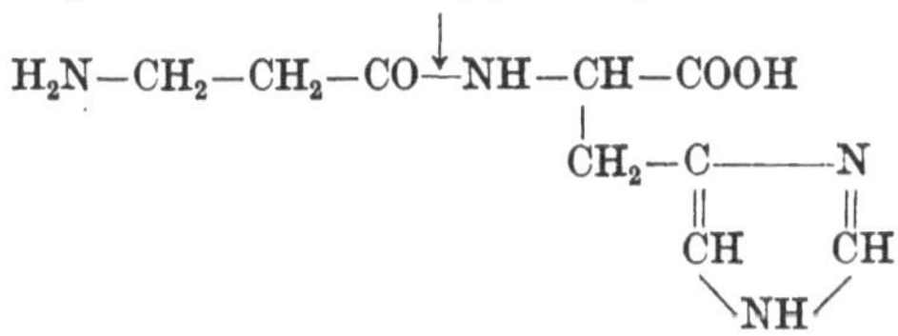

Prolinase (Graßmann) aus der Darmschleimhaut hydrolysiert Prolylpeptide wie das Prolylglycin

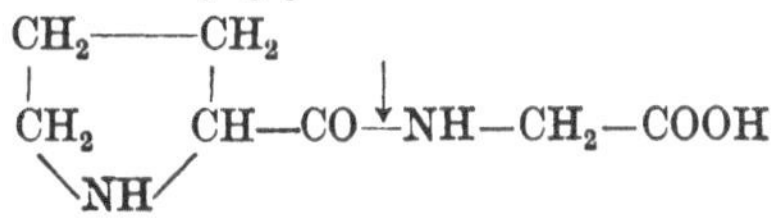

Das Enzym wird von Mn^{2+} aktiviert. Es wirkt nur auf Prolyl- und Oxyprolyldipeptide mit freier Iminogruppe und freier *α*-Carboxylgruppe. Metallproteine sind wahrscheinlich auch gewisse Peptidasen **(Alaninpeptidasen)** aus der Darmschleimhaut, die auf Peptide vom Typus des *l*-Alanylglycins eingestellt sind.

***d*-Peptidasen.** Diese Enzyme, die in tierischen Organen (und in Bakterien; siehe unten) vorkommen, spalten Peptide, die die *d*-Formen verschiedener Aminosäuren enthalten, z. B. *d*-Leucylglycin, während die oben erwähnten Peptidasen nur in ganz speziellen Ausnahmefällen andere als die „natürlichen" Peptide angreifen, die aus den *l*-Formen der Aminosäuren aufgebaut sind. Auch die *d*-Peptidasen werden durch Metallionen wie Mn^{2+} und Co^{2+} aktiviert. Über die physiologische Bedeutung dieser Enzyme ist nichts bekannt.

Ebensowenig können gegenwärtig bestimmte Aussagen über die Rolle der sog. **Dehydropeptidasen** gemacht werden, die Dehydropeptide vom Typus des Glycyldehydroalanins in Aminosäure, Ammoniak und Ketosäure zerlegen:

$$\underset{\text{Glycyldehydroalanin}}{H_2N-CH_2-CO-NH-\underset{\underset{CH_2}{\|}}{C}-COOH} \longrightarrow \underset{\text{Glycin}}{H_2N-CH_2-COOH} + NH_3 + \underset{\text{Brenztraubensäure}}{CH_3-CO-COOH}$$

Peptidasen in höheren Pflanzen. Diese Enzyme sind wenig untersucht worden. Die Anwesenheit durch Mn_2^+-Ionen aktivierbarer Aminopeptidasen ist jedoch sichergestellt. Eine Aminopeptidase aus Hefe ist von M. J. Johnson in elektrophoretisch einheitlicher Form gewonnen worden; auch in der Ultrazentrifuge verhält sich das Präparat wie ein einheitliches Protein. Das Enzym wird von Zn^{2+}, weniger von Co^{2+}, aktiviert. Es hydrolysiert besonders Tripeptide, aber auch Dipeptide, jedoch langsamer.

Peptidasen in Bakterien sind in beträchtlicher Zahl bekannt. In *Leuconostoc mesenterioides* sind z. B. mindestens vier verschiedene Enzyme nachgewiesen worden. Auffallend ist, daß diese Enzyme, oder wenigstens einige davon, oft die Peptide aus *d*-Aminosäuren ebenso schnell spalten wie die aus den natürlichen Aminosäuren aufgebauten. Die bakteriellen Enzyme werden wie die tierischen Peptidasen durch zweiwertige Metallionen aktiviert.

4. Koagulation der Milch

Milchkoagulierende Enzyme sind in der Natur sehr weit verbreitet. Wie schon erwähnt, haben mehrere proteolytische Enzyme wie z. B. das Chymotrypsin, eine ausgesprochene milchkoagulierende Wirkung, und wahrscheinlich kann angenommen werden, daß überhaupt alle eiweißspaltenden Enzyme, wenn auch in sehr stark variierendem Grade, diese Wirkung besitzen. Seit ältesten Zeiten ist aber bekannt, daß im vierten Magen des Kalbes ein spezifisch milchkoagulierendes Enzym, **Lab** oder **Chymosin** vorkommt, dessen Wirkung bei der Käsebereitung ausgenützt wird. Es ist nunmehr klar, daß das Chymosin von den eigentlichen Proteinasen, wie Pepsin usw. verschieden ist.

In der Schleimhaut des Labmagens kommt das Enzym als ein inaktives **Prochymosin** vor. Wasserstoffionen bedingen eine Überführung des Proenzyms in Chymosin; eine solche tritt, wenn auch sehr langsam, schon bei pH = etwa 5 ein.

Das Chymosin ist in kristallisierter Form gewonnen worden (Hankinson, Berridge). Über die chemischen Eigenschaften desselben ist noch nicht viel bekannt; alles spricht indessen dafür, daß es ein Protein ist. Der isoelektrische Punkt scheint etwa bei pH = 4,5 zu liegen. Möglicherweise ist das Enzym ein Globulin.

Über den Mechanismus der Milchkoagulation sind wir nicht besonders gut unterrichtet. Jedoch ist klar, daß darin zwei verschiedene Phasen unterschieden werden können: a) eine enzymatische Reaktion, die irgend eine Veränderung im Bau des Milchcaseins herbeiführt, und b) eine Ausflockung des veränderten Caseins, bei der das Chymosin aber nicht mitspielt. In der ersten Phase der Reaktion werden gewisse Bindungen des Caseins gelöst. Wahrscheinlich wird dabei die für das native Casein charakteristische „Faltung“ der Polypeptidketten gestört, so daß aus dem Produkt der Enzymwirkung ein denaturiertes Protein ausflocken kann. Diese Deutung wird u. a. von der Beobachtung gestützt, daß die zweite Phase der Reaktion einen so hohen Temperaturkoeffizienten hat, wie er sonst nur bei der Denaturierung von Proteinen bekannt ist (vgl. S. 15).

Da wie schon mehrmals erwähnt, typische Proteinasen eine milchkoagulierende Wirkung haben, so liegt es ja nahe anzunehmen, daß die Wirkung des Chymosins auf das Casein in einer Lösung von Peptidbindungen besteht. Dafür könnte auch sprechen, daß Chymosinpräparate proteolytisch wirksam sind, so daß das kristallisierte Enzym sogar Haemoglobin angreift. Es sind auch Beobachtungen gemacht worden, die Zweifel hervorrufen, daß die typische Labwirkung auf das Kasein eine Spaltung von Peptidbindungen bedeutet. In der jüngsten Zeit hat Holter über Versuche berichtet, die dafür sprechen, daß das Chymosin als eine **Phosphamidase** zu betrachten ist (vgl. S. 85).

5. Koagulation des Blutes

Bei der Koagulation des Blutes wird das normale Plasmaprotein *Fibrinogen* in unlösliches *Fibrin* übergeführt. Die „spontane" Koagulation wird von einem Enzym, **Thrombin,** hervorgerufen. Koagulierend wirken außerdem viele Stoffe, unter ihnen gewisse (aber nicht alle) proteolytische Enzyme wie z. B. das Papain. Mehrere Schlangengifte, wie z. B. die der Klapperschlangen, wirken ebenfalls koagulierend, was vermutlich mit deren Gehalt an proteolytischen Enzymen zusammenhängt.

Bei der Blutkoagulation spielen Calciumionen eine wichtige Rolle, deren Mechanismus aber noch nicht ganz klargelegt worden ist. Die Koagulation des Blutes kann bekanntlich durch Beseitigung der Ca-ionen mit Fluorid, Citrat oder dgl. verhindert werden.

Das zirkulierende Blut koaguliert normalerweise nicht, d. h. es enthält kein Thrombin. Es enthält aber eine inaktive Vorstufe des Enzyms, das **Prothrombin,** das enzymatisch in Thrombin übergeführt werden kann. Das Prothrombin scheint ein Glykoproteid zu sein (W. H. Seegers) und kommt in normalem Menschenblut in einer Menge von 10—15mg% vor.

Die Überführung des Prothrombins in Thrombin ist ein sehr komplizierter Vorgang, der von den sog. **thromboplastischen Stoffen** bewirkt wird und bei dem Ca-ionen eine Rolle spielen. Thromboplastische Stoffe kommen in sehr vielen rohen Gewebeextrakten vor. Die thromboplastische Wirkung der Lungenextrakte ist nach Chargaff an die Anwesenheit eines sehr hochmolekularen Lipoproteins gebunden.

Die ganze thromboplastische Wirkung wurde früher einem Enzym, der **Thrombokinase** (Morawitz) zugeschrieben. Es hat sich indessen gezeigt, daß bei dem Gerinnungsvorgang noch ein Faktor mitwirkt, nämlich, das sog. **Ac-Globulin** (P. A. Owren). Möglicherweise ist dieser Stoff das eigentliche Substrat der Thrombokinase, die das Ac-Globulin in einen Prothrobinaktivator überführt. Weiter ist lange bekannt, daß die *Blutplättchen* bei der normalen Blutgerinnung eine wichtige Rolle spielen; angenommen wurde meistens, daß die Blutplättchen Thrombokinase enthalten und unter unphysiologischen Bedingungen abgeben, was die Überführung des Prothrombins in Thrombin und eine Gerinnung des Blutes zur Folge hat. Zwar ist sichergestellt, daß die Blutplättchen thromboplastische Stoffe enthalten, aber wahrscheinlich kann ihre Wirkung bei der Gerinnung nicht nur durch den Gehalt an Thrombokinase erklärt werden. Es scheint, daß bei der normalen Gerinnung Aktivatoren aus den Blutplättchen zusammen mit thromboplastischen Stoffen aus den Geweben eine Überführung von Prothrombin in Thrombin bewirken.

Die Verhältnisse werden dadurch noch kompliziert, daß in Blut und Geweben koagulationshemmende Stoffe vorhanden sind. Der wichtigste ist **Heparin,** das in den Ehrlichschen Mastzellen der Gefäßwände gebildet wird. Das Heparin gehört chemisch zu den Mucoitinschwefelsäuren, d. h. es enthält Glucosamin, Glucuronsäure und esterartig gebundene Schwefelsäure in großen Mengen (Jorpes). Zusammen mit einem unbekannten Faktor im Blutserum hindert das Heparin die Aktivierung des Prothrombins, hat aber auch zusammen mit einem Plasmafaktor direkt auf das fertige Thrombin eine inaktivierende Wirkung. Außer diesem Faktor, der also mit Heparin zusammenwirkt, ist im Normalblut auch ein **Antithrombin** anwesend, das für sich allein die Thrombinwirkung hemmt. Schließlich sei erwähnt, daß Blut und Gewebe antithromboplastische Stoffe enthalten.

Das Thrombin ist noch nicht in reiner Form bekannt; es scheint indessen ein Glykoproteid zu sein. Das Molekulargewicht (etwa 77000) ist niedriger als das des Prothrombins. Beide Stoffe enthalten rund 4% Kohlenhydrat (Orcinreaktion); Glucosamin ist in beiden Fällen anwesend. Hochaktive Thrombinpräparate gewinnt man (um Beimischung von Antithrombin zu vermeiden) am besten so, daß man zunächst möglichst reines Prothrombin darstellt. Dieses gewinnt man als einen Niederschlag, wenn man Oxalatplasma von Rinderblut verdünnt und auf $pH = 5{,}1$ ansäuert. Weitere Reinigung kann durch Sorption an Magnesiumhydroxyd und Fraktionierung mit Ammonsulfat erzielt werden. Das gereinigte Prothrombin löst man dann in etwa 30% Natriumcitratlösung. Nach etwa 24 Stunden ist das Prothrombin in Thrombin umgewandelt, möglicherweise durch eine autokatalytische Reaktion.

Es sei schließlich darauf hingewiesen, daß das Vitamin K für die Synthese des Prothrombins in der Leber wesentlich ist. Über den Mechanismus der Wirkung ist nichts bekannt; das Vitamin geht jedenfalls nicht in das Prothrombinmolekül ein.

6. Enzyme, die Amidbindungen spalten

Die Gruppe der **Amidasen** galt früher als wohl abgegrenzt. Wie im vorangehenden Kapitel erwähnt worden ist, hat sich aber gezeigt, daß viele, wenn nicht alle proteolytischen Enzyme, gewisse Amide von Aminosäuren und Peptiden spalten können. Es gibt indessen auch Enzyme, die Amide spalten, ohne auf Peptidbindungen eine Wirkung zu haben. Für diese Enzyme kann deshalb die Bezeichnung Amidasen beibehalten werden. Ihre Wirkung besteht also in einer Freisetzung von Ammoniak, (bzw. Amin), und ihre Bestimmung gründet sich im allgemeinen auf der Bestimmung desselben.

Enzyme, die die einfachen Amide aliphatischer bzw. aromatischer Carboxylsäuren hydrolysieren, sind selten und wenig untersucht. Es wird angegeben, daß Extrakte aus den Lebern gewisser Tierarten Propionamid und Benzamid spalten. Leberpräparate sollen auch in vielen Fällen Acetanilid spalten. Präparate aus *Torula utilis* (aber nicht aus gewöhlicher Hefe) greifen mehrere aliphatische Säureamide an. Inwieweit die bei vielen Enzympräparaten beobachtete Spaltung von Aminosäureamiden den Peptidasen oder wirklichen Amidasen zuzuschreiben ist, ist noch ziemlich unklar. Als wirkliche Amidasen können indessen Asparaginase und Glutaminase betrachtet werden.

Asparaginasen kommen sowohl in tierischen Organen und höheren Pflanzen wie in vielen Mikroorganismen vor. Besonders wurde die Hefeasparaginase untersucht (Graßmann). Das Wirkungsoptimum liegt bei $pH = 8$. Zum Unterschied von den Peptidasen wird die Asparaginase durch HCN, H_2S und Pyrophosphat nicht gehemmt. Das Enzym ist sehr spezifisch; außer Asparagin scheint nur Asparaginsäurediamid (langsam) angegriffen zu werden. Da die Asparaginase noch nicht in reiner Form bekannt ist, ist nicht ausgeschlossen, daß das Diamid durch ein anderes Enzym, vielleicht eine Peptidase, zunächst in Asparagin und Ammoniak zerlegt wird.

Glutaminase ist ein von den Asparaginasen verschiedenes Enzym (Krebs). Glutamin wird von Extrakten aus tierischen Organen, höheren Pflanzen und Bakterien gespalten; es mag sehr wohl sein, daß die Glutaminasen verschiedenen Ursprungs nicht identisch sind. Das Wirkungsoptimum variiert zwischen $pH = 7$ und 9. Einige Glutaminasen werden von Glutaminsäure sehr stark gehemmt, andere wenig; einige werden von Phosphat aktiviert, andere nicht.

Das Glutamin spielt bei der Harnstoffbildung eine sehr wichtige Rolle und es ist anzunehmen, daß die Glutaminasen dabei beteiligt sind. Die physiologische Rolle der Asparaginase ist dagegen noch unbekannt.

Urease ist, wie es scheint, absolut spezifisch auf Harnstoff eingestellt, der durch das Enzym in Ammoniak und Kohlendioxyd zerlegt wird. Carbaminsäure ist möglicherweise ein Zwischenprodukt bei der Spaltung, dagegen sicher nicht Cyansäure, wie eine Zeitlang angenommen wurde:

$$\begin{matrix} H_2N \\ H_2N \end{matrix}\!\!>\!CO + H_2O \longrightarrow \left[\begin{matrix} H_2N \\ HO \end{matrix}\!\!>\!CO + NH_3\right] \longrightarrow 2\,NH_3 + CO_2 .$$

Die Urease wurde in Harnbakterien entdeckt, und zwar kommt sie bei vielen verschiedenen Arten vor. Man trifft das Enzym auch bei gewissen Hefen und Schimmelpilzen *(Aspergillus niger)*. Weiter kommt die Urease bei Mollusken *(Mytilus edulis)* und einigen anderen niederen Tieren vor. Das Vorkommen des Enzyms in Organen höherer Tiere ist umstritten; sichergestellt scheint zu sein, daß es bei mehreren Tieren in der Magenmucosa anwesend ist.

Große Mengen von Urease kommen in den Samen gewisser höherer Pflanzen vor. Sojabohnen wurden früher im allgemeinen als Ausgangsmaterial angewendet; später wurde aber gezeigt, daß die Samen der sog. Schwertbohne *(Canavalia ensiformis)* viel reicher an Urease sind. Aus diesem Material stellte J. B. Sumner in 1926 die Urease als das erste kristallisierte Enzym dar.

Die Gewinnung kristallisierter Urease ist sehr einfach, vorausgesetzt, daß anwendbares Ausgangsmaterial vorhanden ist. 100 g feines Schwertbohnenmehl (braucht nicht entfettet zu sein) wird mit 500 ml 31,6% Aceton einige Minuten gerührt, und die Mischung wird auf Faltenfilter gebracht. Die ersten trüben Tropfen werden auf die Filter zurückgegossen. Wenn das Filtrat klar läuft, bringt man das ganze in den Eisschrank und läßt bei 3—6° filtrieren. Im Filtrat tritt allmählich Kristallisation ein. Nach etwa 24 Stunden werden die Kristalle (25—30 mg) abzentrifugiert und in 3 ml Wasser gelöst. Man filtriert oder zentrifugiert ganz klar, setzt 1/20 Vol. einer 0,5 M Citratmischung von $pH = 6$ und schließlich 1/5 Vol. Aceton zu. Bei Aufbewahrung im Eisschrank tritt Kristallisation schnell ein.

Die kristallisierte Urease ist ein einfaches Globulin ohne prosthetische Gruppe. Das Molekulargewicht ist 473000 (Ultrazentrifuge); der isoelektrische Punkt liegt bei 5,0. Umkristallisierte Präparate enthalten 16% Stickstoff und 1,2% Schwefel. Der Schwefel ist teilweise in der Form freier SH-Gruppen vorhanden (etwa 30 pro Molekül). Die SH-Gruppen sind aber als für die Ureasewirkung nicht essentiell zu betrachten, da sie mit Porphyrindin oxydiert werden können, ohne daß die Aktivität verschwindet. Andererseits inaktivieren verschiedene Thiolreagenzien das Enzym, woraus einige Forscher den Schluß gezogen haben, daß die SH-Gruppen doch für die enzymatische Wirkung bedeutungsvoll sind. Bersin nimmt an, daß die SH-Gruppen durch Dipolinduktion bestimmte Aminogruppen des Enzymmoleküls „aktivieren", so daß eine „Umamidierung" mit dem Harnstoff eintreten kann.

Die Urease wird durch Pepsin und Papain gespalten und inaktiviert, nicht aber durch Trypsin. Wie schon erwähnt (S. 14), ruft parenteral eingeführte Urease beim Kaninchen die Bildung einer *Antiurease* hervor.

Arginase spaltet Arginin in Ornithin und Harnstoff:

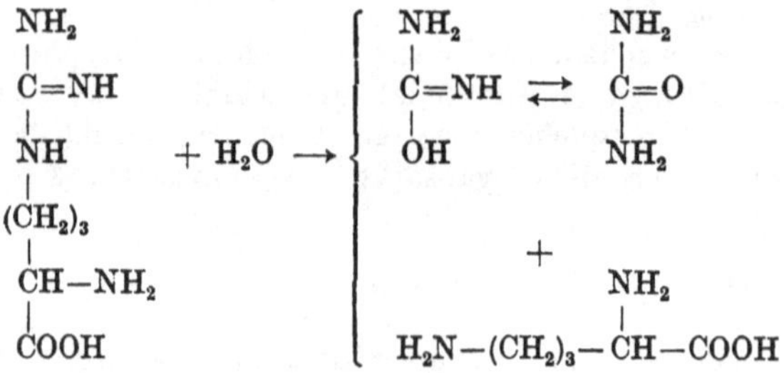

Das Enzym wurde 1904 von Kossel und Dakin entdeckt. Es kommt in großen Mengen in den Lebern der Säugetiere, Amphibien, Schildkröten und Fische (d. h. bei den harnstoffbildenden Tieren) vor, während es in der Leber der harnsäurebildenden Vögel und Reptilien fehlt. Es kann also daraus geschlossen werden, daß die Harnstoffbildung normalerweise eine Hydrolyse von Arginin darstellt. Das Arginin wird aus dem Ornithin, Kohlensäure und Ammoniak zurückgebildet (S. 173). Das Ornithin hat also eine Art Katalysatorwirkung (Krebs).

Arginase kommt außer in der Leber auch in anderen Tierorganen vor, jedoch in verhältnismäßig sehr kleiner Menge (Milchdrüse, Niere, Testis). Auch in den Vogelnieren findet man kleine Mengen des Enzyms, größere Mengen in dem Hepatopankreas der Gastropoden *(Helix pomatia)*. Schließlich kommt das Enzym in Hefen, Schimmelpilzen und höheren Pflanzen *(Canavalia ensiformis*, S. 83) vor.

Außer Arginin werden nur einige sehr nahestehende Stoffe von der Arginase angegriffen. Vom Arginin selbst wird nur die natürlich vorkommende *l*-Form gespalten. Von Argininderivaten scheinen nur solche angegriffen zu werden, die eine unveränderte Guanidogruppe und eine freie Carboxylgruppe besitzen, während die α-Aminogruppe substituiert oder z. B. gegen eine Hydroxylgruppe (Argininsäure) ausgetauscht werden kann. Die Länge der Kohlenstoffkette zwischen Guanido- und Carboxylgruppe darf auch nicht verändert werden.

Die Arginase ist noch nicht in kristallisierter Form gewonnen worden. Untersuchungen weitgehend gereinigter Präparate der Leberarginase berechtigen jedoch zu der Annahme, daß das Enzym ein farbloses Protein ist. Die Arginasen, sowohl aus Leber wie aus Hefe, werden in charakteristischer Weise durch mehrere zweiwertige Metallionen wie Mn^{2+}, Co^{2+}, Ni^{2+}, Fe^{2+}, Cd^{2+}, VO^{2+} aktiviert. Die Aktivierung ist eine von der Temperatur und vom *p*H abhängige Zeitreaktion. Die Aktivierung kann nicht einfach eine durch die Metallionen *katalysierte* Reaktion sein, denn Entfernung der Metalle nach der Aktivierung hebt diese auf. Anzunehmen ist also, daß hier wie z. B. bei den Peptidasen das Enzym ein Metallprotein ist, wobei die erwähnten Metalle einander vertreten können. Das Aktivitätsoptimum des durch Mn^{2+} aktivierten Enzyms liegt bei $pH = 9{,}5-10$. Die Form der *p*H-Kurve des durch Co^{2+} aktivierten Enzyms kann vielleicht die Vermutung rechtfertigen, daß wir es mit zwei Proteinen zu tun haben, wovon eines durch Co^{2+}, das andere durch Mn^{2+} aktiviert wird.

Die Inaktivierung der Arginase durch HCN, Citrat, Borat usw. kann zweifelsohne durch Komplexbildung dieser Stoffe mit den aktivierenden Metallionen erklärt werden. Außer von dem Reaktionsprodukt Ornithin wird das Enzym auch von anderen Aminosäuren, besonders stark vom Lysin, gehemmt.

Zu den **„Deguanidasen"**, die also aus ihren Substraten Harnstoff hydrolytisch abspalten, können weiter die in gewissen Bakterien nachgewiesenen **Kreatinasen** und **Glycocyamlnasen** gerechnet werden (Roche). Beispiel: Hydrolyse des Glycocyamins

$$\underset{\text{Glycocyamin}}{NH{=}\underset{\displaystyle NH_2}{\underset{|}{C}}{-}NH{-}CH_2{-}COOH} + H_2O \longrightarrow \underset{\text{Harnstoff}}{NH_2{-}\underset{\displaystyle NH_2}{\underset{|}{C}}{=}O} + \underset{\text{Glycin}}{H_2N{-}CH_2{-}COOH}$$

In *Streptococcus faecalis* und in Hefe kommt ein Enzym („Arginindihydrolase", „Arginindesimidase") vor, das aus Arginin Citrullin erzeugt. Dieses wird durch ein weiteres Enzym in Ornithin, Kohlendioxyd und Ammoniak zerlegt.

Phosphoamidasen spalten Bindungen zwischen primären Aminogruppen und Orthophosphorsäure hydrolytisch. Substrate sind also Stoffe wie Arginin- und Kreatinphosphorsäure:

$$\underset{\text{Kreatinphosphorsäure}}{(HO)_2PO{-}NH{-}\overset{\displaystyle NH}{\overset{\|}{C}}{-}\overset{\displaystyle CH_3}{\overset{|}{N}}{-}CH_2{-}COOH}$$

Die Phosphoamidasen sind wenig studiert worden. In der letzten Zeit wurde der Gedanke geäußert, daß das Chymosin (S. 81) eine Phosphoamidase ist.

Aminoacylasen spalten, wie der Name andeutet, acylierte Aminosäuren. Das bestbekannte Enzym ist die **Hippurikase (Histozym;** Schmiedeberg, 1881), die Hippursäure (Benzoylglycin) in Benzoesäure und Glycin spaltet. Das Enzym ist in tierischen Organen, Pilzen (Takadiastase) und Bakterien weit verbreitet.

Das Enzym spaltet nicht nur Hippursäure, sondern auch andere, aber nicht alle N-Benzoyl-α-Aminosäuren. N-Benzoyl-β-Aminosäuren werden nicht angegriffen. Das Verhalten verschiedener Enzympräparate gegenüber den Substraten deutet an, daß Aminoacylasen mit etwas variierender Spezifität existieren.

Die physiologische Bedeutung der Hippurikase ist nicht bekannt. Bei der Synthese der Hippursäure spielt sie wahrscheinlich keine Rolle; diese Synthese erfordert Zufuhr von Energie, wobei energiereiche Phosphate vom Typus des ATP's mitwirken (vgl. S. 173).

Durch asymmetrische Spaltung acylierter Aminosäuren mit käuflichen Acylasepräparaten ist in vielen Fällen eine einfache Darstellung der Antipoden der Aminosäuren möglich (Neuberg).

7. Enzymatische Spaltung der Nucleinkörper

Die *Nucleinsäuren* sind hochpolymere Stoffe *(Polynucleotide)*, die aus Mononucleotiden aufgebaut sind. Ein *Mononucleotid* enthält a) eine Stickstoffbase (Purin- oder Pyrimidinderivat), b) eine Pentose (*d*-Ribose bzw. 2-Desoxy-*d*-ribose) und c) Phosphorsäure, an der Pentose esterartig gebunden. Ein Beispiel ist die sog. *Muskeladenylsäure*, die Adenin, Ribose und Phosphorsäure enthält:

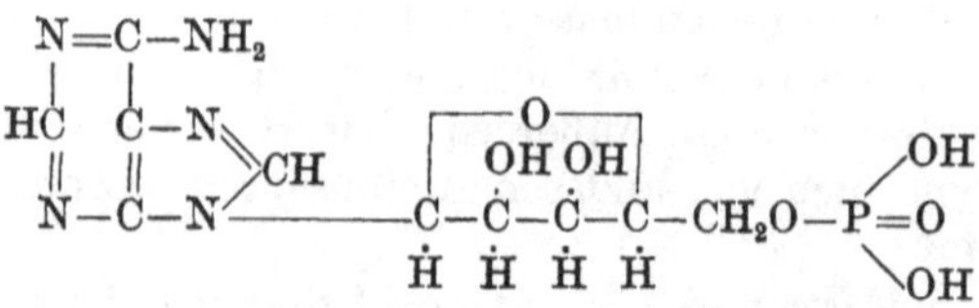

Da wir über die Bindungen zwischen den Mononucleotiden in den Nucleinsäuren schlecht unterrichtet sind, so kann auch über die Wirkungsweise der die Nucleinsäuren depolymerisierenden Enzyme wenig gesagt werden. Diese Enzyme, die also die Spaltung höchstens bis zur Mononucleotidstufe herbeiführen, werden **Nucleasen genannt (Nucleodepolymerasen,** früher auch **Nucleinasen).**

a. Nucleasen

Diese Enzyme zerlegen die hochmolekularen Nucleinsäuren in niedrigmolekulare Körper, wovon jedenfalls ein Teil aus Mononucleotiden besteht. Bei der Spaltung werden saure Gruppen freigesetzt; keine anorganische Phosphorsäure wird abgespalten, aber die organisch gebundene Phosphorsäure wird zum großen Teil dialysierbar und säurelöslich. Wahrscheinlich wird die Bindung zwischen den Mononucleotiden wenigstens teilweise durch Phosphatgruppen vermittelt; möglicherweise sind deshalb die Nucleasen unter den Phosphodiesterasen einzureihen.

J. A. Little hat Thymonucleinsäure mit Nuclease abgebaut und gefunden, daß die entstehenden Produkte im Mittel 4 Mononucleotide enthalten. Diese Produkte wurden durch das Gift der Russelschen Viper zu Mononucleotiden weiter gespalten. Es wird angegeben, daß das Gift eine relativ einheitliche *Phosphodiesterase* enthält (S. 64).

Den zwei bekannten Typen der Nucleinsäuren entsprechend, haben wir zwei spezifische Nucleasen zu unterscheiden:

Ribonuclease spaltet, wie der Name andeutet, Ribonucleinsäure, aber nicht Desoxyribonucleinsäure. Mononucleotide werden freigesetzt; ein beträchtlicher Teil des Substrates bleibt aber in Form höherer Nucleotide übrig. Wahrscheinlich beruht dies darauf, daß in den Ribonucleinsäuren wenigstens zwei Arten von Bindungen zwischen den Mononucleotiden vorkommen. Vielleicht bedeutet es sogar, daß die Nucleotidketten verzweigt sind. Nach Markham werden bei der enzymatischen Hydrolyse u. a. cyklische Dinucleotide freigesetzt.

Ribonuclease kommt in vielen tierischen Organen, vor allem im Pankreas (und im Pankreassaft) vor, weiter in Samen höherer Pflanzen und in einigen Bakterien. Das Enzym aus Pankreas wurde 1940 von M. Kunitz in kristallisierter Form gewonnen. Anhaftende Spuren von proteolytischen Enzymen können durch Umkristallisieren entfernt werden. Das reine Enzym ist ein Albumin, das ganz aus den gewöhnlichen Aminosäuren aufgebaut ist und keine prosthetische Gruppe enthält. Spezifischen Aktivatoren des Enzyms sind nicht bekannt. Der isoelektrische Punkt fällt mit dem Aciditätsoptimum des Enzyms (*p*H = 7,8) zusammen. Die Ribonuclease besitzt eine außergewöhliche Thermostabilität; Lösungen können bei *p*H = 2,5—4,5 ohne Inaktivierung zum Sieden erhitzt werden (S. 15).

Desoxyribonuclease (Thymonuclease) spaltet Desoxyribonucleinsäure, aber nicht Ribonucleinsäure. Das Enzym aus Pankreas wurde 1948 von Kunitz kristallisiert. Es wird von Mg^{2+} und Mn^{2+} aktiviert. Über die chemischen Eigenschaften des reinen Enzyms ist gegenwärtig wenig bekannt. Da die meisten Untersuchungen über enzymatische Spaltung der Desoxyribonucleinsäure unter Anwendung unreiner Enzympräparate ausgeführt worden sind, ist auch nicht möglich, über den Verlauf der Reaktion und die Reaktionsprodukte bestimmte Aussagen zu machen. Das *p*H-Optimum liegt in der Nähe von 7. Das Enzym besitzt, jedenfalls in unreiner Form, keine auffallende Thermostabilität.

In Hefe kommt eine Desoxyribonuclease vor, die auch von Mg^{2+} aktiviert wird, aber ein anderes *p*H-Optimum (etwa 6) hat als das Pankreasenzym.

Wie oben erwähnt, erscheint es möglich, daß die Nucleasen als Phosphodiesterasen zu klassifizieren sind. Andererseits ist bekannt, daß Dinucleotide vom Typus der Cozymase (Codehydrogenase I, S. 112) von spezifischen *Pyrophosphatasen* zerlegt werden. Die Cozymase gibt also bei dieser Spaltung Nikotinamidmononucleotid und Muskeladenylsäure.

b. Abspaltung von H_3PO_4 aus Nucleinkörpern

Phosphatasepräparate, z. B. die alkalische Phosphatase der Dünndarmschleimhaut, setzen aus Nucleinsäuren große Mengen von Phosphorsäure frei. Da die untersuchten Phosphatasen nicht garantiert einheitlich waren, kann noch nicht mit Sicherheit behauptet werden, daß die Dephosphorylierung ohne vorangehende Depolymerisierung der Nucleinsäuren eintritt. Die Angaben der Literatur sind in diesem Punkt widersprechend. Daß Mononucleotide von Phosphatasen zerlegt werden, ist aber ganz klar. Eine spezifische **5-Nucleotidase,** die Phosphorsäure aus Muskeladenylsäure und Inosinsäure abspaltet, soll in gewissen Tierorganen sowie Schlangengiften vorkommen.

Eine enzymatische Spaltung der *Nucleoside* in Base + Pentose wurde früher als Hydrolyse durch eine Nucleosidase betrachtet. Wirkliche **Nucleosidasen** kommen ohne Zweifel vor. Sehr wichtig ist aber der Befund von Kalckar, daß die durch Leberpräparate bewirkte Spaltung keine Hydrolyse sondern eine Phosphorolyse ist, die Base + Pentose-1-phosphat gibt (siehe S. 48 u. 97).

c. Deaminasen der Nucleinkörper

Ob eine enzymatische Deaminierung der hochmolekularen Nucleinsäuren vorkommt, ist noch unentschieden. Dagegen ist sichergestellt, daß gewisse Mononucleotide, Nucleoside und Purinstoffe von spezifischen Deaminasen angegriffen werden. So wird die Muskeladenylsäure (5-Adenylsäure) durch ein Enzym aus Kaninchenmuskel in Inosinsäure übergeführt. Das Enzym ist sehr spezifisch und greift nicht einmal die Hefeadenylsäure (3-Adenylsäure) an. Diese wird aber durch ein anderes Enzym aus tierischen Organen deaminiert. Spezifische enzymatische Deaminierung der folgenden Substrate ist weiter beobachtet worden: Guanylsäure, Ribo- und Desoxyriboadenosin, Guanosin, Cytidin, Adenin, Guanin und Cytosin. Dieses Gebiet ist besonders von G. Schmidt bearbeitet worden.

8. Spezielle hydrolysierende Enzyme

a. Histidase und Urokanase

Histidase (Edlbacher, 1926) sprengt durch eine, anscheinend hydrolytische Spaltung den Imadazolring des *Histidins* (I). Die Natur des primär entstehenden Produktes ist noch umstritten; Edlbacher nahm an, daß die Enzymwirkung *Formylglutamin* (III) erzeugt. Behandelt man das Reaktionsprodukt mit Lauge, so erhält man *Glutaminsäure* (IV), Ammoniak und Ameisensäure. Versuchsweise wurde die Reaktion also geschrieben:

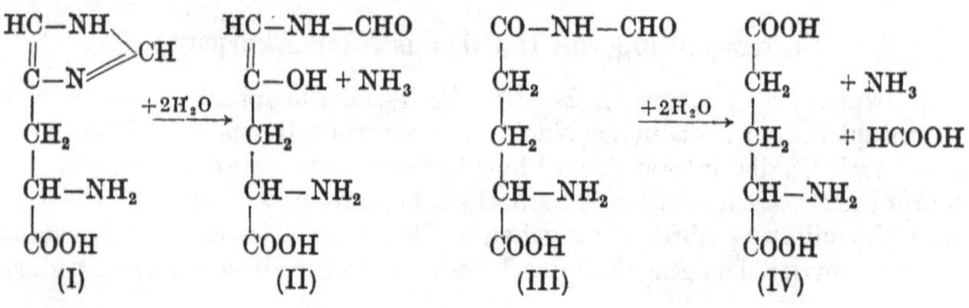

(I) (II) (III) (IV)

Dies setzt offenbar voraus, daß die α-Aminogruppe des Histidins überhaupt nicht an der Reaktion teilnimmt, sondern als α-Aminogruppe der Glutaminsäure dableibt. Indessen ist gefunden worden, daß während der Histidasereaktion der nach van Slyke bestimmbare Aminostickstoff fast verschwindet, was ja dafür spricht, daß die Aminogruppe des Histidins beteiligt ist. Weiter muß beachtet werden, daß die Aminogruppe der bei der Wirkung der Urocanase (siehe unten) entstehenden *l*-Glutaminsäure aus dem Imidazolring stammen muß., da nämlich vor nicht langer Zeit gezeigt werden konnte, daß die Umwandlung von Histidin in *l*-Glutaminsäure über *Urocaninsäure* (V) verläuft. Entscheidende Versuche (Tabor, Mehler, Hayaishi und Withe) wurden mit Histidin ausgeführt, in dem entweder der C-atom in der Stellung 2 des Imidazolrings durch C^{14} oder der α- bzw. γ-Stickstoff durch N^{15} gekennzeichnet war:

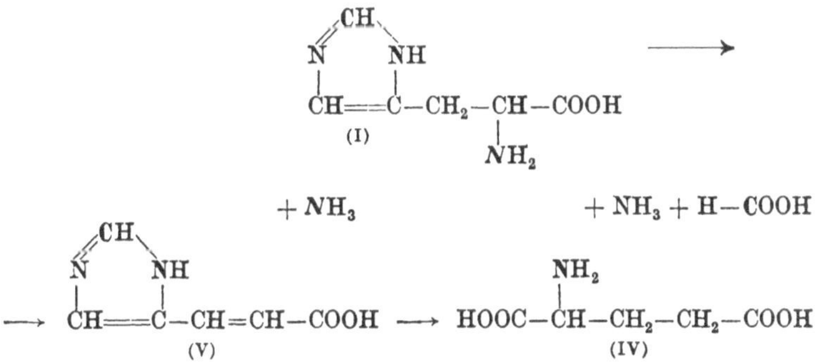

Anzunehmen ist also, daß in der ersten Phase eine **Deammonase** (S. 111), in der zweiten die **Urocanase** tätig ist. Die „Histidase“ ist nur in der Leber der Vertebraten gefunden worden. Das Enzym (Gemisch) hat keinen dialysierbaren Aktivator und wird durch Metallionen nicht aktiviert. Es scheint gegenüber *l*-Histidin absolut spezifisch zu sein.

Die **Urocanase** wurde schon 1941 von Kotake in der Leber der Vertebraten nachgewiesen. Das Enzym spaltet die *Urocaninsäure*, β-Imidazolakrylsäure, wahrscheinlich über Formylisoglutamin und Isoglutamin, in *l*-(+)-Glutaminsäure. Nach dem oben unter Histidase gesagten kann angenommen werden, daß aus dem überschüssigen Kohlenstoffatom des Imidazolringes Ameisensäure gebildet wird. Wahrscheinlich ist, entgegen der früher allgemein angenommenen Auffassung, die Urocaninsäure auch bei höheren Tieren ein normales Produkt des Histidinstoffwechsels; schon früher war bekannt, daß Bakterien Histidin in Urocaninsäure umwandeln können (Raistrick).

b. Spaltung von Allantoin und ähnlichen Stoffen

Die **Allantoinase** (Przylecki) spaltet das bei der Oxydation der Harnsäure [durch das Enzym **Uricase**[1])] entstehende Allantoin in Allantoinsäure. Diese wird durch die **Allantoicase** in Harnstoff und Glyoxylsäure zerlegt:

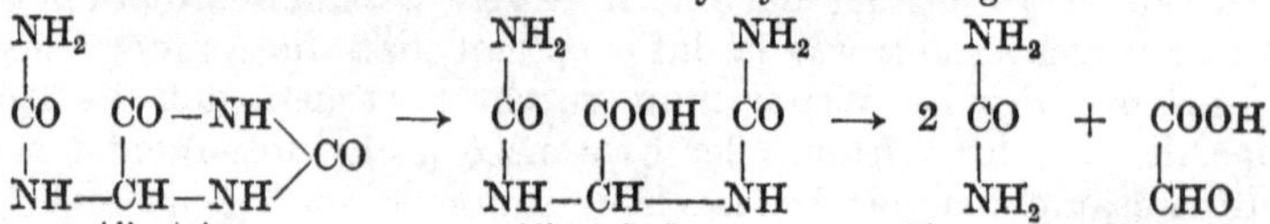

Allantoin — Allantoinsäure — Harnstoff — Glyoxylsäure

Über die Natur der Enzyme ist sehr wenig bekannt. Sie kommen sowohl in Pflanzen (Sojabohnen) wie in Organen von Mollusken, Crustaceen, Fischen und Amphibien vor.

In tierischen und pflanzlichen Geweben kommt eine **Hydantoinase** vor (Bernheim), die Hydantoin in Hydantoinsäure überführt:

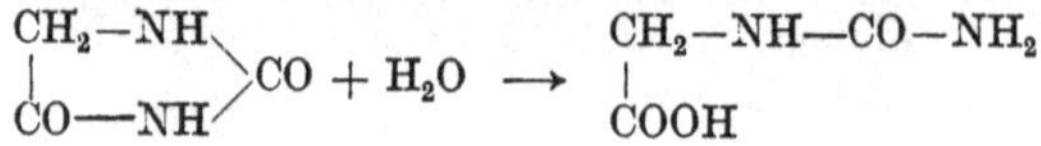

Gewisse Bakterien enthalten eine **Barbiturase,** die Barbitursäure in Harnstoff und Malonsäure zerlegt.

c. Enzymatische Spaltung des Aneurins

In vielen Fischen kommt ein Enzym vor, daß das Aneurin (Vitamin B_1, Thiamin) spaltet und inaktiviert. Es tritt besonders bei den Cypriniden (Karpfen u. a.) reichlich auf und bei Süßwasserfischen überhaupt reichlicher als bei Salzwasserfischen. Auch in gewissen anderen Wassertieren kommt das Enzym vor, dagegen offenbar nicht bei Landtieren. Gewisse Pflanzen sollen ein aneurinspaltendes Enzym enthalten.

Das Enzym, das in der angelsächsischen Literatur **Thiaminase** genannt wird, wurde 1940 von Green und Evans entdeckt. Sie fanden, daß die sog. Chasteksche Paralyse, die z. B. bei gefangenen Silberfüchsen beobachtet wird, eine B_1-Avitaminose ist und zwar dann auftritt, wenn das Futter entweder wenig B_1 oder größere Mengen roher Fische enthält. Im letzteren Falle wird das B_1 im Futter vor der Resorption durch die Thiaminase zerstört.

Weitgehende Reinigung des Enzyms aus Fischen ist erreicht worden (Ågren u. a.). Obgleich es noch nicht in einheitlicher Form vorliegt, erscheint der Schluß berechtigt, daß es ein farbloser Eiweißstoff, vielleicht ein Albumin, ist.

Die Reaktion wurde zunächst als eine Hydrolyse beschrieben, die zu 2-Methyl-4-amino-5-oxymethylpyrimidin und 4-Methyl-5-oxyäthylthiazol führt. Nachdem aber gefunden worden war, daß das Enzym einerseits eines „Coenzyms“ bedarf und andererseits von Pyridin und anderen Basen „aktiviert“ wird, ist durch Fu-

[1]) Die Oxydation der Harnsäure durch die **Uricase** verläuft, wie besonders aus Isotopenversuchen hervorgeht, folgendermaßen:

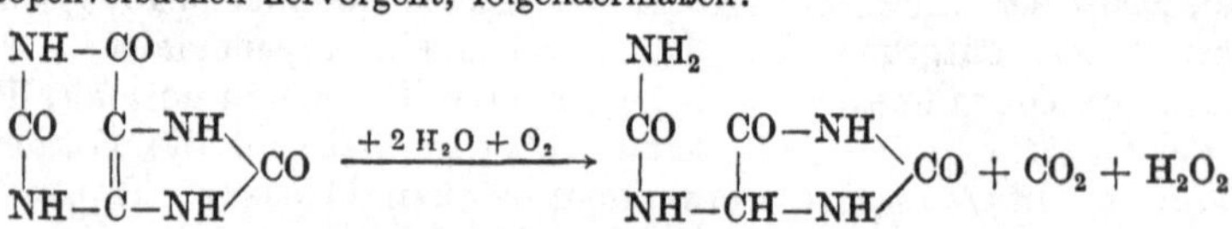

Außer Harnsäure werden auch mehrere andere Purine oxydiert. Nach Franke ist das Enzym aus Schimmelpilzen eine typische *Aerodehydrogenase* (S. 130), die außer mit Sauerstoff auch mit Acceptorfarbstoffen reagiert.

jita und Mitarbeiter wahrscheinlich gemacht worden, daß die Reaktion in einem Austausch des Thiazols gegen eine andere (zugesetzte oder in den Rohpräparaten natürlich vorkommende) Base besteht. Die Thiaminase wäre also vielleicht als ein vorwiegend *überführendes* Enzym zu charakterisieren (vgl. unten).

d. Penicillinase

Wie von Abraham und Chain 1940 entdeckt wurde, inaktivieren viele Bakterien, besonders solche der *Subtilis-Mesentericus*gruppe, Penicillin. Es hat sich gezeigt, daß die Wirkung des Enzyms in der Öffnung des Laktamringes des Penicillinmoleküls besteht:

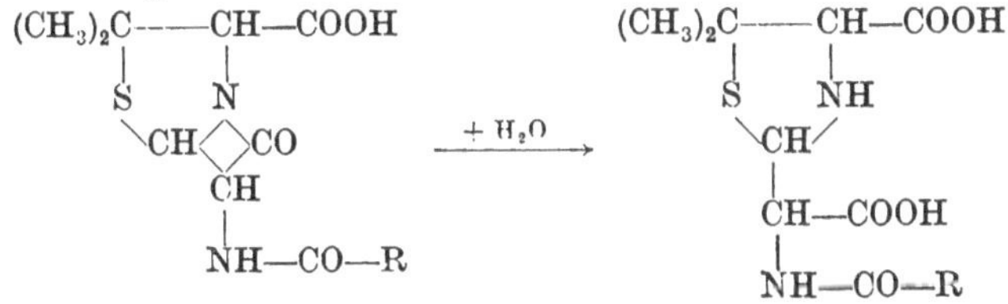

Penicilin Penicillinsäure

Formell ist die angegriffene Bindung eine Art Peptidbindung; das Enzym wirkt aber nur auf Penicillin, wobei die Art der Gruppe R wenig Einfluß hat. Das Aciditätsoptimum variiert etwas mit dem Ursprung des Enzyms, liegt aber im allgemeinen in der Nähe von $pH = 7$.

Es ist anzunehmen, daß ein Penicillinase produzierendes Bakterium gegenüber Penicillin gewissermaßen geschützt ist. Indessen darf gar nicht der Schluß gezogen werden, daß die Resistenz eines Bakteriums gegenüber Penicillin immer auf Penicillinase zurückzuführen ist. Vielmehr gibt es penicillin-empfindliche Bakterien, die viel Penicillinase bilden, während umgekehrt das Enzym bei gewissen sehr resistenten Stämmen fehlt.

B. Transferasen

Die Bezeichnung **Transferasen** wird hier (versuchsweise) als Sammelname für Enzyme angewendet, deren Wirkung als eine Überführung eines Radikals von einer Verbindung auf eine andere beschrieben werden kann. So wird z. B. in der folgenden Reaktion

d-Glucosido-*d*-fructosid + *l*-Sorbose $\rightleftarrows$ *d*-Glucosido-*l*-Sorbosid + *d*-Fructose
(Rohrzucker)

das Glucosylradikal durch eine **Glucotransferase (Transglucosylase)** in einer umkehrbaren Reaktion vom Fructoserest auf die Sorbose übergeführt. Es sei sofort hervorgehoben, daß die Überführung des Radikals, wenn man von einer wirklichen Transferasenwirkung sprechen darf, in *einer* Stufe geschieht. Bei der oben als Beispiel gewählten Reaktion tritt niemals freie Glucose auf; das Glucosylradikal wird also, vielleicht in einer Verbindung des Enzyms mit sowohl Rohrzucker als Sorbose, direkt übergeführt. In einigen Fällen konnte ein derartiger einstufiger Verlauf durch Isotopenversuche direkt bewiesen werden (siehe unten).

Mehrere der hier zu besprechenden Enzyme sind neulich entdeckt worden, und es mag sein, daß eine nähere Untersuchung ihrer Eigenschaften zu einer veränderten Klassifizierung führen kann. Wie schon erwähnt, zeigen mehrere Enzyme, die als typische Hydrolasen betrachtet worden sind, auch Transferasenwirkung. Neue Fälle werden immerfort entdeckt; es erscheint berechtigt zu fragen, ob nicht in vielen Fällen die Transferasenwirkung der Hydrolasen die biologisch wichtigere ist.

Zur Gruppe der Transferasen dürften, wie unten näher auseinandergesetzt werden soll, die sog. **Phosphorylasen** zu rechnen sein. Der Begriff Phosphorolyse wurde von Parnas eingeführt, der zeigen konnte, daß im Muskel Glykogen in Hexosediphosphorsäure umgewandelt wird, wobei gleichzeitig ATP (S. 64) in Adenylsäure übergeht. Später wurde festgestellt, daß diese Reaktion aus mehreren Teilreaktionen zusammengesetzt ist, wovon die erste eine *Phosphorolyse* des Polysaccharids unter Bildung von Glucose-1-phosphorsäure ist (Cori). Die Reaktion ist formell ein Gegenstück der Hydrolyse, wobei aber Phosphorsäure an Stelle des Wassers tritt. Die Wirkung der Enzyme ist aber auf das Glucosylradikal gerichtet; sie kann als eine Überführung desselben betrachtet werden. Die Phosphorylasen werden deshalb zweckmäßig zu den **Glucotransferasen** oder **Transglucosylasen** gerechnet.

Die S. 42 erwähnte Theorie von Langenbeck über die Wirkungsweise der Hydrolasen ist selbstverständlich formell sehr wohl auch im Falle der Glucotransferasen anwendbar. Anzunehmen ist, daß die beiden Teilreaktionen (in diesem Falle als Umätherungen zu bezeichnen) in zwei verschiedenen Enzymsubstratverbindungen oder evtl. in einer ternären Verbindung des Enzyms mit Donator und Acceptor stattfinden.

1. Transglykosylasen

a. Saccharosephosphorylase

Die **Saccharosephosphorylase** erhielt ihren Namen, weil sie die Reaktion

$$\text{Glucose-1-phosphat} + \text{Fructose} \rightleftharpoons \text{Rohrzucker} + H_3PO_4$$

katalysiert. Die phosphorolytische Spaltung des Rohrzuckers ist, wie die Formel andeutet, umkehrbar; tatsächlich wurde die erste Synthese des Rohrzuckers mit Hilfe des Enzyms durchgeführt (W. Z. Hassid; M. Doudoroff). Das Enzym sollte aber eher eine Transglucosylase als eine Phosphorylase benannt werden, da die Phosphorsäure für die Enzymwirkung nicht unbedingt nötig ist. Diese ist offenbar auf den Glucosylrest gerichtet, denn die Fructose (in der obigen Formel) kann durch mehrere andere (aber nicht alle) Monosaccharide ersetzt werden (*l*-Sorbose, *d*-Xyloketose, *l*-Arabinose), während das Glucose-1-phosphat z.B. nicht durch Mannose-1-phosphat, wohl aber durch andere „Glucosedonatoren“ wie Rohrzucker ersetzt werden kann. Bei der Wirkung auf Glucose-1-phosphat bindet das Enzym offenbar den Glucosylrest unter Freisetzung von Phosphorsäure. Die Menge freier Phosphorsäure ist dabei so klein, daß sie durch gewöhnliche analytische Reagenzien nicht nachgewiesen werden kann. Es hat sich aber gezeigt, daß das Enzym einen Austausch von Phosphorsäureresten zwischen Glucose-1-phosphat und radioaktivem, anorganischem Phosphat bedingt. Daß die Phosphorsäure an sich für die Enzymwirkung keine wesentliche Rolle spielen kann, geht daraus hervor, daß die enzymatische Umwandlung eines Disaccharids in ein anderes (Formel S. 91) auch in völliger Abwesenheit von Phosphorsäure eintritt. Weiter ist festgestellt worden, daß das Enzym in Anwesenheit von Arseniat sowohl Glucose-1-phosphat wie Rohrzucker in einer scheinbar hydrolytischen Reaktion zerlegt. Dabei tritt die Arsensäure an Stelle der Phosphorsäure als „Glucoseacceptor", wobei ein instabiles Glucose-1-arseniat entsteht, das mit Wasser spontan zerfällt.

Die Saccharosephosphorylase ist in *Pseudomonas saccharophila* und einigen anderen Mikroorganismen nachgewiesen worden. Als typisch adaptives Enzym tritt die Saccharosephosphorylase erst bei der Züchtung auf Rohrzuckerlösung auf. Aus den getrockneten Zellen kann das Enzym mit Phosphatpuffer extrahiert und durch fraktioniertes Aussalzen mit Ammonsulfat von im Extrakt ebenfalls anwesender Saccharase und Phosphatase abgetrennt werden.

Das Enzym wirkt optimal bei pH = etwa 7. Ob es bei der Rohrzuckersynthese in höheren Pflanzen beteiligt ist, ist noch unentschieden.

b. Maltosephosphorylase

Das Enzym, das von Doudoroff in *Neisseria meningitidis* nachgewiesen wurde, katalysiert die reversible Reaktion:

$$\beta\text{-}d\text{-Glucose-1-phosphat} + \text{Glucose} \rightleftharpoons \text{Maltose} + H_3PO_4$$

Der Mechanismus der Wirkung muß aber ein anderer als der der Saccharosephosphorylase sein, da zwischen β-Glucose-1-phosphat und anorganischem Phosphat (oder Arseniat) kein Austausch durch das Enzym bewirkt wird.

c. Phosphorolyse von Stärke und Glykogen

Über den Bau dieser Polysaccharide und ihren hydrolytischen Abbau, vgl. S. 49). Der phosphorolytische Abbau besteht darin, daß nicht reduzierende Endgruppen der Kettenmoleküle, d. h. endständige (nicht substituierte) Glucosylradikale, durch die Enzyme in Gegenwart anorganischer Phosphorsäure als Glucose-1-phosphat abgelöst werden:

$$(C_6H_{10}O_5)_n{-}C_6H_{12}O_6 + H_3PO_4 \rightleftharpoons (C_6H_{10}O_5)_{n-1}{-}C_6H_{12}O_6 + C_6H_{11}O_5PO_4H_2$$

Wie bei der Saccharosephosphorylase dürften die bei der Polysaccharidphosphorolyse beteiligten Enzyme als Transglucosylasen zu bezeichnen sein. Die Phosphorsäure kann durch Arsensäure ersetzt werden, wobei die „Arsenolyse" von einer spontanen Hydrolyse des hypothetischen Glucose-1-arseniates begleitet ist. Bei der Synthese kann das Glucose-1-phosphat durch keine anderen Zuckerphosphate bzw. freie Monosaccharide ersetzt werden.

Die bestuntersuchten der bei der Synthese bzw. Phosphorolyse von Stärke und Glykogen beteiligten Enzyme sind auf Synthese bzw. Spaltung von α-glucosidischen 1,4-Bindungen eingestellt. Diese Enzyme können also zweckmäßig 1,4-*Phosphorylasen* benannt werden.

1,4-Phosphorylasen kommen in der Natur sehr weit verbreitet vor. Besonders wurden die Enzyme in gewissen höheren Pflanzen (Kartoffel, Erbsen) und in einigen Tierorganen vor allem Muskel eingehend untersucht. Das Kartoffelenzym ist weitgehend gereinigt, aber noch nicht in einheitlicher Form gewonnen worden.

Das Muskelenzym kommt in zwei verschiedenen Formen vor, *Phosphorylase a* und *Phosphorylase b*, und zwar in verhältnismäßig sehr großen Mengen, 40—80 mg/100 g Gewebe. Zum Unterschied vom pflanzlichen Enzym werden die Muskelenzyme von Adenylsäure aktiviert, und zwar ist die Phosphorylase *b* ohne Adenylsäure völlig inaktiv, während die Phosphorylase *a* ohne Aktivator eine Aktivität zeigt, die etwa 65% von der maximalen ist. Beide Muskelphosphorylasen sind in kristallisierter Form gewonnen (Cori). Die *a*-Form kann enzymatisch in die *b*-Form übergeführt werden und zwar sowohl durch Trypsin bei *p*H = 6,0—6,2 wie durch ein im Muskel und in der Milz vorkommendes Enzym, das von Cori als das **PR-Enzym** (*„prosthetic group-removing enzyme"*) bezeichnet worden ist. Dagegen tritt z.B. durch Dialyse allein keine Umwandlung der *a*- in die *b*-Form ein.

Umkristallisierte Phosphorylase *a* enthält Pentosen und Phosphorsäure in Mengen, die die Anwesenheit von Adenylsäure andeuten könnten; die *b*-Form dagegen gibt keine Kohlehydratreaktionen. Es liegt also nahe, anzunehmen, daß der Übergang der *a*- in die *b*-Form eine Abspaltung von Adenylsäure oder einer Adenylsäure enthaltenden prosthetischen Gruppe ist. So einfach liegen die Verhältnisse aber nicht. Erstens konnte unter den Produkten der Enzymwirkung keine Adenylsäure nachgewiesen werden (jedoch geben die Produkte die Bialsche Pentosereaktion), zweitens konnte die *b*-Form nicht durch Adenylsäure in die *a*-Form übergeführt werden.

Die tierischen 1,4-Phosphorylasen werden im Gegensatz zu den Pflanzenphosphorylasen von Cystein, Glutathion usw. aktiviert. Dasselbe gilt vom PR-Enzym, dessen Wirkung außerdem noch durch Mn^{2+}-ionen gesteigert wird. Dies und gewisse andere Tatsachen sprechen dafür, daß das Enzym eine *Peptidase* ist.

Die Phosphorolyse der Polysaccharide und die Synthese derselben aus dem Glucose-1-phosphat führen zu einem wohldefinierten Gleichgewicht, und zwar wird, wenn das *p*H konstant gehalten wird, dieselbe Gleichgewichtslage von beiden Seiten her erreicht. Sie ändert sich aber stark mit dem *p*H, was damit zusammenhängt, daß Glucose-1-phosphat eine stärkere Säure ist als die freie Phosphorsäure. Führt man aber in die Gleichung nicht die Totalmengen von freiem Phosphat bzw. Esterphosphat, sondern die Konzentrationen der einander entsprechenden *Ionen*, so findet man die Gleichgewichtskonstante vom *p*H unabhängig.

Bei der Polysaccharidsynthese aus Glucose-1-phosphat mit 1,4-Phosphorylase entsteht definitionsmäßig ein Kettenmolekül, das lauter 1,4-Bindungen enthält, d. h. die erwähnten Enzyme, nicht nur die aus Pflanzenmaterial, sondern auch die aus Muskel, synthetisieren *Amylose* (S. 49). Bemerkenswert ist, daß die reinen Enzyme auf reines Glucose-1-phosphat ohne Wirkung sind; eine Synthese tritt nur in Anwesenheit eines *Keimmoleküls* ein, dessen nicht reduzierende Endketten durch die

Enzymwirkung verlängert werden. Die höchste Keimwirkung zeigen die stark verzweigten Polysaccharide (Amylopectin, Glycogen), aber auch niedere Saccharide sind, besonders im Falle des Pflanzenenzyms, wirksam. Unwirksam sind Maltose und Glucose. Unwirksam sind weiter die aus Amylopectin bzw. Glycogen erhältlichen β-Dextrine (S. 51). Die Endketten dieser Dextrine enthalten ein oder höchstens zwei Glukosereste; es scheint also, daß auch in den Endketten eines verzweigten Moleküls mindestens drei Glukosereste vorhanden sein müssen, damit das Molekül als Keim wirksam sein kann.

Wenn man Versuche über die Phosphorolyse z. B. so anordnet, daß die Phosphorolyseprodukte durch weitere enzymatische Umwandlung aus dem Gleichgewicht entfernt werden, so kann untersucht werden, wie weit die Phosphorolyse eines gewissen Polysaccharids fortschreitet. Man findet dann, wie zu erwarten, daß Amylose, sowohl native wie synthetische, vollständig abgebaut wird. Die verzweigten Polysaccharide werden dagegen nur teilweise abgebaut, so daß wie z. B. bei der β-Amylase eine „Verzuckerungsgrenze" erreicht wird. Diese scheint beim Glykogen bei etwa 40%, beim Amylopectin bei etwa 55% zu liegen. Es scheint also, daß sich die 1,4-Phosphorylasen in dieser Beziehung wie die β-Amylase verhalten: Die Endketten der verzweigten Moleküle werden „verzuckert"; bei den Verzweigungspunkten der Moleküle d. h. bei den 1,6-Bindungen, wird die Enzymwirkung zum Stillstand gebracht. Jedoch scheint die Wirkung der Phosphorylasen weniger weitgehend zu sein als die der β-Amylase, da aus dem nach Phosphorolyse des Glycogens übriggebliebenen Grenzdextrin durch die β-Amylase noch etwas Maltose freigemacht werden kann. Wahrscheinlich ist es so, daß die Endketten nach erschöpfender Phosphorolyse im Mittel drei Glucosereste enthalten, und daß die β-Amylase aus diesen Endketten im Mittel ein Maltosemolekül pro Kette abspalten kann.

Verzweigende Faktoren. Die 1,4-Phosphorylasen synthetisieren nur Amylose. Da aber verzweigte Polysaccharide sowohl in den Pflanzen (Amylopectin) wie in tierischem Gewebe (Glycogen) vorkommen, müssen offenbar bei der Synthese derselben außer den 1,4-Phosphorylasen noch andere Enzyme beteiligt sein, die die Synthese der 1,6-Bindungen bewirken. Da über den Mechanismus dieser Synthese noch keine völlige Klarheit erreicht worden ist, werden wir die Enzyme unter dem neutralen Namen *verzweigende Faktoren* beschreiben.

Cori hat gezeigt, daß durch Zusammenwirkung der 1,4-Phosphorylase aus Muskel mit einem Faktor (**„Branching factor"**) aus Leber oder Herz, eine Synthese eines verzweigten Polysaccharids vom Typus des Glycogens zustande kommt.

Bernfeld hat aus Kartoffeln ein Präparat gewonnen, das zusammen mit der 1,4-Phosphorylase ein verzweigtes Polysaccharid erzeugt, das von Jod violett gefärbt wird und dem Amylopektin ähnlich ist. Es wurde angenommen, daß der verzweigende Faktor, *Isophosphorylase* genannt, ein Glucosylradikal aus Glucose-1-phosphat an ein geeignetes Keimmolekül durch eine 1,6-Bindung anknüpft, wobei also eine „Seitenkette" mit einem Glucoserest entstehen sollte. Diese sollte dann durch Wirkung der 1,4-Phosphorylase zuwachsen. So einfach dürfte aber die Bildung der verzweigten Moleküle kaum erklärt werden können, u. a. weil, wie oben erwähnt wurde, die β-Dextrine keine Keimwirkung gegenüber der 1,4-Phosphorylase zeigen.

Bourne und Peat haben, ebenfalls aus Kartoffeln, ein Enzym, das sog. **Q-Enzym,** gewonnen und gereinigt, das Amylose in Amylopectin überführt. Das Enzym ist später von Gilbert und Patrick in kristallisierter Form gewonnen worden. Nach Peat und Mitarbeiter ist das Enzym unabhängig von der Anwesenheit von Phosphorsäure und Glucose-*l*-phosphat und ist also keine Phosphorylase, sondern eine Transglycosylase anderer Art. Kurzkettige Abbauprodukte der Amylose (normale α-Dextrine, S. 53) werden vom Enzym nicht in Amylopectin verwandelt; dagegen entsteht aus Amylose und aus Amylosedextrinen mit mehr als etwa 40 Glucoseresten ein verzweigtes Polysaccharid, das zweifelsohne mit dem Amylopectin mindestens sehr nahe verwandt ist. Es wird angenommen, daß das Q-Enzym 1,4-Bindungen spaltet, wobei die Energie für die Bildung von 1,6-Bindungen ausgenutzt wird. Die Wirkung scheint nicht reversibel zu sein; beim Abbau der verzweigten Polysaccharide dürfte das Enzym also nicht mitwirken.

Es muß deshalb angenommen werden, daß beim vollständigen Abbau von Amylopectin und Glycogen außer den 1,4-Phosphorylasen noch mindestens ein Enzym mitwirkt, das die 1,6-Bindungen irgendwie spaltet. Nach Cori existiert eine „**Amylo-1,6-glucosidase**", die *endständige*, durch α-glucosidische 1,6-Bindungen gebundene Glucosereste, d. h. die nach der Phosphorylasewirkung übrig gebliebenen, letzten Glucosereste der Endketten, *hydrolytisch* abspaltet. Peat und Mitarbeiter nehmen dagegen die Existenz eines hydrolysierenden Enzyms an, das die 1,6-Bindungen, *im Polysaccharid*, also ohne vorangehenden phosphorolytischen Abbau, spaltet.

Nach Hehre enthält *Neisseria perflava* ein Enzym, „**Amylosucrase**", das aus Rohrzucker ein amylopektinähnliches, verzweigtes Polysaccharid bildet. Wahrscheinlich bildet das Enzym nach der Formel:

$$n \text{ Rohrzucker} \rightleftharpoons (\text{Glucose})_n + \text{n Fructose}$$

Amylose, das durch anwesendes Q-Enzym in das verzweigte Produkt umgewandelt wird.

d. Amylomaltase

Mit diesem Namen bezeichnet Monod ein von ihm in einem *Escherichia coli*-Stamm gefundenes, adaptives Enzym, das in umkehrbarer Reaktion aus Maltose ein amyloseähnliches Polysaccharid erzeugt. Die Reaktion kann schematisch geschrieben werden:

$$\text{Maltose} + (\text{Glucose})_n \rightleftharpoons \text{Glucose} + (\text{Glucose})_{n+1}$$

Möglicherweise kann die Enzymwirkung sogar durch die folgende, allgemeinere Formel beschrieben werden:

$$(\text{Glucose})_x + (\text{Glucose})_y \rightleftharpoons (\text{Gluosc})_{x+1} + (\text{Glucose})_{y-1}$$

e. Transglucosylase aus *Bacillus macerans* („Maceransamylase")

F. Schardinger fand um 1900, daß *Bacillus macerans* Stärke des Nährbodens zum großen Teil in kristallisierte, nicht reduzierende Dextrine verwandelt. Diese „Schardingerdextrine" sind ringförmig gebaut (K. Freudenberg) und werden deshalb neuerdings als *Cycloamylosen* bezeichnet. Sie enthalten ausschließlich α-glucosidische 1,4-Bindungen. Die Hauptprodukte der Bakterienwirkung sind die α- und β-Cycloamylosen, wovon erstere 6 und letztere 7 Glucosereste im Ring enthalten. Die Umwandlung der Stärke in die Cycloamylosen wird durch ein Enzym bewirkt, das das Bakterium an die Nährlösung abgibt. Da die ringförmigen Gebilde der Schardingerdextrine in der Stärke nicht vorgebildet vorkommen können, muß geschlossen werden, insbesondere, da die Ausbeute an Schardingerdextrinen oft sehr hoch sein kann, daß das Enzym in den Kettenmolekülen der Stärke Bindungen lösen kann, wobei sich aber die Endgruppen gewisser Spaltstücke zu einer neuen 1,4-Bindung zusammenschließen. Diese Wirkung des Enzyms scheint gewissermaßen reversibel zu sein, da die folgende Reaktion beobachtet worden ist (French):

$$\text{Cykloamylose} + \text{Maltose} \rightleftarrows \text{höhere Saccharide}$$

Das Schardingerenzym scheint überhaupt die Fähigkeit zu einer „Redistribution" der Glucosereste in Sacchariden mit 1,4-Bindungen zu haben.

Weitere Transglykosylasen (die jedoch keine Cykloamylosen erzeugen) sind in Extrakten von *Aspergillus oryzae* und anderen Schimmelpilzen entdeckt worden. Aus Maltose werden höhere Saccharide gebildet, z.B. die 6-α-Glucosylmaltose. Die Reaktion, die mit Phosphorylierung nichts zu tun hat, ist nicht auf Maltose beschränkt; auch aus anderen Zuckern wie Rohrzucker und Isomaltose entstehen höhere Saccharide.

Lactasepräparate, z. B. aus *Saccharomyces fragilis*, zeigen ebenfalls eine Transglykosylasenwirkung: Höhere Saccharide, die Glucose + Galactose oder auch Galactose allein enthalten, können bei der Lactosehydrolyse beobachtet werden. Von den ähnlichen Verhältnissen bei der Rohrzuckerhydrolyse war schon die Rede (S. 47).

f. Nucleosidphosphorylasen

Diese früher oft fälschlich als *Nucleosidasen* bezeichneten Enzyme katalysieren (W. Klein; H. Kalckar) die folgende Reaktion:

$$\text{Guanin} + \text{Ribose-1-phosphat} \rightleftarrows \text{Guanosin} + H_3PO_4$$

Eine entsprechende Reaktion tritt mit 2-Desoxyribose-1-phosphat ein.

Die Enzyme werden besonders in Leber und Milz angetroffen. In Anwesenheit von Arseniat bedingen die Enzyme eine scheinbar hydrolytische Spaltung der Nucleoside (vgl. S. 48). Mit einem Leberenzym wurde aus Xanthin und 2-Desoxyribose-1-phosphat das entsprechende Nucleosid synthetisiert.

g. Dextransynthese

Leuconostoc mesenterioides und einige nahestehende Organismen bilden aus Rohrzucker das Polysaccharid *Dextran*, einen sehr hochmolekularen, ganz aus Glucoseresten aufgebauten Stoff, der in der Hauptsache α-glucosidische 1,6-Bindungen, daneben auch einige wenige 1,4-Bindungen enthält. Aus den Bakterien kann eine zellfreie Enzymlösung (**„Dextransucrase“**) erhalten werden (Hehre), die die folgende Reaktion katalysiert:

$$\underset{\text{Rohrzucker}}{n\,C_{12}H_{22}O_{11}} \longrightarrow \underset{\text{Dextran}}{(C_6H_{10}O_5)_n} + \underset{\text{Fructose}}{n\,C_6H_{12}O_6}$$

Da Rohrzucker durch Glucose + Fructose nicht ersetzt werden kann, und keine Zuckerphosphate beteiligt sind, so ist anzunehmen, daß wie bei anderen wirklichen Transglykosylierungen, die Reaktion folgendermaßen verläuft:

$$\text{(I) Glucose-1-2-fructose} + \text{Enzym} \rightleftharpoons \text{Glucose-1-enzym} + \text{Fructose}$$

$$\text{(II) Glucose-1-enzym} + (\text{Glucose})_n \rightleftharpoons (\text{Glucose})_{n+1} + \text{Enzym}$$

Wahrscheinlich, obgleich noch nicht bewiesen, erscheint, daß zunächst ein unverzweigtes Polysaccharid mit lauter 1,6-Bindungen gebildet wird, das dann durch ein zweites, Q-enzymähnliches Enzym in das verzweigte Dextran umgewandelt wird.

Dextranpräparate passenden Polymerisationsgrades haben eine ausgedehnte Verwendung als Blutplasmaersatz gefunden.

h. Laevansynthese

Mehrere Bakterien wie *B. subtilis* und *B. polymyxa* können, wie zuerst von Beijerink gezeigt wurde, auf Rohrzuckerlösungen ein hochmolekulares Polyfructan, das Laevan, bilden. Glucose wird dabei freigesetzt:

$$\underset{\text{Rohrzucker}}{n\,C_{12}H_{22}O_{11}} \longrightarrow \underset{\text{Laevan}}{(C_6H_{10}O_5)_n} + \underset{\text{Glucose}}{n\,C_6H_{12}O_6}$$

Aus den Bakterien kann eine zellfreie Enzymlösung(**„Laevansucrase“**) erhalten werden, die dieselbe Wirkung hat (Hestrin).

i. Konjugierte Heterosidifikation

Die sog. **konjugierte Heterosidifikation** (Rabaté) ist aller Wahrscheinlichkeit auch als eine Transglykosylierung zu bezeichnen. Als Enzymmaterial werden aus gewissen Pflanzen, vor allem aus Blättern von *Salix purpurea* bereitete Trockenpulver angewendet. Die Enzyme scheinen in Wasser ganz unlöslich zu sein (Desmoenzyme). Läßt man das Enzympulver z. B. auf eine Lösung von 2 g β-Glucosid des Oxyacetophenons in 48 ml Wasser + 2 ml Methanol einwirken, so wird das Heterosid in einer Ausbeute von etwa 70% in das β-Methylglucosid verwandelt. Ist Methanol nicht anwesend, erfolgt eine normale Hydrolyse des Glucosids. Setzt man nach der Hydrolyse Methanol zu, so erfolgt keine Synthese. Zugesetzte Glucose hat auf die Synthese des Methylglucosids keinen Einfluß. Alles dies scheint zu zeigen, daß freie Glucose während der Umglucosylierung nicht auftritt, und daß die beteiligten Enzyme also Glucotransferasen sind.

Wie die von Keilin in *Penicillium notatum* nachgewiesene sog. **Mutarotase** zu klassifizieren ist, ist noch völlig unbekannt. Sie katalysiert die Mutarotation der Glucose, und ihre Wirkung soll höher als die des Hydroxylions sein.

2. Transphosphorylierungen

a. Transphosphorylierung durch Phosphatasen

Es hat sich gezeigt, daß gewisse Phosphatasen, die Phosphorsäureester nach der Formel:

$$R-O-PO(OH)_2 + H_2O \longrightarrow HO-PO(OH)_2 + R-OH$$

hydrolysieren, auch unter Umständen das Phosphatradikal *überführen* können:

$$R-O-PO(OH)_2 + R'-OH \longrightarrow R'-O-PO(OH)_2 + R-OH.$$

Damit diese Überführung eintreten soll, muß erstens die Konzentration der Verbindung $R'-OH$ ziemlich hoch sein, damit sie mit dem Wasser als „Acceptor" für die Phosphorsäure konkurrieren kann, und zweitens müssen die Radikalen R und R' einen bestimmten Bau haben. Im allgemeinen muß R ein Arylradikal und $R'-OH$ ein aliphatischer Alkohol sein. Nukleotide wie ATP sind nicht beteiligt.

Dieser Fall zeigt ja den nahen Zusammenhang zwischen Hydrolasen und Transferasen; die Hydrolyse ist ja gewissermaßen eine Überführung eines Radikals auf Wasser als „Acceptor".

Wichtig erscheint der Befund von Chargaff, daß gewisse Phosphatasepräparate (Mercks Diastase) den Phosphorsäurerest des Phenylphosphates auf Ribose- und Desoxyribosenucleoside überführen, wobei also Nucleotide hervorgehen.

b. Phosphokinasen

Biologisch außerordentlich wichtig sind die Transphosphorylierungen, bei welchen die *Adenosintriphosphorsäure* (ATP) der „Phosphatdonator" ist. Die bei diesen Transphosphorylierungen beteiligten Enzyme werden **Kinasen** genannt. Es ist zu beachten, daß das Phosphatradikal *direkt* übergeführt wird, ohne jemals als freie Phosphorsäure aufzutreten. Nur *eine* Phosphatgruppe, nämlich die endständige der Adenosintriphosphorsäure (Formel S. 64) wird übergeführt. Aus ATP entsteht also *Adenosindiphosphorsäure* (ADP). Beispiele:

Kreatinkinase. Es sei zuerst erwähnt, daß die energiereichen *Phosphoamidine* (S. 85), *Phosphokreatin* (fast nur bei Vertebraten) und *Phosphoarginin* (nur bei Evertebraten) aus den Amidinen und ATP durch spezielle Kinasen gebildet werden. Beispiel:

$$\text{ATP} + \text{Kreatin} \xrightleftharpoons{\text{Kreatinkinase}} \text{Phosphokreatin} + \text{ADP}$$

Die entsprechende **Argininkinase** ist neulich in kristallisierter Form aus dem Fleisch des Flußkrebses gewonnen worden.

Adenylsäurekinase. Das Adenosindiphosphat kann enzymatisch durch eine Art „Disproportionierung" in ATP und Adenylsäure (Adenosinmonophosphat, AMP) umgewandelt werden. Die Reaktion ist umkehrbar und kann folgendermaßen geschrieben werden:

$$\text{ATP} + \text{AMP} \xrightleftharpoons{\text{Adenylsäurekinase}} 2\,\text{ADP}.$$

Es erscheint zweckmäßig, die Reaktion als eine Transphosphorylierung mit Adenylsäure als Acceptor zu beschreiben und das Enzym dementsprechend **Adenylsäurekinase** zu nennen. Es kommt besonders im Muskel vor und wurde früher **Myokinase** oder **ADP-Phosphomutase** genannt. Es ist in saurer Lösung sehr stabil und wird wie die meisten oder vielleicht alle Phosphokinasen durch Mg^{2+}-Ionen aktiviert. Nach Inaktivierung durch vorsichtige Oxydation kann das Enzym durch SH-Verbindungen reaktiviert werden.

Adenosinkinase. Das Enzym wird in Hefesaft und in Extrakten aus Leber und Niere untersuchter Tiere angetroffen. Die katalysierte Reaktion ist:

$$\text{ATP} + \text{Adenosin} \xrightleftharpoons{\text{Adenosinkinase}} \text{Adenylsäure (AMP)} + \text{ADP}$$

Auch 2-Aminoadenosin soll durch dasselbe Enzym phosphoryliert werden.

Kinasen der phosphorylierten Coenzyme. In Hefe kommt ein Enzym, die **Flavokinase,** vor, das eine der Adenylsäurebildung aus Adenosin entsprechende Bildung von *Riboflavinphosphorsäure* (Flavinmononucleotid, S. 128) aus Riboflavin (Vitamin B_2) katalysiert.

Für die **Synthese des Pyridoxalphosphates** (S. 105) ist ebenfalls eine Kinase verantwortlich. Kinasen sind auch bei der **Synthese der Cocarboxylase** (S. 122) aus Aneurin und ATP beteiligt. Nach Leuthardt entsteht mit einem Enzym aus Leber viel mehr Cocarboxylase aus Aneurin als aus Aneurinmonophosphat, woraus geschlossen wird, daß die Phosphorylierung des Aneurins in einer Überführung einer Pyrophosphatgruppe von ATP besteht.

Über die Synthese der sogenannten Pyridinnucleotide vgl. S. 113.

Hexokinase. Meyerhof und später andere Forscher haben gezeigt, daß in Hefe ein Enzym vorkommt, das eine Phosphorylierung der Hexosen bewirkt:

$$\text{ATP} + \text{Hexose} \xrightleftharpoons{\text{Hexokinase}} \text{Hexose-6-phosphorsäure} + \text{ADP}$$

Glucose, Fructose, Mannose und Glucosamin werden durch dieses Enzym phosphoryliert. Das Enzym ist in reiner, kristallisierter Form bekannt (Cori u. A.). Es ist ein Protein mit 0,11 % P; der isoelektrische Punkt liegt bei pH = etwa 4,7.

Eine mindestens sehr ähnliche Hexokinase, die jedoch noch nicht in reiner Form gewonnen worden ist, wird in tierischen Organen (Hirn, Niere, Leber usw.) angetroffen. Beide Hexokinasen sind ohne Mg^{2+}-Ionen wirkungslos. Auch in höheren Pflanzen wird eine Hexokinase angetroffen.

Nach Cori und Mitarbeiter wird die tierische Hexokinase durch Extrakte aus dem Hypophysenvorderlappen gehemmt, während Insulin dieser Hemmung entgegenwirkt. Einige andere Forscher haben diese Ergebnisse bestätigen können, andere nicht. Auf alle Fälle ist die Beobachtung von größtem Interesse für die Frage, wie und wo das Insulin in den Kohlenhydratumsatz eingreift.

Fructokinase. Eine Proteinfraktion aus Leber bedingt in Anwesenheit von ATP und Mg^{2+} eine Phosphorylierung der Fructose unter Bildung von Fructose-1-phosphorsäure. Da außer *d*-Fructose auch *l*-Sorbose und *d*-Tagatose phosphoryliert werden, so dürfte das Enzym zweckmäßig als eine **Ketohexokinase** zu bezeichnen sein (Leuthardt). Außer in der Leber ist das Enzym auch im Muskel nachgewiesen worden.

Gluconsäurekinase ist als adaptives Enzym bei *Escherichia coli* nachgewiesen worden (S. S. Cohen). Aus Gluconsäure entsteht in Anwesenheit von ATP und Mg^{2+} 6-Phosphogluconsäure. Diese wird sowohl im tierischen Organismus (F. Dickens) wie in Hefe (Cohen) weiter abgebaut, wobei Phosphopentosen entstehen (S. 118).

Galactokinase. Die sogenannten Milchsäurehefen, wie z.B. *Saccharomyces fragilis*, vergären Galactose. Bekanntlich können auch gewöhnliche Hefen *(S. cerevisiae)* an Galactose „angepaßt“ werden (S. 10). In beiden Fällen wird die Gärung durch die folgende Reaktion eingeleitet:

$$\text{ATP} + \text{Galactose} \xrightleftharpoons{\text{Galactokinase}} \text{Galactose-1-phosphat} + \text{ADP}$$

Die galactosegärenden Hefen enthalten auch Hexokinase; die Galactokinase ist aber von diesem Enzym verschieden, was ja u. a. daraus hervorgeht, daß die Hexokinase 6-Phosphate, die Galactokinase aber ein 1-Phosphat bildet.

Bei der Galactosegärung wird das Galactose-1-phosphat in Glucose-1-phospha umgewandelt. Diese Umwandlung besteht formell in einer Waldenschen Umkehrung am vierten Kohlenstoffatom. Ein thermostabiles Coenzym ist dabei notwendig, das nach Leloir und Mitarbeiter Uridin, Glucose und zwei Phosphorsäurereste enthält. Folgende Formel ist vorgeschlagen worden:

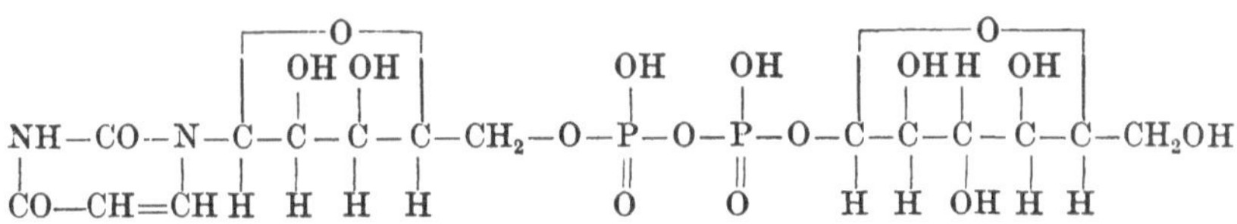

6-Phosphofructokinase bildet aus Fructose-6-phosphorsäure und ATP Fructose-1,6-diphosphat, das von Harden und Young in 1906 entdeckte sogenannte *Zymophosphat.* Das Enzym kommt sowohl in Hefen und anderen Mikroorganismen wie in tierischen Geweben vor. Mg-Ionen sind für die Wirkung unerläßlich.

Es kann nunmehr als festgestellt betrachtet werden, daß das Fructosediphosphat ein normales Zwischenprodukt der Gärung bzw. Glycolyse ist. Aus dem durch die Wirkung der Hexokinase entstandenen Glucose-6-phosphat entsteht durch die Wirkung der **Hexosephosphatisomerase** Fructose-6-phosphat, das durch die 6-Phosphofructokinase zum Diphosphat phosphoryliert wird.

1-Phosphofructokinase kommt im Muskel, aber z.B. nicht im Hirn vor. Sie führt das Fructose-1-phosphat in Fructose-1,6-disphosphat über.

Phosphoglucokinase, die sowohl in Hefe wie in tierischen Geweben anwesend ist, katalysiert die Reaktion:

$$\text{ATP} + \text{Glucose-1-phosphat} \xrightleftharpoons[\text{kinase}]{\text{Phosphogluco-}} \text{Glucose-1,6-diphosphat} + \text{ADP}$$

Von der Phosphoglucokinase verschieden soll ein Enzym sein, das in Bakterien wie *E. coli* vorkommt und eine Umwandlung des Glucose-1-phosphates in das 1,6-Diphosphat und Glucose bewirkt, wahrscheinlich nach der Formel:

$$2\ \text{Glucose-1-phosphat} \longrightarrow \text{Glucose-1,6-diphosphat} + \text{Glucose.}$$

3-Phosphoglycerinsäurekinase kommt in tierischen Organen und im Serum sowie in großen Mengen in Hefe vor. Das Enzym ist von Bücher in reiner Form dargestellt worden; es ist ein Protein, das kein Metall enthält und durch Dialyse nicht inaktiviert wird. Die Wirkung kann durch die folgende Formel beschrieben werden:

$$\text{ATP} + \text{3-Phosphoglycerinsäure} \xrightleftharpoons{\textit{Enzym}} \text{1,3-Diphosphoglycerinsäure} + \text{ADP}$$

Brenztraubensäurekinase führt in Anwesenheit von ATP Brenztraubensäure in Phosphoenolbrenztraubensäure über:

$$\text{ATP} + \text{Brenztraubensäure} \xrightleftharpoons{\textit{Enzym}} \text{Phosphoenolbrenztraubensäure} + \text{ADP}$$

$$\begin{array}{l} COOH \\ | \\ C{=}O \\ | \\ CH_3 \end{array} \qquad\qquad \begin{array}{l} COOH \\ | \\ C{-}O{-}PO(OH)_2 \\ \| \\ CH_2 \end{array}$$

Das Enzym aus menschlichem Muskel ist von Kubowitz und Ott, das aus Rattenmuskel und aus Hefe von Negelein in kristallisierter Form dargestellt worden. Es ist ein Eiweißstoff mit 1,6 % S. Für die Wirkung sind Mg^{2+}-Ionen erforderlich. Außerdem haben K^{+}-Ionen, jedenfalls in rohen Muskelextrakten, eine aktivierende Wirkung.

Es sei schließlich erwähnt, daß O. Warburg, dessen Arbeiten auf diesem Gebiet zu den grundlegenden gehören, die Adenosintriphosphorsäure als eine Art prosthetischer Gruppe der verschiedenen Kinasen betrachtet und die Holoenzyme als *Adenosinproteide* bezeichnet.

c. Phosphomutasen

Eine besondere Gruppe unter den Phosphotransferasen bilden die sogenannten **Phosphomutasen.** Hierher gehört die **Phosphoglucomutase,** die Glucose-1-phosphat in Glucose-6-phosphat umwandelt. Die Reaktion wurde zunächst als eine intramolekulare Isomerisierung betrachtet, u. a.

weil gezeigt werden konnte, daß anorganisches Phosphat in der Lösung an der Reaktion nicht teilnimmt (Versuche mit radioaktivem Phosphat!), ebensowenig freie Glukose (C^{14} enthaltend). Es zeigte sich aber später, daß bei der Reaktion Glucose-1,6-diphosphat die Rolle eines Katalysators spielt. Schematisch können wir schreiben:

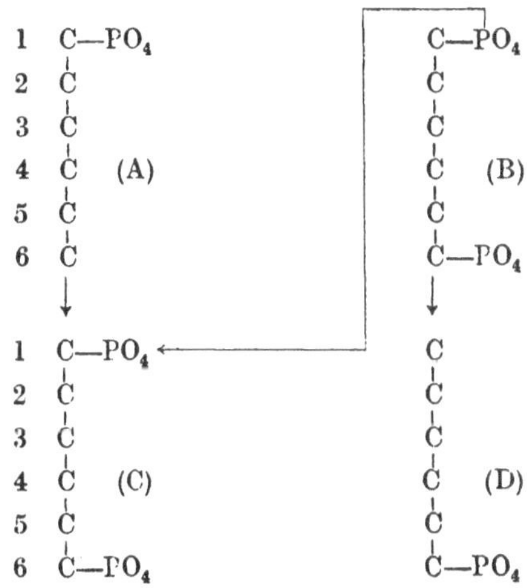

Das Diphosphatmolekül (B) wirkt also als „Phosphatdonator“, wobei das Glucose-1-phosphat (A) in Glucose-1,6-diphosphat (C) umgewandelt wird, während aus (B) das Glucose-6-phosphat (D) entsteht. Da (B) offenbar mit (C) identisch ist, ist es möglich, mit Hilfe von ganz kleinen Mengen von Diphosphat beliebige Mengen von 1-Phosphat in 6-Phosphat überzuführen. (Die notwendigen Mengen des Diphosphates werden durch die Phosphoglucokinase gebildet; siehe oben).

Phosphoglucomutase aus Muskel ist von Najjar in kristallisierter Form erhalten worden. Sie wird von Mg^{2+} und gewissen anderen zweiwertigen Metallionen stark aktiviert.

Eine **Phosphoribomutase** (die vielleicht mit der Phosphoglucomutase identisch ist) führt Ribose-1-phosphorsäure in einen gegenüber saurer Hydrolyse wesentlich stabileren Ester, wahrscheinlich Ribose-5-phosphorsäure, über.

Eine **Phosphofructomutase** kommt in der Leber vor. Sie wandelt Fructose-1-phosphorsäure über ein noch unbekanntes Zwischenprodukt in Fructose-6-phosphorsäure um.

Die **Phosphoglyceromutase** katalysiert den reversiblen Übergang der *d*-(—)-3-Phosphoglycerinsäure in *d*-(+)-2-Phosphoglycerinsäure. Auch hier spielt das entsprechende Diphosphat, die 2,3-Diphosphoglycerinsäure, die Rolle eines Katalysators.

Wahrscheinlich existiert auch eine Diphosphoglycerinsäuremutase, die folgende Reaktion beschleunigt:

1,3-Ph-Glycerinsäure + 3-Ph-Glycerinsäure ⟶
⟶ 2,3-Ph-Glycerinsäure + 3-Ph-Glycerinsäure

Da Nucleotide wirkungslos sind, ist anzunehmen, daß das Enzym eine Mutase und keine Phosphokinase ist. Die 3-Phosphoglycerinsäure sollte gewissermaßen nach Art eines Katalysators wirken.

3. Transmethylierung

Schon in 1894 hat F. Hofmeister auf die Bedeutung biologischer Methylierungen hingewiesen, und zwar nahm er an, daß die Methylgruppen aus besonderen „*methylabspaltenden Stoffen*" stammen. Erst viel später wurde, besonders durch V. du Vigneaud, klargestellt, daß die Methylierungen enzymatische Reaktionen sind, die auch *in vitro* reproduziert werden können, und daß sie in einer Überführung von Methylgruppen von bestimmten „*Methyldonatoren*" auf spezielle *Acceptoren* bestehen. Die dabei beteiligten Enzyme werden **Transmethylasen (Methylpherasen**[1]**)** genannt. Über die Anzahl der für eine derartige Überführung einer Methylgruppe notwendigen Enzyme und über den Mechanismus des Prozesses ist jedoch zur Zeit wenig bekannt.

In den Methyldonatoren ist die zu überführende Methylgruppe an Stickstoff gebunden, wie in Betain, oder an Schwefel, wie in Dimethylthetin und Methionin, oder an Sauerstoff wie in Methylphosphat. Die Acceptoren binden die Methylgruppen an Stickstoff (Guanidinessigsäure, Nicotinsäureamid, Noradrenalin) oder an Schwefel (Homocystein). Beispiele:

$$(1)\quad \underset{\text{Betain}}{(CH_3)_3\overset{+}{N}-CH_2-COO^-} + \underset{\text{Homocystein}}{HS-CH_2-CH_2-CH(NH_2)-COOH} \longrightarrow$$

$$\longrightarrow \underset{\text{Dimethylglycin}}{(CH_3)_2N-CH_2-COOH} + \underset{\text{Methionin}}{CH_3-S-CH_2-CH_2-CH(NH_2)-COOH}$$

$$(2)\quad 3\,\underset{\text{Methionin}}{CH_3-S-CH_2-CH_2-CH(NH_2)-COOH} + \underset{\text{Ethanolamin}}{H_2N-CH_2-CH_2OH} + H_2O \longrightarrow$$

$$\longrightarrow 3\,\underset{\text{Homocystein}}{HS-CH_2-CH_2-CH(NH_2)-COOH} + \underset{\text{Cholin}}{[(CH_3)_3\overset{+}{N}-CH_2-CH_2OH]OH^-}$$

$$(3)\quad \underset{\text{Cholin}}{[(CH_3)_3\overset{+}{N}-CH_2-CH_2OH]OH^-} + \underset{\text{Noradrenalin}}{(HO)_2C_6H_3-CHOH-CH_2-NH_2} \longrightarrow$$

$$\longrightarrow \underset{\text{Dimethylethanolamin}}{(CH_3)_2N-CH_2-CH_2OH} + \underset{\text{Adrenalin}}{(HO)_2C_6H_3-CHOH-CH_2-NH-CH_3} + H_2O$$

Die Reaktionen sind in vielen Fällen viel komplizierter als aus diesen Bruttoformeln hervorzugehen scheint. Bei der Adrenalinbildung ist z.B. auch die Anwesenheit von Adenosintriphosphat notwendig. Wichtig für das Verstehen der Transmethylierungen erscheint die neulich gemachte Feststellung (Cantoni), daß Methionin durch ATP in einen „aktiven Methyldonator" übergeführt werden kann. Der aktive Stoff ist S-Adenosylmethionin:

$$\text{Adenin}-\underbrace{CH-CHOH-CHOH-CH}_{\text{—O—}}-CH_2-\underset{\displaystyle CH_3}{\overset{+}{S}}-CH_2-CH_2-CH(NH_2)-COO^-$$

[1]) Auch die Bezeichnung Methylkinase kommt vor.

4. Transaminierung

Die enzymatische Transaminierung wurde von Braunstein und Kritzmann entdeckt. Die Entdecker, die die Reaktion als „Umaminierung“ und die Enzyme als **Aminopherasen** bezeichneten, untersuchten die Einwirkung eines Muskelextraktes auf eine Mischung von Brenztraubensäure und Glutaminsäure und konnten aus dem Reaktionsgemisch Alanin und α-Ketoglutarsäure isolieren. Die Transaminierungen verlaufen nach der allgemeinen Formel:

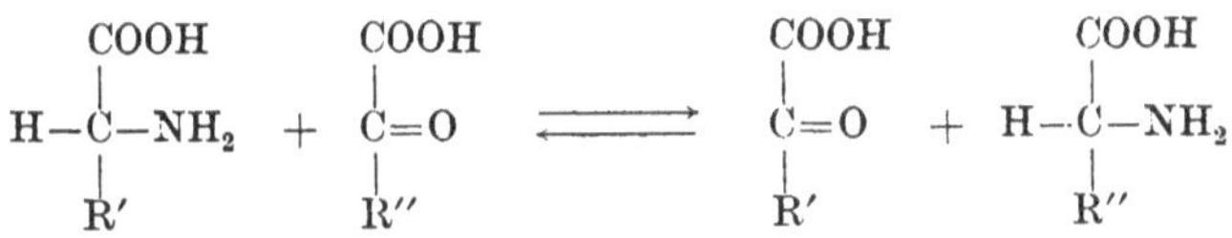

Es wurde zunächst angenommen, daß nur zwei Transaminasen existieren, nämlich das erwähnte Enzym, *Transaminase I*, und eine *Transaminase II*, die in entsprechender Weise auf Oxalessigsäure + Glutaminsäure wirkt.

Im Falle der Transaminase I kann das Alanin durch α-Aminobuttersäure, aber sonst keine Aminosäuren ersetzt werden; auch die Wirkung auf α-Aminobuttersäure ist sehr schwach. Als Ersatz für die Brenztraubensäure zeigen α-Ketoglutarsäure und Mesoxalsäure schwache Wirkung. Alle anderen untersuchten Stoffe waren wirkungslos. Im Falle der Transaminase II scheinen Mesoxalsäure und Cysteinsäure eine ganz schwache Wirkung zu haben.

Die beiden erwähnten Transaminasen sind weitgehend gereinigt worden, ohne daß jedoch ihre Kristallisation gelungen ist. Sie kommen sowohl in tierischen Geweben wie in Pflanzen und Mikroorganismen vor.

Es hat sich gezeigt, daß die Transaminierung nicht so streng auf besondere Substrate beschränkt ist, wie zuerst angenommen wurde. Sowohl im Tiergewebe wie in Bakterien scheinen weitere Enzyme vorzukommen, die eine Transaminierung zwischen α-Ketoglutarsäure und den meisten natürlichen Aminosäuren bewirken.

Für die Wirkung der Transaminasen ist die Anwesenheit eines Coenzyms notwendig, und zwar hat sich gezeigt, daß dieses Coenzym mit dem *Vitamin* B_6 *(Adermin, Pyridoxin)* nahe verwandt ist. Merkwürdigerweise ist derselbe Stoff auch Coenzym der Aminosäuredecarboxylasen (S. 121) und wirkt außerdem beim Tryptophanstoffwechsel irgendwie mit.

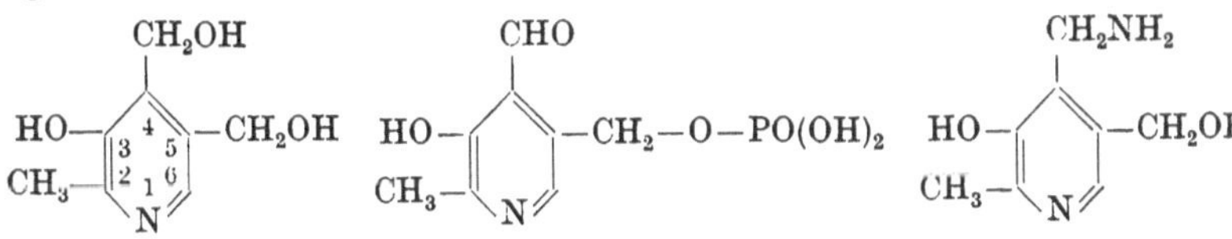

Pyridoxin — Pyridoxal-5-phosphorsäure — Pyridoxamin

In letzter Zeit wurde festgestellt, daß das Coenzym in sämtlichen Fällen ein Phosphorsäureester des Pyridoxals ist, und zwar ist die Oxymethylgruppe in der Stellung 5 phosphoryliert.

Aus Pyridoxal und ATP wird das Pyridoxalphosphat durch eine *Phosphokinase* gebildet (vgl. S. 100).

Der an und für sich sehr ansprechende Gedanke, daß die Wirkung des Pyridoxalphosphates bei der Transaminierung mit einem reversiblen Übergang *Pyridoxalphosphat* $\rightleftarrows$ *Pyridoxaminphosphat* verknüpft sein sollte, scheint nicht richtig zu sein.

Eine Überführung von *Aminosäureresten* zwischen Peptiden, d. h. eine **Transpeptidasenwirkung**, ist neuerdings beobachtet worden. Wahrscheinlich hat die Reaktion bei der biologischen Peptid- bzw. Eiweißsynthese eine Bedeutung. Denkbar ist, daß proteolytische Enzyme überhaupt neben der Hydrolasenwirkung auch eine Transferasenwirkung zeigen können. In den untersuchten Fällen nimmt das Glutathion an der Reaktion irgendwie teil.

5. Transacetylierung

Es ist lange bekannt, daß Essigsäure für den Aufbau der verschiedensten Stoffe biologisch verwertbar ist. Dabei sind besonders Versuche mit isotopisch gekennzeichneter Säure wegleitend gewesen. Weiter ist lange angenommen worden, daß die Essigsäure ein Intermediärprodukt des Kohlenhydratabbaues ist, das im sogenannten Citronensäurecyklus (S. 156) verbrannt wird, wobei zunächst eine Kondensation mit Oxalessigsäure zu Citronensäure eintritt. Eine biologische Acetylierung verschiedener Stoffe ist ebenfalls bekannt, wie z.B. die der Sulfonamide. Klar wurde indessen früh, daß bei diesen Reaktionen nicht die freie Essigsäure bzw. Acetat ausgenützt werden kann: Die Essigsäure muß zunächst „aktiviert" werden. Die Annahme der Aktivierung der Essigsäure durch ihre Bindung an irgend einen anderen Stoff wurde zuerst von F. Lynen eingeführt.

Für die Aufklärung der Verhältnisse war der Befund Nachmansohns sehr bedeutungsvoll, daß bei der Synthese des Acetylcholins durch die rohe „Cholinacetylase" Acetat + Adenosintriphosphorsäure (ATP) ausgenützt wird, während Acetat allein wirkungslos ist. Da andererseits, durch Versuche von F. Lipmann u. A. bekannt war, daß z. B. bei der Decarboxylierung der Brenztraubensäure *Acetylphosphat*, CH_3-CO-OPO(OH)$_2$, durch gewisse bakterielle Enzyme gebildet wird, so lag ja der Gedanke nahe, das Acetylphosphat mit der „aktivierten Essigsäure" zu identifizieren. Unerklärt blieb aber dann, daß sich synthetisches Acetylphosphat in den meisten der für die „aktivierte Essigsäure" charakteristischen Reaktionen als wirkungslos erwies. Es stellte sich heraus (Nachmansohn, Lipmann), daß bei den Acetylierungen außer Enzym, Acetat und ATP noch ein Stoff unentbehrlich ist, das sogenannte **Coenzym A** (CoA). Zusammen wirken CoA, Acetat und ATP als aktivierte Essigsäure; in Anwesenheit besonderer **Transacetylasen** bewirken sie die Acetylierung von Sulfonamiden usw., in Anwesenheit eines **„kondensierenden Enzyms„** die Bildung von Citronensäure aus Oxalessigsäure.

Coenzym A. Durch Untersuchungen, besonders von Lipmann und Mitarbeitern, ist das Coenzym A in fast reiner Form gewonnen und seine Struktur weitgehend aufgeklärt worden. Besonders bemerkenswert ist darin das Vorkommen der *Panthothensäure*, die in Zellen und Geweben wahrscheinlich nur in dieser gebundenen Form vorliegt. Wir begegnen also hier wieder einem Fall, in dem ein Vitamin Bestandteil eines Coenzyms bzw. einer Wirkgruppe eines Enzyms ist. Außer einem Mol Pantothensäure enthält das Coenzym A ein Mol Adenosin, 3 Mole Phosphorsäure und ein Mol Mercaptoethylamin (Cysteamin). Wahrscheinlich hat das Coenzym A einen ähnlichen Bau wie die Codehydrogenasen I und II (S. 113):

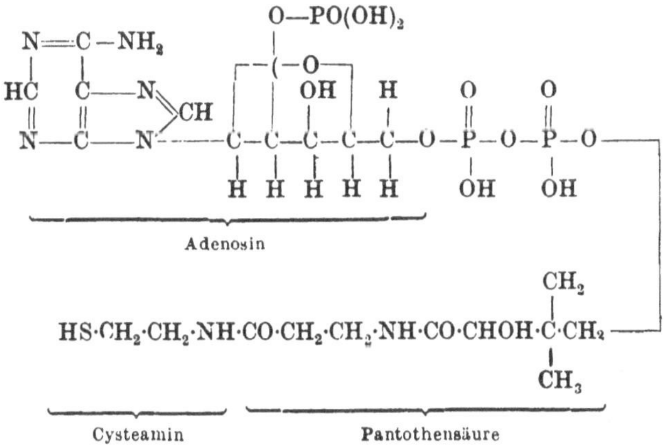

Die peptidartige Verbindung Pantothensäure-Cysteamin wird *Pantethein* genannt.

Wirkung des Coenzyms A. Nachdem von verschiedenen Seiten angenommen worden war, die „aktivierte Essigsäure" sei ein Acetylderivat des Coenzyms A, gelang es Lynen, das aus Hefe Acetyl-CoA zu isolieren und festzustellen, daß in der Verbindung die Acetylgruppe am Schwefelatom des Cysteaminrestes haftet. Bezeichnen wir das Coenzym mit R-SH, so hat die „aktivierte Essigsäure" die Formel CH_3-CO-S-R. Die Acyl-Mercaptanbindung ist wie die entsprechenden Bindungen in Acetylphosphat, ATP usw. energiereich (S. 41).

Das acetylierte Coenzym A wirkt als Zwischenprodukt bei der Überführung der Acetylgruppe von „Acetyldonatoren" auf „Acetylacceptoren", oder anders ausgedrückt als „Träger" der Acetylgruppe zwischen Donatorenzymen und Acceptorenzymen. Lipmann bezeichnet erstere als **Transacetylasen,** letztere als **Acetokinasen.**

Stadtman hat eine Transacetylase (**Phosphotransacetylase**) aus *Clostridium Kluyveri* weitgehend gereinigt. Die typische Reaktion ist:

$$\text{Acetylphosphat} + \text{CoA} \xrightleftharpoons{\textit{Enzym}} \text{Acetyl-CoA} + \text{anorg. Phosphat}$$

Das Acetyl-CoA dient dann als Acetyldonator bei verschiedenen Acetylierungen. Besondere Enzyme bedingen die Überführung der Acetylgruppe von CoA auf die Sulfonamide, auf Cholin, auf Glucosamin usw. (Auf andere Mercaptane kann die Acetylgruppe des Acetyl-CoA ohne Mithilfe eines Enzyms übergeführt werden.)

Besonders wichtig ist die Rolle des acetylierten Coenzyms bei den oxydativen Decarboxylierungen. Siehe hierüber weiter S. 124 und 158.

C. Reversible enzymatische Additionen an Doppelbindungen

Aus gewissen Substraten können Wasser, Schwefelwasserstoff oder Ammoniak unter Bildung einer ungesättigten Verbindung enzymatisch abgespalten werden. Aus Äpfelsäure entsteht z.B. in dieser Weise Fumarsäure. Die Reaktionen sind reversibel, d. h. die Enzyme vermögen auch eine Addition an die Doppelbindungen zu bewirken. Je nach Art der abgespaltenen bzw. addierten Substanz können folgende Untergruppen unterschieden werden:

1. Enzyme, die Wasser abspalten bzw. addieren.

(Eine rationelle Bezeichnung für diese Enzyme wäre *Dehydrasen*. Leider ist diese Bezeichnung im Deutschen für die „wasserstoffübertragenden" Pyridinenzyme (S. 112) üblich; in diesem Buch wird aber in diesem Falle die eindeutige Bezeichnung Dehydrogenasen angewendet).

a. Fumarase

Die Fumarase kommt in allen lebenden Zellen und Geweben vor, besonders reichlich im Muskel (Einbeck 1919). Sie katalysiert sehr spezifisch die Einstellung eines Gleichgewichtes:

$$\underset{\text{Fumarsäure}}{\text{HOOC—CH=CH—COOH}} + H_2O \rightleftarrows \underset{l\text{-Äpfelsäure}}{\text{HOOC—CHOH—CH}_2\text{—COOH}}$$

Nur die l-Form der Äpfelsäure reagiert (Dakin). Maleinsäure wird nicht angegriffen. Das pH-Optimum liegt bei 7,4. Bei diesem pH und 20^0 ist beim Gleichgewicht $K = \frac{l\text{-Äpfelsäure}}{\text{Fumarsäure}} = 4{,}6$.

Die Fumarase aus Schweineherzen wurde neulich von Massey in kristallisierter Form gewonnen. Das Enzym ist ein Protein mit dem Molekulargewicht etwa 200000 und dem isoelektrischen Punkt bei pH = etwa 5,2.

b. Aconitase

Die **Aconitase** scheint in allen Arten von Zellen und Geweben vorzukommen (Martius 1937). Sie bewirkt die Einstellung eines Gleichgewichtes zwischen cis-Aconitsäure, Citronensäure und Isocitronensäure:

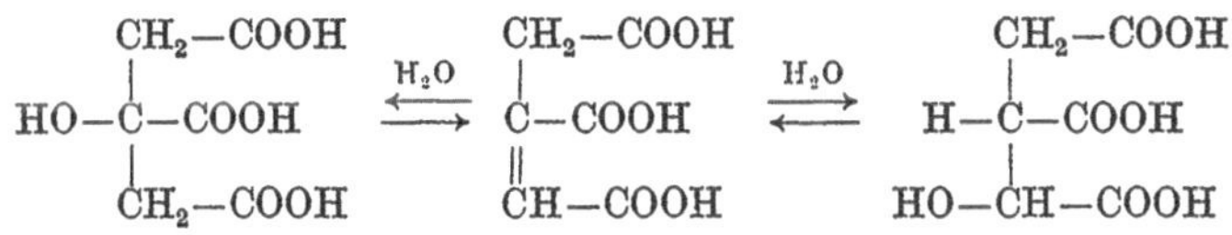

Citronensäure — Aconitsäure — Isocitronensäure

Beide Reaktionen werden von demselben Enzym katalysiert. Beim Gleichgewicht wurde bei pH = 6,8 und 25° gefunden: 90,9 % Citronensäure, 2,9 % Aconitsäure und 6,2 % Isocitronensäure. Sowohl die Fumarase wie die Aconitase spielen, wie wir sehen werden, im biologischen Kohlehydratabbau eine sehr wesentliche Rolle (S. 158, 159).

c. Enolase

Die Enolase führt 2-Phosphoglycerinsäure unter Wasserabspaltung in Phosphoenolbrenztraubensäure über (Meyerhof, Lohmann). Die Reaktion ist wie die oben besprochenen Wasserabspaltungen umkehrbar:

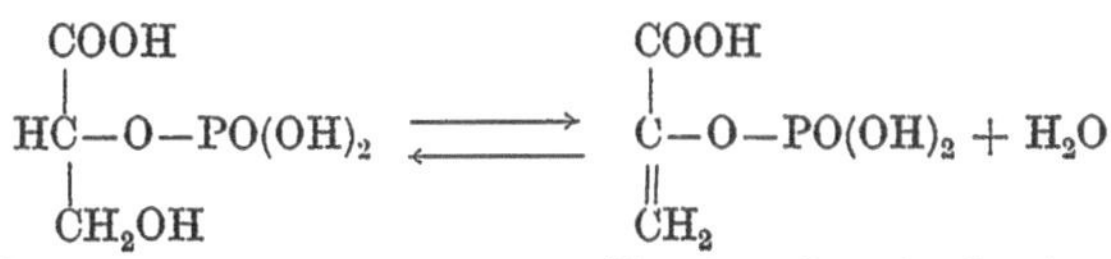

d-2-Phosphoglycerinsäure — Phosphoenolbrenztraubensäure

Die Gleichgewichtskonstante $K = \frac{\text{Phosphoenolbrenztraubensäure}}{\text{2-Phosphoglycerinsäure}}$ ist etwa 2,3 bei 20°.

Die Enolase aus Hefe ist von Warburg und Christian als kristallisiertes Quecksilbersalz isoliert worden. Das Enzym ist ein phosphorfreies Protein mit 0,38 % S. Das Molekulargewicht ist etwa 65000.

Erst in Verbindung mit gewissen zweiwertigen Metallionen ist die Enolase aktiv. Mg^{2+} ist der natürliche Aktivator, aber auch kleine Mengen von Mn^{2+}und Zn^{2+}-Ionen sind wirksam. Fluorid hemmt die Enolase stark; der eigentliche Inhibitor ist Magnesiumfluorphosphat. Die Hemmung der Enolase ist die wesentliche Ursache der Hemmung der Glykolose durch Fluoridionen.

d. Kohlensäureanhydrase

Das Enzym beschleunigt die auch ohne Enzym relativ schnell verlaufende Abspaltung von Kohlendioxyd aus Kohlensäure, H_2CO_3, bzw. die Hydratation des Kohlendioxyds zu Kohlensäure (Roughton). Das Enzym kommt in tierischen Geweben weit verbreitet vor, besonders in den roten Blutkörperchen, in den Kiemen der Fische, in der Magenschleimhaut und in der Nierenrinde. Ein ähnliches Enzym wird in den Blättern höherer Pflanzen angetroffen.

Das tierische Enzym konnte weitgehend gereinigt werden. Es wurden Kristalle erhalten, die aber wahrscheinlich noch nicht ganz rein waren. Das Enzym ist ein Protein, das etwa 15,9 % Stickstoff und etwa 0,2 % Zink enthält. Über die Bindung des Metalls ist nichts bekannt;

wird es abgetrennt, so wird das Enzym irreversibel inaktiviert. Das Molekulargewicht des Enzyms ist etwa 30000. Im Gegensatz zu den meisten anderen Enzymen wird die Kohlensäureanhydrase von Sulfanilamid, aber nicht von dessen Derivaten vom Typus des Sulfathiazols, sehr stark gehemmt. Noch viel stärker hemmend wirken gewisse heterocyklische, nicht substituierte Sulfonamide.

Das Enzym ist in den Erythrocyten, in den Kiemen der Fische usw. für die Erreichung eines genügend schnellen Kohlendioxydgaswechsels notwendig, und spielt wahrscheinlich außerdem bei der Salzsäuresekretion im Magen eine lebenswichtige Rolle.

e. Glyoxalase

Eine wenigstens formelle Ähnlichkeit mit den oben besprochenen Reaktionen hat die umkehrbare enzymatische Überführung von Methylglyoxal in Milchsäure durch die Glyoxalase (Neuberg, Dakin):

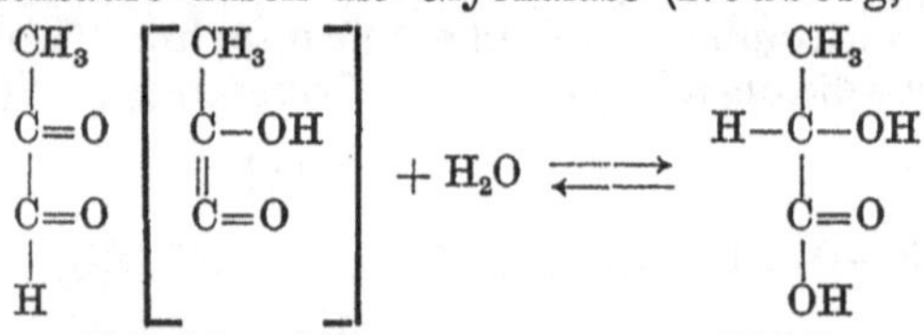

Methylglyoxal Milchsäure

Die Glyoxalase kommt in tierischen Geweben sehr häufig vor; ihre physiologische Bedeutung ist aber noch unbekannt. Das Enzym wird von *Glutathion* (aber nicht von anderen HS-Verbindungen) aktiviert, möglicherweise durch Anlagerung an die in der obigen Formel angedeutete hypothetische Enolform. Die Reaktion, die vielleicht mehrere Enzyme erfordert, wäre dann folgendermaßen zu schreiben (G—SH, Glutathion);

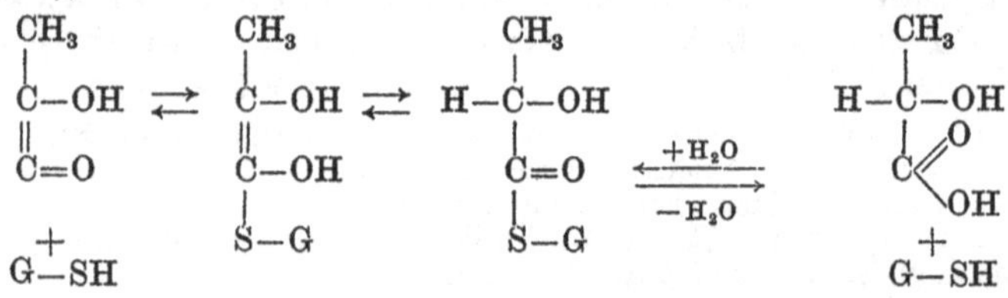

Es wird angegeben, daß ein Enzym, „**Racemiase**", die Antipoden der Milchsäure ins Racemat umwandeln. Denkbar ist, daß dabei das Milchsäurehydrat reversibel durch Abspaltung von Wasser in Enolmilchsäure übergeht

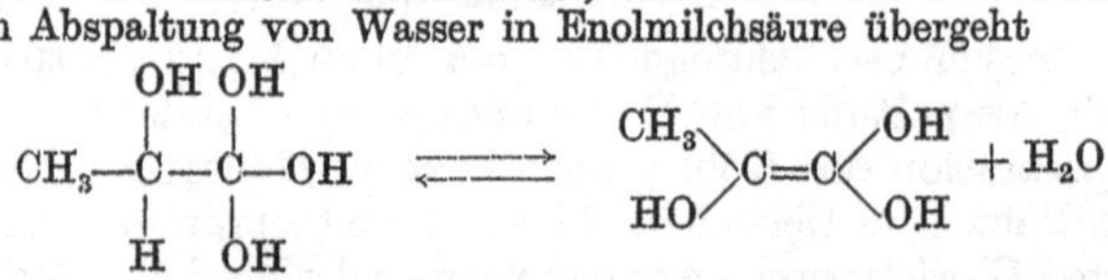

2. Enzyme, die Schwefelwasserstoff abspalten

Die **Desulfhydrasen** spalten aus einigen Substraten, z. B. aus Cystein, Schwefelwasserstoff ab. Wahrscheinlich wird dabei primär im Substratmolekül eine Doppelbindung erzeugt, und wahrscheinlich ist die Reaktion umkehrbar:

$$HS-CH_2-CH(NH_2)-COOH \rightleftarrows CH_2{=}C(NH_2)-COOH + H_2S.$$

Das primäre Reaktionsprodukt wird aber meistens so schnell weiter umgewandelt, daß es nicht gefaßt werden kann. In dem hier besprochenen Fall entsteht als Endprodukt Brenztraubensäure:

$$CH_2{=}C(NH_2)-COOH \rightleftarrows CH_3-C(=NH)-COOH \xrightarrow{+H_2O} CH_3-CO-COOH + NH_3$$

Die Cysteindesulfhydrase kommt in vielen Mikroorganismen vor, außerdem bei höheren Tieren, besonders in der Leber. Einige Präparate greifen nur *l*-Cystein an, andere auch *d*-Cystein, möglicherweise weil sie eine spezielle *d*-Cysteindesulfhydrase enthalten. Cystin wird nicht angegriffen. Ein anderes Enzym greift Homocystein an.

Mit den Desulfhydrasen sind vielleicht die Enzyme (auch **Thionasen** genannt) identisch, die eine Spaltung gewisser Thioäther vom Typus des Cystathionins oder der Djenkolsäure bewirken. Ein als **Methioninase** bezeichnetes Enzym spaltet aus Methionin Methylmercaptan ab.

Gewissermaßen ähnlich ist die Wirkung der **Alliinase**, die das wirksame Prinzip des Knoblauchs, das *Alliin*, S-Allylcysteinsulfoxyd, zerlegt. Primärprodukte sind wahrscheinlich α-Aminoacrylsäure, die spontan in Brenztraubensäure und Ammoniak zerfällt, und Allylsulfensäure. die unter Wasserverlust in Allylthiosulfinsäureallylester (Allicin) übergeht (Stoll):

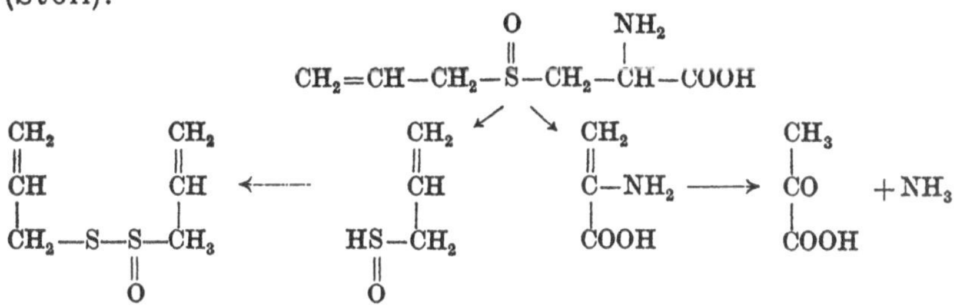

Allicin Allylsulfensäure Aminoakrylsäure Brenztraubensäure

Eine andersartige Wirkung hat die **Deseulfinase**, die Schwefeldioxyd aus Cysteinsulfinsäure unter Bildung von Alanin abspaltet (Fromageot):

$$HSO_2-CH_2-CH(NH_2)-COOH \longrightarrow CH_3-CH(NH_2)-COOH + SO_2.$$

Anhangsweise sei die sogenannte **Rhodanese** (Lang) erwähnt, die Cyanid in Anwesenheit bestimmter „Schwefeldonatoren“ in Thiocyanat überführt. Das Enzym aus Rinderleber ist neulich von H. Sörbo in kristallisierter Form gewonnen. Wahrscheinlich sind SH-Gruppen im Enzymmolekül für die Wirkung wesentlich.

3. Enzyme, die Ammoniak abspalten

Zu dieser Gruppe der „Deammonasen“, die Ammoniak unter Bildung ungesättigter Verbindungen abspalten, rechnet man vor allem die **Aspartase**, die die folgende umkehrbare Reaktion katalysiert:

$$l\text{-Asparaginsäure} \rightleftarrows \text{Fumarsäure} + NH_3$$

Die Aspartase kommt in vielen Bakterien, möglicherweise auch in Hefe sowie in einigen höheren Pflanzen, aber nicht in tierischem Gewebe vor. Das Enzym ist für die erwähnte Reaktion absolut spezifisch.

Zu den Deammonasen dürfte auch das neulich entdeckte Enzym gehören, das Histidin in Urocaninsäure überführt (S. 89).

D. Dehydrogenasen (Pyridinenzyme)

1. Codehydrogenasen

Die **Dehydrogenasen (Dehydrasen,** vgl. S. 108) dehydrogenieren in umkehrbarer Reaktion bestimmte Substrate *(Donatoren)* unter Hydrogenierung spezifischer *Wasserstoffacceptoren*. Milchsäure wird beispielsweise zu Benztraubensäure umkehrbar dehydrogeniert; bezeichnen wir den Acceptor mit X, so kann die Reaktion schematisch geschrieben werden:

$$CH_3{-}CHOH{-}COOH + X \xrightleftharpoons{\text{Dehydrogenase}} CH_3{-}CO{-}COOH + XH_2$$

Die Dehydrogenasen zeigen eine ausgesprochene Substratspezifität (Donatorspezifität); wir unterscheiden zwischen Milchsäurehydrogenase, Alkoholhydrogenase usw.

Es ist lange bekannt, daß die Wirkung der Dehydrogenasen von der Anwesenheit spezifischer **Codehydrogenasen** abhängig ist, und zwar hat es sich gezeigt, daß die sog. Coenzyme in diesem Fall spezifische Wasserstoffacceptoren sind. Zwei Codehydrogenasen sind bekannt; sie werden kurz mit Co-I und Co-II bezeichnet. Die beiden Codehydrogenasen können im allgemeinen einander nicht ersetzen; einige Dehydrogenasen hydrogenieren Co-I zu Co-I-H_2, andere Co-II zu Co-II-H_2. Die oben erwähnte Milchsäuredehydrogenase ist von Co-I abhängig, so daß in der obigen Formel X gleich Co-I ist.

Die **Codehydrogenase I** hat eine lange Geschichte. Sie wurde schon im Jahre 1906 von Harden und Young als ein für die alkoholische Gärung des Hefenpreßsaftes notwendiger, niedrigmolekularer und ziemlich thermostabiler Faktor entdeckt und erhielt den Namen **„Coferment der alkoholischen Gärung"**, später **„Cozymase"**. Nachdem dann gezeigt wurde, daß die sog. Zymase ein Komplex vieler Enzyme ist, so konnte allmählich festgestellt werden (v. Euler, Nilsson), daß die Cozymase eben bei den in die alkoholische Gärung eingehenden Dehydrogenierungen tätig ist, und konnte demgemäß als eine Codehydrogenase definiert werden. Der Stoff wurde 1936 von v. Euler und F. Schlenk in reiner Form dargestellt. Ein kristallisiertes Chininsalz wurde neulich von Wallenfels und Christian gewonnen.

Die **Codehydrogenase II** wurde 1931 von Warburg und Christian bei Untersuchungen der Dehydrogenierung der Glucose-6-phosphorsäure entdeckt. Der reine Stoff wurde 1935 von Warburg und Mitarbeitern isoliert.

Die beiden Codehydrogenasen sind chemisch einander sehr nahestehend und können auch auf biologischem Wege ineinander übergeführt werden. Sie erhalten beide pro Mol Adenin ein Mol Nikotinsäureamid und zwei Mole *d*-Ribose. Die Codehydrogenase I enthält außerdem zwei, die Codehydrogenase II drei Phosphorsäurereste. Die beiden Stoffe sind also nucleotidartig aufgebaut (vgl. die Adenylsäure, S. 86, das ATP., S. 64 und das Coenzym A., S. 107); sie tragen deshalb auch die Bezeichnungen **Diphosphopyridinnucleotid (DPN)** bzw. **Triphosphopyridinnucleotid (TPN.)**:

Das Co-I hat die Formel:

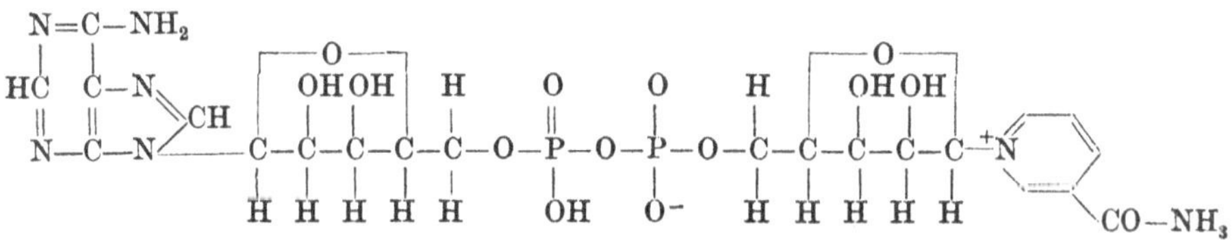

Für das Co-II hat neuerdings Kornberg die folgende Formel sehr wahrscheinlich gemacht:

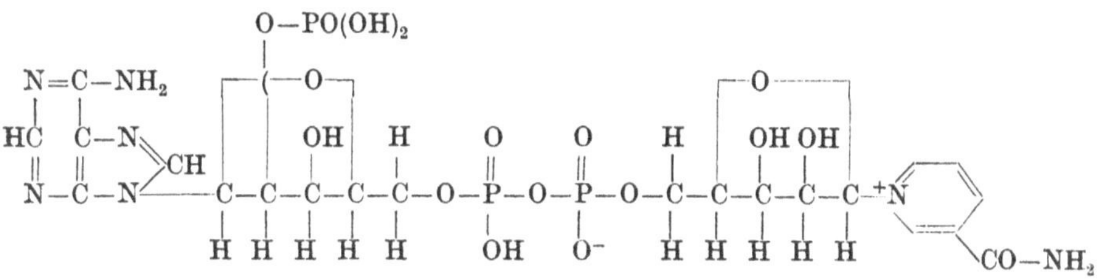

Bei der Dehydrogenasenreaktion werden die Coenzyme schematisch so hydrogeniert, daß zwei Wasserstoffatome angelagert werden:

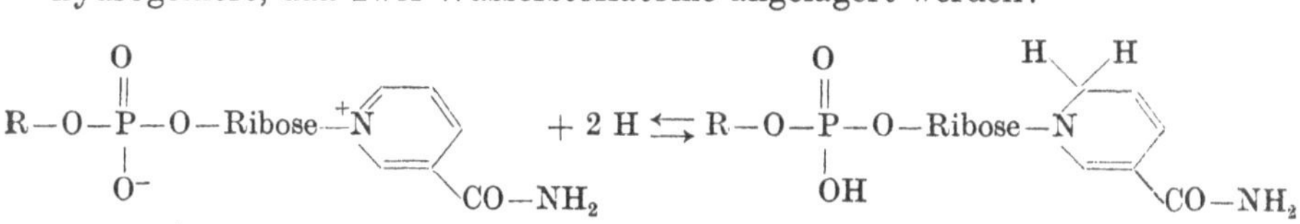

Nach Kornberg existiert (in Hefe, Leber usw.) ein Enzym, das eine Synthese von CO-I aus Nikotinsäureamid-mononucleotid und ATP bewirkt:

$$\text{Nikotinsäure—Ribose—O—PO(OH)}_2 + \text{ATP} \longrightarrow \text{Co-I} + \text{Pyrophosphat}$$

Wahrscheinlich tritt eine Bildung von Co-II aus Co-I + ATP durch die Wirkung einer Kinase ein (S. 100).

Die *Codehydrogenasen* bilden mit den entsprechenden *Apodehydrogenasen* (Enzymproteinen) Verbindungen *(Holoenzyme)*, die im allgemeinen recht stark dissoziiert sind. Die Dehydrogenasenreaktion („Wasserstoffübertragung") findet zweifelsohne in einer Verbindung zwischen dem Substrat (Donator), dem Apoenzym und dem Coenzym statt. Die Substratspezifität wird also vom Apoenzym (Protein) bestimmt, das indessen auch eine Acceptorspezifität in dem Sinne zeigt, als es im allgemeinen entweder mit Co-I oder mit Co-II reagiert. Offenbar können die Coenzyme der Dehydrogenasen formell auch als dissoziierende prosthetische Gruppen der Holoenzyme bezeichnet werden (S. 39).

Bzgl. der Bindung zwischen Apoenzym und Coenzym haben neuerdings Theorell und Bonnichsen wahrscheinlich gemacht, daß in der Alkoholdehydrogenase (siehe unten) eine SH-Gruppe mit dem Ringstickstoff des Pyridinkernes reagiert. Bei der Triosephosphatdehydrogenase scheinen SH-Gruppen ebenfalls bei der Bindung des Coenzyms eine Rolle zu spielen (Rapkine).

2. Die verschiedenen Dehydrogenasen

a) Milchsäuredehydrogenase (Lacticodehydrogenase)

Die Lacticodehydrogenasen (wovon wenigstens einige vielleicht besser als **α-Oxysäuredehydrogenasen** zu bezeichnen wären) nützen, wie schon erwähnt, Co-I bei der reversiblen Dehydrogenierung der Substrate aus. Die Enzyme sind in der Natur weit verbreitet.

1940 hat Straub aus Rinderherz eine Lacticodehydrogenase in kristallisierter Form gewonnen. Die Kristallisierung des Enzyms aus Muskel bzw. Jensensarkom der Ratte gelang Kubowitz und Ott 1943 (kristallisiertes Quecksilbersalz).

Das Enzym des Muskels greift nur *l*-Milchsäure an, während bei den Milchsäuregärungen je nach dem angewendeten Erreger *l*- oder *d*- oder racemische Milchsäure (über Brenztraubensäure) entsteht (S. 149). Außer Brenztraubensäure werden gewisse andere α-Ketosäuren sowie einige α,γ-Diketosäuren angegriffen. Bei den letzteren scheint nur die α-Ketogruppe reduziert zu werden.

Ein Enzym aus Tabakblättern ist weitgehend gereinigt worden. Es oxydiert α-Oxysäuren wie Glycolsäure. Letztere wird zunächst in Glyoxylsäure umgewandelt, die ihrerseits, und zwar wahrscheinlich durch dasselbe Enzym, zu Kohlendioxyd (aus der Carboxylgruppe) und Ameisensäure (aus der Alkoholgruppe der Glycolsäure) oxydiert wird.

b) Alkoholdehydrogenasen

Die Enzyme dehydrogenieren Äthanol zu Acetaldehyd:

$$CH_3{-}CH_2OH + \text{Co-I} \rightleftarrows CH_3{-}CHO + \text{Co-I-}H_2$$

Die Enzyme sind auf Äthanol spezifisch eingestellt, haben aber auch auf gewisse andere Alkohole wie Methanol eine schwache Wirkung. Als Acceptor kann Co-I nicht durch Co-II ersetzt werden, dagegen, obgleich mit schwacher Wirkung, durch Alloxan, das zu Diallursäure hydrogeniert wird.

Alkoholdehydrogenasen sind sowohl im Pflanzen- wie im Tierreich weit verbreitet. Sie katalysieren z. B. die einleitende Reaktion bei der Essiggärung des Äthanols (S. 149). Die Alkoholdehydrogenase der Hefe wurde 1936 von Negelein und Wulff in kristallisierter Form gewonnen. Sie ist ein Protein mit 16,5 % Stickstoff. Phosphor, Eisen und Hologene sind abwesend. Das Enzym aus Säugetierleber wurde 1948 von Bonnichsen und Wassén kristallisiert.

c) Aldehyddehydrogenase

Die **Aldehyddehydrogenase,** auch **Aldehydoxydase** genannt, die besonders in der Säugetierleber vorkommt, dehydrogeniert Aldehyde zu den entsprechenden Säuren. Das Enzym greift Xanthin nicht an. Schreiben wir die Aldehyde als Hydrate, so wird die Formel

$$R-CH(OH)_2 + Co\text{-}I \longrightarrow R-COOH + Co\text{-}I\text{-}H_2$$

Das Gleichgewicht scheint so weit nach rechts zu liegen, daß eine Hydrogenierung der Carboxylsäuren durch Co-I-H_2 nicht beobachtet werden kann. Außer Acetaldehyd werden Formaldehyd, Propionaldehyd usw. angegriffen. Eine Wirkung erhält man auch mit Furfural und Salicylaldehyd, aber nicht mit Benzaldehyd.

Die Existenz einer **Aldehydmutase** wurde vielfach angenommen. Sie sollte die Cannizzarosche Reaktion beschleunigen:

$$2\ CH_3-CHO + H_2O \longrightarrow CH_3-CH_2OH + CH_3-COOH$$

Es erscheint aber gegenwärtig wahrscheinlich, daß die tatsächlich beobachtete „Mutation" aus den Wirkungen gleichzeitig anwesender Aldehyd- und Alkoholdehydrogenasen zusammengesetzt ist.

d) β-Oxybuttersäuredehydrogenase

Das Enzym kommt in einigen tierischen Organen sowie in einigen Bakterien vor. Die Wirkung kann durch die folgende Formel beschrieben werden:

$$\underset{\beta\text{-Oxybuttersäure}}{CH_3-CHOH-CH_2-COOH} + Co\text{-}I \rightleftarrows \underset{\text{Acetessigsäure}}{CH_3-CO-CH_2-COOH} + Co\text{-}I\text{-}H_2$$

Außer β-Oxybuttersäure werden wahrscheinlich auch die β-Oxyderivate anderer Fettsäuren in entsprechender Weise dehydrogeniert.

α-Glycerophosphatdehydrogenase

katalysiert die umkehrbare Reaktion

$$\begin{array}{l} CH_2OH \\ | \\ CHOH \\ | \\ CH_2O-PO(OH)_2 \end{array} + Co\text{-}I \rightleftarrows \begin{array}{l} CH_2OH \\ | \\ CO \\ | \\ CH_2O-PO(OH)_2 \end{array} + Co\text{-}I\text{-}H_2$$

Das Oxydationsprodukt ist also Dioxyacetonphosphorsäure. Die an und für sich denkbare Bildung von Glycerinaldehydphosphorsäure erscheint ausgeschlossen, da das natürliche α-Glycerophosphat die *l*-Form, der natürliche Glycerinaldehyd dagegen die *d*-Form ist. Das Enzym aus Kaninchenmuskel wurde 1949 von Baranowski in kristallisierter Form dargestellt. Ein zweites, strukturgebundenes Enzym der Muskeln hat dieselbe Wirkung, die aber angeblich nicht von der Gegenwart eines Pyridincoenzyms abhängt.

f) Ameisensäuredehydrogenase (Formicodehydrogenase)

Das Enzym dehydrogeniert Ameisensäure zu Kohlendioxyd:

$$\mathrm{H{-}COOH + Co\text{-}I \longrightarrow CO_2 + Co\text{-}I\text{-}H_2}$$

Es scheint nur in höheren Pflanzen vorzukommen (Thunberg). Nur ganz rohe Enzympräparate sind untersucht worden; da in Bakterien eine Dehydrogenierung der Ameisensäure auch ohne Co-I beobachtet wird, so ist möglich, daß der Vorgang komplizierter ist, als die obige Formel zeigt.

g) Phosphoglycerinaldehyddehydrogenase (Triosephosphatdehydrogenase)

Dieses Enzym bewirkt die Oxydation des 3-Phosphoglycerinaldehydes. Die Reaktion ist aber komplizierter als eine direkte Oxydation zu 3-Phosphoglycerinsäure, indem anorganisches Phosphat bei der Reaktion notwendig ist und dabei in organische Bindung übergeführt wird. Obgleich der Mechanismus der Reaktion wohl noch nicht als völlig klargestellt betrachtet werden kann, so kann sie schematisch durch folgende Formel wiedergegeben werden (Warburg, Bücher):

$$\begin{array}{l} \mathrm{CHO} \\ \;| \\ \mathrm{H{-}C{-}OH} \\ \;| \\ \mathrm{CH_2{-}O{-}PO(OH)_2} \end{array} + \mathrm{H_3PO_4 + Co\text{-}I} \rightleftarrows \begin{array}{l} \mathrm{CO{-}O{-}PO(OH)_2} \\ \;| \\ \mathrm{H{-}C{-}OH} \\ \;| \\ \mathrm{CH_2{-}O{-}PO(OH)_2} \end{array} + \mathrm{Co\text{-}I\text{-}H_2}$$

Das Enzym aus Hefe wurde von Warburg und Christian im Jahre 1939 kristallisiert dargestellt. Es ist ein Protein mit 16,4 % N und 1,1 % S. Das Enzym aus Kaninchenmuskel, das 1948 von Cori kristallisiert wurde, ist ein anderes Protein, das ungewöhnlicherweise das Coenzym (Co-I) fest gebunden enthält. Es kann zwar auch frei vom Coenzym, jedoch nicht in kristallisierter Form, erhalten werden.

Die 1,3-Diphosphoglycerinsäure wird im Kohlehydratabbau durch die entsprechende Kinase in 3-Phosphoglycerinsäure umgewandelt und zwar unter Phosphorylierung von ADP zu ATP (S. 102).

Der Mechanismus der Phosphataufnahme bei der Triosephosphatdehydrogenierung (Formel oben) ist noch nicht geklärt. Da aber einerseits wahrscheinlich ist, daß das Apoenzym der Triosephosphatdehydrogenase essentielle SH-Gruppen enthält, und andererseits durch die neuen Befunde über das Coenzym A (S. 106) die Bedeutung der S-Acylverbindungen klar geworden ist, so ist denkbar, daß die Reaktion durch die Bindung des Aldehyds an eine SH-Gruppe des Enzymproteins eingeleitet wird (Racker). In dieser Verbindung tritt die Dehydrogenierung zu der entsprechenden Acylverbindung ein, die dann mit anorganischer Phosphorsäure Acylphosphat (1,3-Diphosphoglycerinsäure) und freies Enzym gibt. Bezeichnen wir den 3-Phosphoglycerinaldehyd mit G—CHO und das Enzym mit E—SH, so könnte die Reaktion schematisch geschrieben werden:

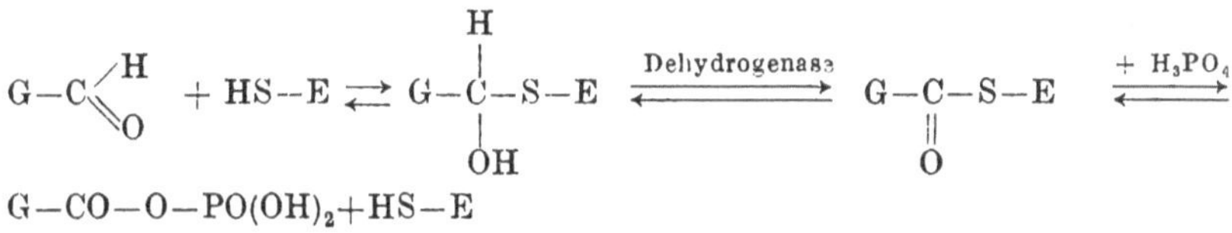

Nach Racker gehört die SH-Gruppe des Enzyms einem fest gebundenen Glutathionrest.

h) Äpfelsäuredehydrogenase (Malicodehydrogenase)

dehydrogeniert *l*-Äpfelsäure (aber nicht die *d*-Form) zu Oxalessigsäure (Thunberg, Batelli und Stern). Das Enzym kommt sowohl in Tiergeweben wie in Pflanzen und Bakterien vor. Straub hat aus Schweineherzen ein vermutlich reines aber nicht kristallisiertes Präparat dargestellt. Die meisten Präparate nützen Co-I als Codehydrogenase aus, einige jedoch Co-II oder beide.

Von der Malicodehydrogenase verschieden scheint ein Enzym zu sein, das u. a. in der Leber vorkommt und die folgende Reaktion katalysiert:

$$l\text{-Äpfelsäure} + \text{Co-II} \rightleftarrows \text{Brenztraubensäure} + CO_2 + \text{Co-II-}H_2$$

Es liegt selbstverständlich nahe anzunehmen, daß diese Reaktion durch Äpfelsäuredehydrogenase + Oxalessigsäuredecarboxylase bewirkt wird; doch scheint es, daß Präparate der **„decarboxylierenden Malicodehydrogenase"** (englisch: **„malic enzyme"**) mit Co-II-H_2 und Oxalessigsäure keine Äpfelsäure geben, so daß anzunehmen ist, daß Dehydrogenierung und Decarboxylierung (bzw. Carboxylierung und Hydrogenierung) untrennbar verknüpft sind (Evans, Ochoa); s. S. 126.

i) Glucosedehydrogenase

Das Enzym (Harrison 1931) dehydrogeniert Glucose, und zwar die β-Form, zu Gluconsäure-lacton, wobei sowohl Co-I als Co-II als Acceptoren dienen. Es ist nur in unreiner Form bekannt, weshalb nicht behauptet werden kann, daß die beobachtete langsame Oxydation von Galactose und Xylose durch dasselbe Enzym bewirkt wird. Auf alle Fälle ist das Enzym von der Glucoseoxydase (S. 129) verschieden.

Die physiologische Bedeutung der Glucosedehydrogenase ist unsicher. Es scheint aber immer klarer hervorzugehen, daß neben dem Kohlehydratabbau vom Typus der Glycolyse (S. 143) auch ein Abbau über die Zuckercarboxylsäuren eine physiologische Bedeutung hat (s. weiter unten).

j) Glucose-6-phosphatdehydrogenase („Zwischenferment")

Das Enzym dehydrogeniert Glucose-6-phosphorsäure unter Bildung von 6-Phosphogluconsäure, wobei Co-II als Acceptor dient. Von Untersuchungen von Barron ausgehend fanden Warburg und Christian das Enzym (das sie als **„Zwischenferment"** bezeichneten) in roten Blutkörperchen, später in größeren Mengen in Hefe, woraus auch weitgehend gereinigte Präparate gewonnen worden sind.

Die Rolle der 6-Phosphogluconsäure im Zuckerabbau ist nicht völlig klar. Sehr bemerkenswert ist jedoch, nicht nur daß eine **oxydative Decarboxylierung** (S. 124) der Phosphogluconsäure zu Ribulose-5-phosphorsäure verwirklicht werden kann, sondern daß diese Reaktion reversibel ist, so daß also aus Ribulose-5-phosphorsäure + (isotopisch gekennzeichnetem) CO_2 6-Phosphogluconsäure (mit C^{14} in der Carboxylgruppe) entsteht, wenn man durch Kuppelung mit einer passenden Reaktion dafür sorgt, daß das notwendige Co-II-H_2 nachgeliefert wird (Horecker und Smyrniotis). Wie Dickens schon früher gefunden hatte, wird Ribose-5-phorphorsäure von Hefenenzymen schnell abgebaut, wobei zunächst eine **Ribose-5-phosphatdehydrogenase** tätig ist. Es ist denkbar, daß der Abbau dann über Phosphotetrose zum 3-Phosphoglycerinaldehyd führt.

k) Isocitronensäuredehydrogenase (Isocitricodehydrogenase)

Dieses Enzym dehydrogeniert Isocitronensäure zu Oxalbernsteinsäure:

$$\begin{array}{l} \mathrm{CHOH-COOH} \\ | \\ \mathrm{CH-COOH} \\ | \\ \mathrm{CH_2-COOH} \end{array} \quad + \mathrm{Co\text{-}II} \rightleftharpoons \quad \begin{array}{l} \mathrm{CO-COOH} \\ | \\ \mathrm{CH-COOH} \\ | \\ \mathrm{CH_2-COOH} \end{array} \quad + \mathrm{Co\text{-}II\text{-}H_2}$$

Das Enzym wurde früher **Citronensäuredehydrogenase** oder **Citricodehydrogenase** genannt. Es hat sich aber gezeigt (Martius, Adler), daß die Isocitronensäure das richtige Substrat ist. Die Citronensäure wird nur dann abgebaut, wenn gleichzeitig *Aconitase* vorhanden ist. Die Isocitronensäuredehydrogenase konnte wenigstens bis jetzt nicht von der *Oxalbernsteinsäuredecarboxylase* (S. 127) getrennt werden. Vgl. oben über die ähnlichen Verhältnisse bei der oxydativen Decarboxylierung der Äpfelsäure.

l) Glutaminsäuredehydrogenase

Das von Thunberg nachgewiesene Enzym dehydrogeniert *l*-Glutaminsäure zur entsprechenden Iminosäure, die dann (vielleicht spontan) mit Wasser α-Ketoglutarsäure gibt. In der Natur scheint es weit verbreitet vorzukommen. Je nach dem Ursprung des Enzyms ist Co-I oder Co-II als Acceptor wirksam. Das Enzym aus Rinderleber ist von Olson und Anfinsen kristallisiert erhalten worden. Es ist ein Protein mit dem Molekulargewicht etwa 1000000.

E. Desmolasen

Im Gegensatz zu vielen C—O-, C—S- bzw. C—N-Bindungen, die von den Hydrolasen gesprengt werden, sind die C—C-Bindungen im allgemeinen sehr stabil, und nur ganz wenige solcher Bindungen bestimmter Art können enzymatisch gespalten werden. Die hierbei beteiligten Enzyme werden **Desmolasen** (Neuberg) genannt (griech. *desmos* = Kette). Die Bezeichnung Desmolasen wurde eine zeitlang für alle Enzyme außer den Hydrolasen angewandt; es dürfte jedoch zweckmäßig sein, nur diejenigen Enzyme als Desmolasen zu bezeichnen, die wirklich C—C-Bindungen sprengen. Desmolasen sind die **Aldolasen** und die verschiedenen **Decarboxylasen**.

1. Aldolase

Die **Aldolase (Zymohexase)** spaltet, wie von Meyerhof und Lohmann gezeigt wurde, in umkehrbarer Reaktion Fruktose-1,6-diphosphorsäure in Dioxyacetonphosphorsäure + Glycerinaldehyd-3-phosphorsäure

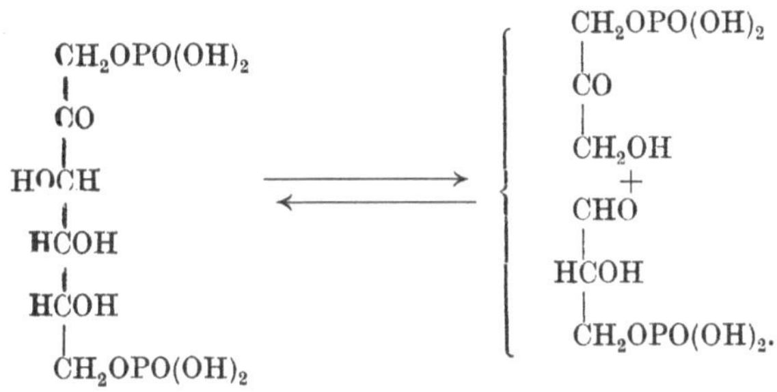

Die Aldolase kommt in allen Zellen und Geweben vor, im Muskel besonders reichlich. Daraus haben Warburg und Christian das Enzym in reiner, kristallisierter Form dargestellt. Es ist ein Protein ohne prosthetische Gruppe und scheint ganz aus 18 verschiedenen Aminosäuren aufgebaut zu sein. Die Muskelaldolase ist von der Anwesenheit von Metallionen nicht abhängig.

Sehr interessant ist der Befund, daß maligne Tumoren sehr wenig Aldolase, das Serum tumortragender Ratten dagegen abnorm viel Enzym enthalten.

Die *Hefealdolase* ist weitgehend gereinigt aber noch nicht in kristallisierter Form erhalten worden. Im Gegensatz zum Muskelenzym braucht die Hefealdolase für ihre Wirkung Fe^{2+}-, Zn^{2+}- oder Co^{2+}-ionen. Unter physiologischen Bedingungen dürften die Fe^{2+}-ionen die Rolle des Aktivators spielen. Indessen ist die Möglichkeit nicht ausgeschlossen, daß die Wirkung der Metallionen in der Beseitigung eines natürlichen Inhibitors besteht.

Die synthetische Wirkung der Aldolase ist formell eine Aldolkondensation. Dabei kann die Glycerinaldehydphosphorsäure durch gewisse andere Aldehyde, wie freies Glycerinaldehyd, Acetaldehyd, Formaldehyd und Methylglyoxal vertreten werden. Es mag sein, daß Aldolasen mit verschiedenen Spezifitätsbereichen existieren; eine in Mikroorganismen und tierischen Geweben weit verbreitete Aldolase bildet aus Glycerinaldehyd-3-phosphorsäure und Acetaldehyd 2-Desoxyribose-5-phosphorsäure. Ein Leberenzym zersetzt in umkehrbarer Reaktion Fructose-1-phosphat in Dixoyaceton + Glycerinaldehyd.

Ähnlich scheinen auch gewisse *Transferasen* (**Transaldolasen, Transketolasen** zu wirken. Als Beispiel sei ein in Hefe und Leber nachgewiesenes Enzym erwähnt; es führt Sedoheptulose-7-phosphat in Fructose-6-phosphat über, jedoch nur in Anwesenheit von Triosephosphat als „Acceptor" für das nach der folgenden schematischen Formel „abgespaltene" Dioxyaceton.

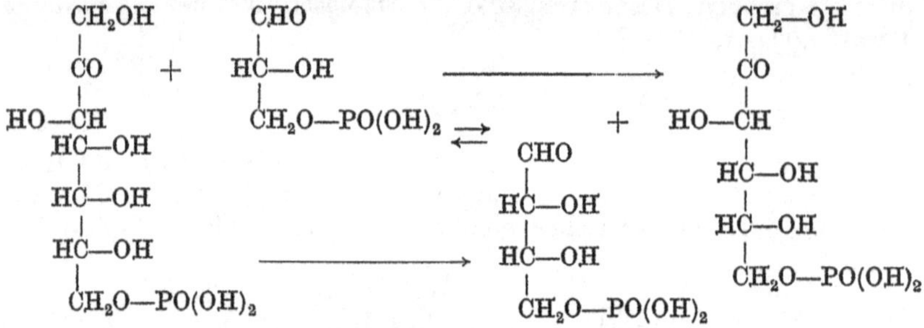

Sedoheptulose-7-phosphat — Glycerinaldehyd-3-phosphat — Erythrose-4-phosphat — Fructose-6-phospat

Im anaeroben Kohlehydratabbau (Glykolyse und Gärung) wird die von der Aldolase gebildete Glycerinaldehydphosphorsäure zu Phosphoglycerinsäure oxydiert (S. 116). Dioxyacetonphosphorsäure wird nicht oxydiert aber trotzdem beim Abbau ausgenutzt, weil zusammen mit der Aldolase in Zellen und Geweben ein Enzym, die **Triosephosphatisomerase,** vorkommt, das die Dioxyacetonphosphorsäure (umkehrbar) in Glycerinaldehydphosphorsäure überführt:

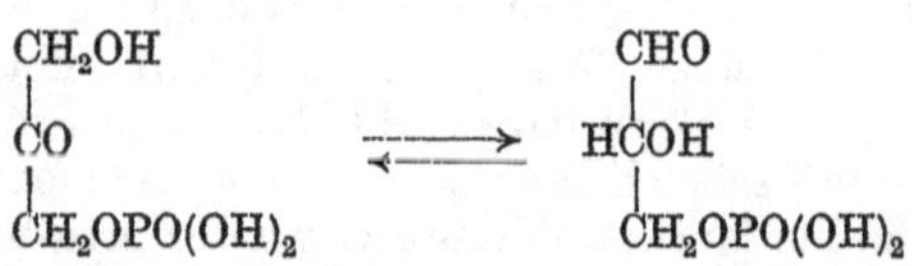

Eine ähnliche Wirkung hat die von Lohmann entdeckte **Hexosephosphatisomerase,** die sowohl in Tiergeweben wie in Pflanzen und Mikroorganismen vorkommt. Das Enzym katalysiert die Einstellung des folgenden Gleichgewichtes:

$$\text{Glucose-6-phosphorsäure} \rightleftarrows \text{Fructose-6-phosphorsäure.}$$

Im Muskel ist weiter eine **Mannosephosphatisomerase** nachgewiesen worden. Zusammen mit dem oben erwähnten Lohmannschen Enzym bedingt es die Einstellung eines Gleichgewichtes zwischen den Glucose-, Mannose- und Fructose-6-phosphorsäuren.

2. Aminosäuredecarboxylasen

Enzymatische Decarboxylierung von Aminosäuren unter Bildung der entsprechenden Amine ist lange bekannt. Die allgemeine Formel ist

$$R-CH(NH_2)-COOH \longrightarrow R-CH_2-NH_2 + CO_2$$

Die bei der Reaktion gebildeten Amine haben oft eine sehr starke physiologische Wirkung. Ein Beispiel ist das Histamin:

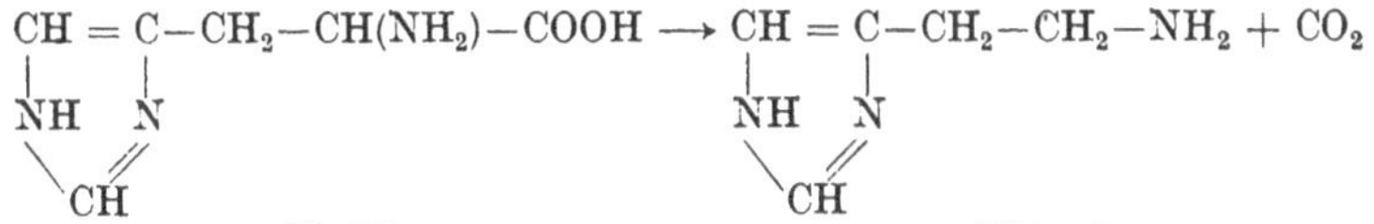

Histidin Histamin

In entsprechender Weise wird aus dem Lysin das Kadaverin, aus Ornithin das Putrescin gebildet. Aus Asparaginsäure kann das β-Alanin, Bestandteil der Pantothensäure (S. 107) entstehen:

$$\underset{\text{Asparaginsäure}}{HOOC-CH_2-CH(NH_2)-COOH} \longrightarrow \underset{\beta\text{-Alanin}}{HOOC-CH_2-CH_2-NH_2} + CO_2$$

Aus Cysteinsäure (die durch enzymatische Oxydation des Cysteins gebildet werden kann) entsteht durch Decarboxylierung das Taurin:

$$\underset{\text{Cystein}}{HS-CH_2-CH(NH_2)-COOH} \longrightarrow \underset{\text{Cysteinsäure}}{HO_3S-CH_2-CH(NH_2)-COOH} \longrightarrow$$

$$\longrightarrow \underset{\text{Taurin}}{HO_3S-CH_2-CH_2-NH_2} + CO_2$$

Die (noch nicht beobachtete) Decarboxylierung des Cysteins würde β-Mercaptoäthylamin (Cysteamin), $SH-CH_2-CH_2-NH_2$, ergeben. Dieser Stoff ist als Bestandteil des Coenzyms A (S. 107) sowie wegen seiner auffallenden Wirkung als Schutzstoff gegen Strahlungsschäden (Bacq) von größtem Interesse.

Die **Aminosäuredecarboxylasen** sind sehr spezifisch; jedes Enzym greift nur eine Aminosäure an, und zwar nur die natürliche *l*-Form. Zwölf verschiedene Aminosäuredecarboxylasen sind zur Zeit bekannt. Alle enthalten ein abtrennbares Coenzym, nämlich *Pyridoxal-5-phosphorsäure*, das wahrscheinlich überall dasselbe ist (Formel S. 105).

Es wird angenommen, daß die Phosphorsäuregruppe bei der Bindung Enzym—Coenzym beteiligt ist, während die Aldehydgruppe durch Bildung einer Art Schiffschen Base die Bindung der Substrate vermitteln könnte.

In *Bakterien* sind Enzyme nachgewiesen worden, die Lysin, Ornithin, Arginin, Histidin, Tyrosin, Glutaminsäure und Asparaginsäure decarboxylieren. In ein und demselben Organismus wurden jedoch nie mehr als fünf dieser Enzyme auf einmal angetroffen, meistens nur ein oder zwei. Verschiedene Stämme eines Bakteriums können sehr große Unterschiede aufweisen.

In *Clostridium welchii* ist ein Enzym gefunden worden, das die β-Carboxylgruppe der Asparaginsäure unter Bildung von α-Alanin abspaltet. Dieselben Präparate spalten die α-Carboxylgruppe der Glutaminsäure ab, wobei γ-Aminobuttersäure entsteht.

In vielen *höheren Pflanzen* kommt eine Glutaminsäuredecarboxylase vor, während die Anwesenheit anderer Aminosäuredecarboxylasen zweifelhaft erscheint.

Durch Enzympräparate aus *tierischen Geweben* können eine oder mehrere der folgenden Aminosäuren decarboxyliert werden: Phenylalanin, Tyrosin, Dioxyphenylalanin („Dopa“), p-Oxyphenylserin, Tryptophan, Histidin und Cysteinsäure. Letztere wird wie erwähnt in Taurin umgewandelt. Enzympräparate aus Hirn decarboxylieren Glutaminsäure. Die tierischen Aminosäuredecarboxylasen zeigen optimale Wirkung bei etwa neutraler Reaktion, während die bakteriellen Enzyme Optima in der Nähe von $pH = 4$ haben.

3. Decarboxylierung der Ketosäuren

a) Einfache Decarboxylierung der α-Ketosäuren

Die allgemeine Formel der einfachen Decarboxylierung ist:

$$R-CO-COOH \longrightarrow R-CHO + CO_2$$

oder wohl richtiger

$$R-CO-COO^- + H_2O \longrightarrow R-CHO + HCO_3^-$$

Neuberg und Mitarbeiter zeigten 1910, daß Hefe Brenztraubensäure unter Bildung von Acetaldehyd und Kohlendioxyd „vergärt“, eine Entdeckung, die für die Aufklärung des anaeroben Kohlenhydratabbaues eine große Rolle gespielt hat. Das Enzym, oft schlechthin *Carboxylase* genannt[1]), kommt im Pflanzenreich sehr weit verbreitet vor, aber nicht in tierischen Geweben, in denen statt dessen die „oxydative Decarboxylierung“ die charakteristische Reaktion ist. Bakterien decarboxylieren Brenztraubensäure, wobei aber auch meistens nicht Acetaldehyd entsteht (siehe weiter unten). Außer Brenztraubensäure werden viele α-Ketosäuren von der Hefencarboxylase gespalten, einige jedoch sehr langsam oder vielleicht gar nicht (Beispiel Phenylbrenztraubensäure). β-Ketosäuren wie Acetessigsäure werden nicht angegriffen.

Das Enzym ist weitgehend gereinigt worden, ist aber noch nicht in reiner Form bekannt. Es ist ein Protein, für dessen Wirkung, wie 1932 von Auhagen gezeigt wurde, Mg^{2+}-Ionen und ein organisches Coenzym, die **Cocarboxylase**, notwendig sind. Lohmann und Schuster konnten 1937 das Coenzym in kristallisierter Form gewinnen und zeigten, daß es ein *Pyrophosphorsäureester des Aneurins* (Thiamin, Vitamin B_1, vgl. S. 90) ist:

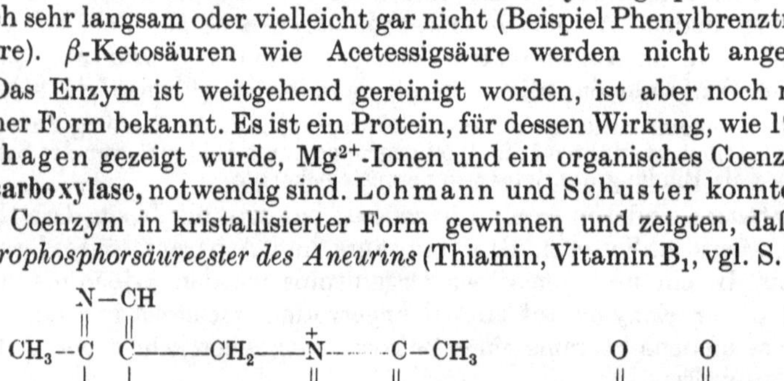

Cocarboxylase (Aneurinpyrophosphat)

[1]) Nachdem sich gezeigt hat, daß die enzymatischen Decarboxylierungen in vielen Fällen umkehrbar sind, und man also von einer „Carboxylierung“ gewisser Substrate reden kann, erscheint es zweckmäßig, die Spaltungsreaktion als *Decarboxylierung* zu bezeichnen.

Aneurin kann enzymatisch in Cocarboxylase übergeführt werden (S. 100). Die Vitaminwirkung des Aneurins ist durch dessen Mitwirkung, in Form der Cocarboxylase, beim Ketosäureumsatz zu erklären. Das Vitamin scheint in den meisten Geweben hauptsächlich als Cocarboxylase vorzuliegen. Viele Phosphatasepräparate setzen aus Cocarboxylase Aneurin frei, was u. a. für die chemische Bestimmung des Aneurins durch die Thiochrommethode wichtig ist.

Gewisse Sulfonamide, besonders Sulfathiazol, hemmen die Carboxylase stark. Eine Umkehr der hier besprochenen, einfachen Decarboxylierung der α-Ketosäuren ist nicht beobachtet worden.

Acyloinbildung, „Carboligase“. Die Existenz einer „Carboligase“ wurde von Neuberg postuliert. Er fand nämlich, daß, wenn Brenztraubensäure durch gewisse Carboxylasepräparate in Anwesenheit eines Aldehyds decarboxyliert wird, eine *Acyloinbildung* eintritt. Wenn z. B. Benzaldehyd zugesetzt wird, so findet man als Produkt der Reaktion das *Benzoin* (Phenylacetylcarbinol):

$$\left.\begin{array}{r} CH_3-CO-COOH \longrightarrow CO_2 + CH_3-CHO \\ C_6H_5-CHO \end{array}\right\} \longrightarrow \underset{\text{Benzoin}}{CH_3-CO-CHOH-C_6H_5}$$

Ohne Zusatz eines fremden Aldehyds kann *Acetoin* (Acetylmethylcarbinol) gebildet werden. Dies ist bei vielen Gärungen durch Bakterien, Schimmelpilzen und Hefen der Fall (S. 152). Aus dem Acetoin wird unter Umständen durch Reduktion 2,3-Butylenglykol, in anderen Fällen durch Oxydation Diacetyl (Butteraroma!) gebildet.

Früher wurde angenommen, daß der aus Brenztraubensäure durch die Carboxylase freigesetzte Acetaldehyd „*in statu nascendi*“ unter Einfluß der Carboligase mit dem zugesetzten Aldehyd reagiert. Es hat sich aber gezeigt, daß z. B. aus Bakterien Enzympräparate erhältlich sind, die aus Brenztraubensäure Acetoin nach der folgenden Formel erzeugen:

$$2\,CH_3-CO-COOH \longrightarrow CH_3-CO-CHOH-CH_3 + 2\,CO_2$$

ohne daß dabei Acetaldehyd ein Zwischenprodukt ist. Es scheint, daß in diesen Fällen die Acyloinbildung mit der Decarboxylierung zwangsweise gekuppelt ist.

Von Happold und Spencer ist kürzlich angegeben worden, daß im Falle der Gärung durch *Aerobacter aerogenes* Essigsäure und nicht Acetaldehyd das Zwischenprodukt bei der Acyloinbildung ist. Diacetyl wäre dann als erstes Produkt der Kondensation wahrscheinlich. Die Reaktion wäre als eine oxydative Decarboxylierung und eine damit gekuppelte Reduktion des Diacetyls zu Acetoin zu betrachten.

Vor kurzem haben Singer und Pensky eine α-Carboxylase aus Weizenkeimen etwa 11000-fach angereichert und ein elektrophoretisch einheitliches Produkt gewonnen. Das Enzym bildet Acetoin aus Acetaldehyd allein, aber Zusatz von Brenztraubensäure bedingt starke Vergrößerung der Ausbeute. Das Verhältnis der Geschwindigkeit der Decarboxylierung und der der Acetoinbildung blieb während der Reinigung des Enzyms konstant, weshalb wahrscheinlich erscheint, daß ein und dasselbe Enzym für beide Wirkungen verantwortlich ist. Es wird angenommen, daß eine relativ stabile Enzym-Acetaldehydverbindung existiert, in welcher der Aldehyd an der Aminogruppe des Aneurinpyrophosphates gebunden ist.

b) Oxydative Decarboxylierung der α-Ketosäuren

Die oxydative Decarboxylierung führt zu der nächstniedrigeren gesättigten Säure, die offenbar direkt und nicht über den entsprechenden Aldehyd entsteht. Die Reaktion tritt in vielen Zellen und Geweben auf. Untersucht wurden besonders tierische Gewebe und Bakterien. Die wichtigsten Substrate sind die Brenztraubensäure und die α-Ketoglutarsäure.

Brenztraubensäure. Schematisch verläuft die Reaktion nach der folgenden Formel:

$$CH_3{-}CO{-}COO^- + 2\,H_2O \longrightarrow CH_3{-}COO^- + HCO_3^- + 3\,H^+ + 2\,e^-$$

Eine einfache Berechnung zeigt, daß diese Reaktion von einer sehr großen Abnahme der freien Energie begleitet sein muß; sie könnte nicht reversibel sein. In der Tat ist aber die Reaktion komplizierter, indem das Coenzym A (S. 107) und Phosphorsäure mitspielen.

Zunächst wurde gefunden, daß bei der oxydativen Decarboxylierung außer Enzym, Aneurinpyrophosphat, Wasserstoffacceptor und Mg^{2+}-Ionen auch anorganisches Phosphat notwendig ist. Lipmann schloß hieraus, daß das Produkt der Decarboxylierung nicht Essigsäure, sondern *Acetylphosphat* ist. Bei einigen Bakterien fand man in Anwesenheit von Phosphorsäure eine Bildung von Acetylphosphat und Ameisensäure:

$$CH_3{-}CO{-}COOH + HO{-}PO(OH)_2 \longrightarrow CH_3{-}CO{-}O{-}PO(OH)_2 + H{-}COOH$$

In anderen Fällen entstand neben Acetylphosphat Kohlendioxyd und freier Wasserstoff. (An und für sich wäre möglich, daß auch in diesem Fall Ameisensäure das Primärprodukt ist, die dann durch *Hydrogenlyase* (S. 143) zersetzt wird; angeblich tritt aber Wasserstoffentwicklung auch in Abwesenheit von Hydrogenlyase ein).

Wenn das energiereiche Acetylphosphat das Produkt der oxydativen Decarboxylierung ist, so erscheint eine Reversibilität der Reaktion möglich. Tatsächlich ist durch Isotopenversuche gezeigt worden, daß Bakterien Ameisensäure bzw. in anderen Fällen Kohlendioxyd und Wasserstoff für den Aufbau von Brenztraubensäure ausnützen können und daß der Kohlenstoffatom jener Stoffe die Carboxylgruppe der Brenztraubensäure bildet. Eine „Fixierung von CO_2“ (siehe weiter unten) ist also durch „α-Carboxylierung“ möglich. Indessen zeigte sich, daß synthetisches Acetylphosphat bei der Brenztraubensäuresynthese nicht ausgenutzt wird. Die Klärung des Widerspruchs brachte die Feststellung, daß der durch Extrakte aus *E. coli* katalysierte Austausch zwischen Ameisensäure und der Carboxylgruppe der Brenztraubensäure vom *Coenzym A* abhängig ist (Lipmann). Indem auf das S. 107 über Coenzym A und die „aktivierte Essigsäure“ gesagte hingewiesen wird, soll hier hervorgehoben werden, daß es nunmehr als völlig klar betrachtet werden kann, daß Acyl-CoA-Verbindungen die Schlüsselprodukte der oxydativen Decarboxylierungen sind. Das Primärprodukt der oxydativen Decarboxylierung der Brenztraubensäure ist Acetyl-CoA, aus dem, wie S. 107 beschrieben, das Acetylphosphat hervorgehen kann. Nach Lynen beginnt die oxydative Decarboxylierung mit der Anlagerung des Coenzyms (R-SH) an die Carbonylgruppe der Brenztraubensäure. In der Verbindung tritt Abspaltung von CO_2 und Dehydrogenierung ein, wobei das Diphosphopyridinnuclotid (Co-I) als Wasserstoffacceptor dient. Wahrscheinlich kann also die Reaktion geschrieben werden:

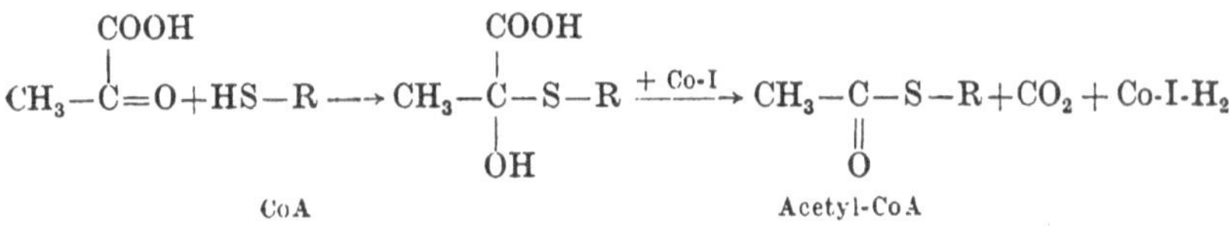

Im Falle der oben erwähnten bakteriellen Zersetzung von Brenztraubensäure in Acetylphosphat und Ameisensäure wird in entsprechender Weise Acetyl-CoA primär gebildet (Lipmann und Chantrenne). Da die Brenztraubensäure formell als Acetylameisensäure betrachtet werden kann, so wird die Reaktion in diesem Fall eine reine Austauschreaktion:

$$CH_3-CO-COOH + HS-R \longrightarrow CH_3-CO-S-R + H-COOH$$

Wie schon erwähnt, ist die Cocarboxylase (Aneurinpyrophosphat) auch für die oxydativen Decarboxylierungen unentbehrlich. Neulich haben Reed und De Busk gefunden, daß bei einem Mutanten von *E. coli* die oxydative Decarboxylierung von Brenztraubensäure (und α-Ketoglutarsäure) die Anwesenheit eines *Lipohtiamidpyrophosphates* (LTPP) erfordert. In dieser Verbindung ist die Aminogruppe im Pyrimidinteil der Cocarboxylase durch eine Säure acyliert, für die die folgende Formel vorgeschlagen wird:

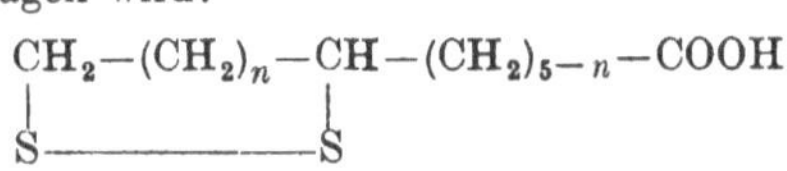

wobei $n = 1$, 2 oder 3 sein kann. Es wird angenommen, daß der Verlauf der Decarboxylierungen der folgende ist:

1. $CH_3-CO-COOH + \text{LTPP} + \text{Co-I} \longrightarrow \text{Acetyl-LTPP} + CO_2 + \text{Co-I-}H_2$
2. $\text{Acetyl-LTPP} + \text{CoA} \longrightarrow \text{Acetyl-CoA} + \text{LTPP}.$

Das Acetyl-CoA ist wie das Acetylphosphat energiereich; ein Großteil der aus der Oxydation stammenden Energie kann also darin gespeichert werden. Vom Acetylphosphat kann die Phosphorsäuregruppe z. B. auf ADP unter Bildung von ATP übergeführt und durch andere Transphosphorylierungen weiter nützlich gemacht werden (Lipmann, Kalckar).

α-Ketoglutarsäure. Die oxydative Decarboxylierung der α-Ketoglutarsäure (vgl. S. 158) dürfte der der Brenztraubensäure völlig analog sein. Aneurinpyrophosphat, Co-I als Wasserstoffacceptor und CoA (Ochoa) sind notwendig. Das primäre Reaktionsprodukt ist nicht Bernsteinsäure, wie früher angenommen wurde, sondern das Succinyl-CoA, $HOOC\text{-}CH_2\text{-}CH_2\text{-}CO\text{-}S\text{-}R$, das als energiereiche Verbindung beim Zerfall in Bernsteinsäure die Bildung eines Mols ATP aus ADP veranlaßt:

$$\text{Succinyl-CoA} + H_3PO_4 + \text{ADP} \rightleftarrows \text{Bernsteinsäure} + \text{ATP} + \text{CoA}$$

Das Succinyl-CoA kann außerdem für „Succinylierungen" ausgenutzt werden. Z. B. ist eine Bildung von Succinyl-sulfanilamid beobachtet worden.

c) Decarboxylierung der β-Ketosäuren

Gewisse Enzymsysteme decarboxylieren β-Ketosäuren bzw. die entsprechenden Oxysäuren. Die größte biologische Bedeutung als Substrate haben Oxalessigsäure bzw. Äpfelsäure und Oxalbernsteinsäure bzw. Isocitronensäure.

Die ungemein bedeutungsvolle Entdeckung, daß die β-Decarboxylierungen in gewissem Sinne reversibel sind, daß mit anderen Worten auch bei den heterotrophen Organismen eine „Kohlensäureassimilation" oder „CO_2-Fixierung" vorkommt, verdanken wir D. D. Wood und C. H. Werkman. Sie konnten in Versuchen mit C^{13} enthaltendem Bicarbonat zeigen, daß aus Brenztraubensäure C_4-Dicarboxylsäuren mit C^{13} in einer Carboxylgruppe entstehen. Als Primärreaktion wurde die umkehrbare β-Decarboxylierung der Oxalessigsäure angenommen:

$$HOOC-CH_2-CO-COOH \rightleftarrows CH_3-CO-COOH + CO_2$$

Es mag sein, daß die Reaktion eher als eine oxydative Decarboxylierung der Äpfelsäure beschrieben werden sollte (siehe unten); auf alle Fälle wurden in den von Wood und Werkman untersuchten Systemen außer Oxalessigsäure auch Äpfelsäure, Fumarsäure und Bernsteinsäure gefunden. Die Umwandlung der C_4-Dicarboxylsäuren ineinander ist ja durchaus verständlich.

Die bei der Decarboxylierung beteiligten Enzyme sind in der Natur weit verbreitet. Besonders wurden die Enzyme aus Leber und aus Bakterien untersucht. Außer Cocarboxylase und eventuell Wasserstoffacceptoren (bzw. bei der Synthese Donatoren) sind für die Reaktion gewisse Metallionen notwendig; am wirksamsten erwiesen sich Mg^{2+}-ionen. Bei der CO_2-Fixierung spielt das *Biotin* eine wesentliche Rolle, deren Mechanismus noch nicht klar ist. Nach Ochoa ist die Wirkung des Biotins indirekt; das Vitamin ist nicht als prosthetische Gruppe eines Enzyms zu betrachten.

Wie schon mehrmals erwähnt, kommen Enzyme (z. B. in der Leber) vor, die in Anwesenheit eines geeigneten Wasserstoffacceptors sowie Mg-Ionen die Äpfelsäure dehydrogenieren und decarboxylieren:

$$HOOC-CH_2-CHOH-COOH + \text{Co-II} \rightleftarrows CH_3-CO-COOH + CO_2 + \text{Co-II-}H_2$$

Wider Erwarten scheint festzustehen, daß diese Reaktion nicht durch ein Zusammenwirken der Malicodehydrogenase (+ Co-II) und einer

Oxalessigsäuredecarboxylase zustandekommt, sondern von einem einzigen Enzym katalysiert wird, das aber auch Oxalessigsäure decarboxylieren kann, wobei Co-II selbstverständlich entbehrlich ist.

Wenn gleichzeitig mit dem Enzym, Brenztraubensäure, CO_2 und Co-II auch Glucose-6-phosphorsäure und Glucose-6-phosphatdehydrogenase anwesend sind, so wird durch die Wirkung der letzteren Co-II-H_2 geliefert, wodurch die oxydative Decarboxylierung rückgängig gemacht wird. Eine Kohlendioxydfixierung ist also durch eine „reduktive Carboxylierung" der Brenztraubensäure verwirklicht.

Ähnlich sind die Verhältnisse beim Umsatz der Isocitronensäure. Wie schon S. 118 erwähnt, ist die „Isocitronensäuredehydrogenase" immer mit einer „Oxalbernsteinsäuredecarboxylase" vergesellschaftet und auch hier scheint es unmöglich, die beiden Reaktionen zu trennen. Der Vorgang ist reversibel (Ochoa):

$$d\text{-Isocitronensäure} + \text{Co-II} \rightleftarrows \alpha\text{-Ketoglutarsäure} + CO_2 + \text{Co-II-}H_2$$

Mg-Ionen sind notwendig, Durch Kuppelung mit der Glucose-6-phosphatdehydrogenase kann die Synthese begünstigt werden. Versuche mit C^{13} enthaltendem Bicarbonat (Vennesland) haben gezeigt, daß das bei der Synthese aufgenommene Kohlendioxyd die tertiäre Carboxylgruppe der Isocitronensäure (bzw. Cis-aconit- bzw. Citronensäure) bildet (vgl. weiter S. 156).

Die Oxalbernsteinsäuredecarboxylase, die also nach dem obigen eventuell mit der Isocitronensäuredehydrogenase identisch sein kann, kommt in vielen Zellen und Geweben vor: Hefe, Schimmelpilzen, höheren Pflanzen, Tierorganen. Das Enzym ist von der Oxalessigsäuredecarboxylase verschieden.

In *Clostridium acetobutylicum* ist ein Enzym nachgewiesen worden (Davies), das Acetessigsäure in Aceton und CO_2 zerlegt.

Bei den *autotrophen* Organismen bedeutet die Kohlensäureassimilation eine Neubildung von biologisch verwertbaren „Brennstoffen". Schematisch ausgedrückt, wird der für die Reduktion des CO_2 notwendige Wasserstoff entweder durch eine photolytische Zersetzung des Wassers (Photosynthese, S. 169) oder durch Oxydation anorganischer Stoffe (Chemosynthese) erzeugt. Bei der Kohlensäureassimilation *heterotropher* Organismen wird dagegen keine Nettosynthese von verbrennbaren Stoffen erzielt, da die für die Synthese nötige Energie durch die Oxydation anderer Brennstoffe erzeugt wird. Die biologische Bedeutung der oben besprochenen Carboxylierungen bei heterotrophen Organismen ist noch nicht ganz klar; wahrscheinlich ist, daß sie u. a. dazu dient, eine passende Konzentration der für den Stoffwechsel notwendigen zwei- und dreibasischen Säuren aufrecht zu halten (S. 159).

F. Flavinenzyme („Gelbe Fermente")

a) Das „alte" gelbe Ferment. Die Diaphorasen

Das erste flavinhaltige Enzym, das **„alte gelbe Ferment"** wurde 1932 von Warburg und Christian in Hefe entdeckt. Es konnte gezeigt werden, daß es aus einem hochmolekularen „Träger" und einem Farbstoff besteht; aus dem letzteren konnte ein Stoff isoliert werden, der mit dem etwa gleichzeitig von Szent-Györgyi aus Herzmuskel dargestellten sogenannten *Cytoflav* identisch war. Weiter wurde gezeigt, daß das gelbe Ferment von Glucose-6-phosphorsäure in Anwesenheit des „*Zwischenfermentes*" (Glucose-6-phosphorsäuredehydrogenase, S. 117) und des dazu gehörigen Coenzyms (Co-II) reduziert, und von Sauerstoff reoxydiert wurde. Durch Arbeiten von Warburg, Kuhn und Karrer ist die Konstitution des gelben Farbstoffes aufgeklärt; sie ist mit *Vitamin* B_2 identisch. Die von Kuhn und Karrer durchgeführte Synthese zeigte endgültig, daß der Stoff 6,7-Dimethyl-9-*d*-ribityl-isoalloxazin ist (**Riboflavin, Lactoflavin**). Das gelbe Ferment wurde 1934 von Theorell rein dargestellt, wobei sich ergab, daß die prosthetische Gruppe nicht freies Riboflavin, sondern eine **Riboflavinphosphorsäure** ist, in der der Phosphorsäurerest am Kohlenstoffatom 5 des Ribitylrestes sitzt (vgl. S. 100 über die Phosphorylierung des Riboflavins).

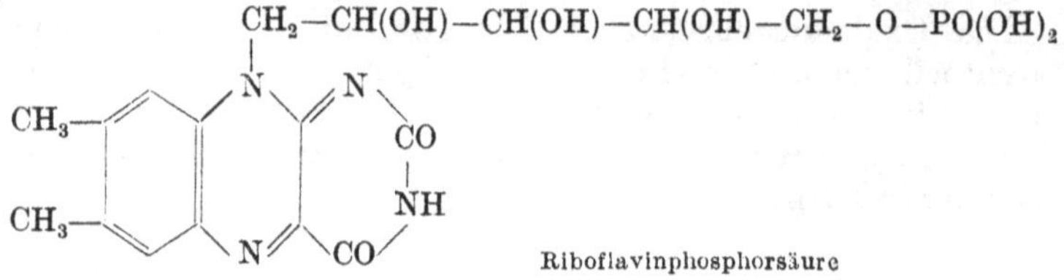

Riboflavinphosphorsäure

Die meisten gelben Fermente enthalten eine etwas kompliziertere prosthetische Gruppe, die außer der Riboflavinphosphorsäure noch Adenylsäure (Adenosin-5-phosphorsäure) enthält. Der Stoff ist nach Art eines Dinucleotides gebaut und wird im allgemeinen **Flavinadenin-dinucleotid** (FAD) genannt; schematisch kann die Formel geschrieben werden:

$$\text{Isoalloxazin-Ribose}-O-\underset{\displaystyle OH}{\overset{\displaystyle O}{\overset{\|}{\underset{|}{P}}}}-O-\underset{\displaystyle OH}{\overset{\displaystyle O}{\overset{\|}{\underset{|}{P}}}}-O-\text{Ribose}-\text{Adenin}$$

Nach Kornberg wird das Flavinadenindinucleotid aus dem Mononucleotid und ATP durch folgende Reaktion enzymatisch gebildet:

$$\text{Mononucleotid} + \text{ATP} \rightleftarrows \text{Dinucleotid} + \text{Pyrophosphat}$$

(Vgl. S. 113 über die analoge Bildung der Codehydrogenase I.) Es fällt sofort auf, daß der Bau des Flavinadenindinucleotids mit dem der

Codehydrogenase I und II große Ähnlichkeit zeigt. Die Wirkung ist auch analog: Mit Hilfe der Apoenzyme wird das Flavin zur Dihydroverbindung reversibel reduziert.

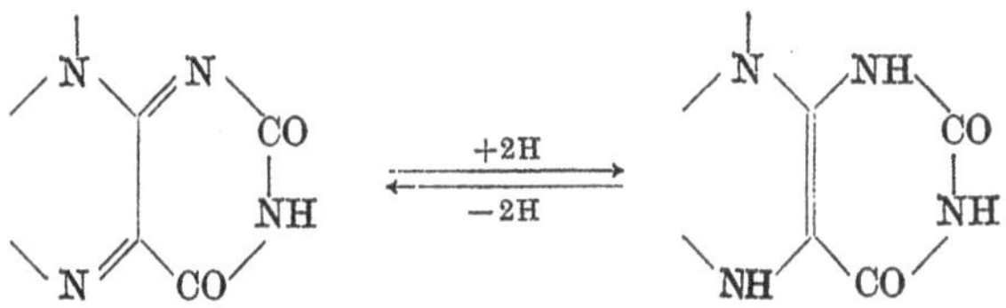

Die reduzierten Flavinenzyme werden im Stoffwechsel von anderen Stoffen reoxydiert. Diese Stoffe können formal als Wasserstoffacceptoren betrachtet werden, d. h. die Flavinenzyme sind wie die Pyridinfermente *wasserstoffübertragend.* Im Falle des alten gelben Fermentes ist der Wasserstoffdonator die reduzierte Form der Codehydrogenase II (Co-II-H_2), der Acceptor kann molekularer Sauerstoff sein, der durch den „übertragenen" Wasserstoff zu Wasserstoffperoxyd reduziert wird. Im allgemeinen wird aber der Wasserstoff nicht direkt auf Sauerstoff sondern auf die eisenhaltigen Cytochrome (S. 137) übertragen. Flavinenzyme, die spezifisch auf die reduzierten Codehydrogenasen als Wasserstoffdonatoren eingestellt sind, werden **Diaphorasen** (v. Euler, Green) genannt. Sie scheinen in den meisten Zellen und Geweben vorzukommen und sind aller Wahrscheinlichkeit nach wichtige Komponenten der Enzymsystheme der Atmung. Eine Diaphorase wurde von Straub weitgehend gereinigt. Dieses Enzym dehydrogeniert Co-II-H_2 mit gewissen Farbstoffen als Acceptoren, reagiert aber nicht direkt mit Cytochrom c. Der Zusammenhang der Diaphorasen mit den sogenannten **Cytochromreductasen,** die Cytochrom c direkt reduzieren, ist noch nicht ganz klargestellt.

b) Glucoseoxydase

Es gibt auch Flavinenzyme, die von anderen Substraten als die pyridinhaltigen Coenzyme reduziert werden. Ein interessantes Beispiel ist die von D. Müller in gewissen Schimmelpilzen entdeckte sogenannte **Glucoseoxydase.** Das Enzym katalysiert die Reaktion:

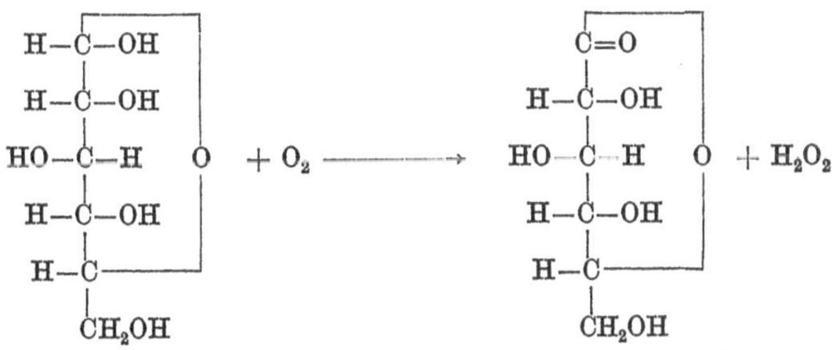

Es dehydrogeniert also Glucopyranose zu Gluconolacton unter Bildung von Wasserstoffperoxyd und ist somit eine Dehydrogenase. Dehydrogenasen, die Luftsauerstoff als Acceptor ausnützen können, werden zweckmäßig als **Aerodehydrogenasen** bezeichnet. Daß die Glucoseoxydase ein Flavinenzym ist, wurde von Franke gezeigt.

Beim Studium der von *Penicillium notatum* gebildeten, antibakteriellen Stoffe konnte Raistrick das sogenannte *Notatin* in fast reiner Form darstellen. Es zeigte sich mit der Glucoseoxydase identisch. Prosthetische Gruppe ist das oben erwähnte Flavinadenindinucleotid.

c) Xanthinoxydase

Ein Flavinenzym ist weiter die **Xanthinoxydase**, deren Vorkommen in tierischen Organen schon im Jahre 1891 von Horbaczewski beobachtet wurde. Schardinger fand 1902 in der Milch eine **Aldehydoxydase**; F. G. Hopkins wies nach, daß die Milch große Mengen von Xanthinoxydase enthält. Merkwürdigerweise hat sich gezeigt, daß das Schardingersche Enzym mit der Xanthinoxydase identisch ist: Das Enzym greift also sowohl viele Purin- (und Pteridin-)derivate wie auch eine große Zahl von Aldehyden an; Glyoxylsäure z. B. wird in Oxalsäure übergeführt.

d) Glycolsäureoxydase

Aus Spinat hat Ochoa ein Flavinenzym isoliert, das Glycolsäure zu Glyoxylsäure, bzw. Milchsäure zu Brenztraubensäure oxydiert. Prosthetische Gruppe ist Riboflavinphosphorsäure. Mit Sauerstoff als Acceptor wird Wasserstoffperoxyd gebildet, das die erwähnten Reaktionsprodukte weiter oxydieren kann.

Eine *Glyoxylsäureoxydase*, ebenfalls in grünen Blättern, soll unter Mitwirkung der reduzierten Pyridincofermente, Co-I-H_2 bzw. Co-II-H_2, Glyoxylsäure in Glycolsäure überführen. Möglicherweise handelt es sich um die schon erwähnte α-Oxysäuredehydrogenase (= Milchsäuredehydrogenase).

e) Diaminoxydase

Wahrscheinlich, wenn auch nicht absolut sichergestellt, ist die Flavinenzymnatur der **Diaminoxydase** (Zeller), die mit der **Histaminase** von Best vielleicht identisch ist. Das Enzym bewirkt eine oxydative Desaminierung von Kadaverin, Putrescin usw. Wahrscheinlich werden auch Stoffe wie Spermin und Spermidin angegriffen, vielleicht auch Histamin. Die allgemeine Formel ist:

$$R{-}CH_2{-}NH_2 + H_2O + O_2 \longrightarrow R{-}CHO + NH_3 + H_2O_2.$$

Das Enzym kommt in Organen von Säugetieren, Vögeln und Reptilien, in höheren Pflanzen und gewissen Bakterien vor. Wirksame Lösungen erhält man beispielsweise aus Nierenrinde. Sehr bemerkenswert ist, daß während der Schwangerschaft bei der Frau der Gehalt des Blutes an Diaminoxydase auf das Tausendfache und mehr ansteigt.

Die **Monoaminoxydasen** bilden ebenfalls bei der Dehydrogenierung der Substrate Wasserstoffperoxyd und sind also wie die Diaminoxydasen als Aerodehydrogenasen zu bezeichnen. Die chemische Natur der Monoaminoxydasen ist noch unbekannt. Ihr Vorkommen in der Darmschleimhaut scheint dafür zu sprechen, daß das Enzym bei der Entgiftung etwa durch Bakterienwirkung entstandener Amine mitwirkt. Die Enzyme greifen auch alkylierte Amine wie Adrenalin und Hordenin an. Sie kommen auch in höheren Pflanzen vor.

f) Aminosäureoxydasen

Zu den Flavinenzymen gehören die **Aminosäureoxydasen** (richtiger wäre die Bezeichnung **Aminosäuredehydrogenasen**). Unter Hydrogenierung der Flavingruppe werden die Aminosäuren zu Iminosäuren dehydrogeniert, die dann spontan in Ketosäuren und Ammoniak zerfallen. Das reduzierte Flavinenzym gibt den Wasserstoff an molekularen Sauerstoff ab, der dabei Wasserstoffperoxyd bildet. Die Reaktion wird also durch folgende Bruttoformel dargestellt:

$$R{-}CH(NH_2){-}COOH + O_2 + H_2O \longrightarrow R{-}CO{-}COOH + NH_3 + H_2O_2.$$

Die Aminosäureoxydasen zerfallen in zwei Gruppen mit absoluter stereochemischer Spezifität: ***l*-Aminosäureoxydasen** und ***d*-Aminosäureoxydasen.**

***l*-Aminosäureoxydasen.** In tierischen Geweben kommen *l*-Aminosäureoxydasen in noch unbekannter Zahl vor. Aus Rattenniere hat Green ein fast einheitliches Flavoprotein gewonnen, das indessen eine relativ niedrige Aktivität zeigt. Es enthält als prosthetische Gruppe Riboflavinphosphorsäure und greift die meisten natürlichen Aminosäuren an, jedoch nicht Threonin, Serin, Diaminosäuren und zweibasische Monoaminosäuren. Merkwürdigerweise werden auch α-Oxysäuren dehydrogeniert.

In vielen Schlangengiften kommen *l*-Aminosäureoxidasen in sehr großen Mengen vor (Zeller); sie dürften aber kaum etwas mit der Giftwirkung zu tun haben. Aus dem Gift des Moccasins hat Singer das reine Enzym dargestellt. Es ist ein Protein, das Flavinadenindinucleotid als prosthetische Gruppe enthält. Auch die Schlangenenzyme greifen die meisten natürlichen Aminosäuren an.

l-Aminosäureoxydasen mit ähnlichem Spezifitätsgebiet findet man auch bei manchen Bakterien (z. B. *Proteus vulgaris*) und bei Schimmelpilzen. *Neurospora crassa* gibt z. B. an das Kulturmedium eine *l*-Aminosäureoxydase ab. In Acetondauerpräparaten von *Penicillium*- und *Aspergillus*arten kommt ebenfalls eine *l*-Aminosäureoxydase vor, die bisher nicht in Lösung gebracht werden konnte.

***d*-Aminosäureoxydasen.** In Leber und Niere der Vertebraten kommen sehr wirksame *d*-Aminosäureoxydasen vor. Wenn auch *d*-Aminosäuren ausnahmsweise in lebendem Material gefunden werden, so ist jedoch die physiologische Bedeutung der *d*-Aminosäureoxydasen gegenwärtig völlig unaufgeklärt. Die prosthetische Gruppe ist Flavinadenindinucleotid (Warburg und Christian). Das Apoenzym aus Leber wurde von Negelein und Brömel in annähernd reiner, aber nicht kristallisierter Form dargestellt.

Die *d*-Aminosäureoxydasen greifen nicht nur *d*-Aminosäuren sondern z. B. auch Prolin und N-Alkylaminosäuren an, dagegen nicht N-Acylaminosäuren oder Peptide. Die verschiedenen α-Aminosäuren werden mit stark variierender Geschwindigkeit dehydrogeniert, einige, wie z. B. Glutaminsäure, anscheinend gar nicht.

d-Aminosäureoxydasen, die jedoch vom tierischen Enzym in mehreren Hinsichten abweichen, kommen in Schimmelpilzen (*Neurospora*, *Aspergillus*, *Penicillium* usw.) wie auch in mehreren Bakterien vor.

Eine spezifische *d*-Asparaginsäureoxydase findet sich in tierischen Geweben. Nach Lang enthielten Niere und Leber eine spezifische Prolinoxydase, die Prolin, Oxyprolin, Pyrrolin-α-Carboxylsäure sowie Pipecolinsäure oxydiert. Aus *l*-Prolin entsteht Glutaminsäurehalbaldehyd, aus *d*-Prolin α-Keto-δ-aminovaleriansäure.

g) Succinodehydrogenase

Im Anschluß an die Flavinenzyme sei hier die **Bernsteinsäuredehydrogenase (Succinodehydrogenase)** behandelt, obgleich ihre Flavinenzymnatur gar nicht sichergestellt ist. Das Enzym, von Thunberg 1909 entdeckt, konnte bis jetzt nicht in Lösung erhalten werden. Alle Reinigungsversuche sind deswegen ohne Erfolg geblieben. Meistens ist die Succinodehydrogenase mit eisenhaltigen Oxydationsenzymen vergesellschaftet; in solchen Fällen wird das Enzym vielfach als **Succinoxydase** bezeichnet.

Die Succinodehydrogenase katalysiert die umkehrbare Reaktion:

$$\underset{\text{Bernsteinsäure}}{HOOC-CH_2-CH_2-COOH} \underset{+\,2H}{\overset{-\,2H}{\rightleftarrows}} \underset{\text{Fumarsäure}}{HOOC-CH=CH-COOH}$$

Das Enzym ist in Zellen und Geweben sehr weit verbreitet; die physiologische Bedeutung desselben ist besonders von Szent-Györgyi hervorgehoben worden, der das Enzym und die sogenannten C_4-Dicarboxylsäuren als das wesentlichste Katalysatorsystem bei der Überführung des Wasserstoffes auf das Cytochrom-Cytochromoxydasesystem (S. 136) betrachtet. Sicher kann aber diese Überführung auch auf anderen Wegen geschehen (S. 139).

Das Enzym enthält essentielle SH-Gruppen und wird z. B. durch oxydiertes Glutathion inaktiviert, sowie durch SH-Verbindungen reaktiviert. Die wasserstoffübertragende Wirkung des Enzyms kann jedoch nicht durch eine Oscillation desselben zwischen SH- und -S-S-Form erklärt werden.

G. Kupferhaltige Oxydationsenzyme

Die kupferhaltigen Enzyme oxydieren ihre Substrate gemäß der folgenden schematischen Gleichung:

$$AH_2 + 1/2\,O_2 \longrightarrow A + H_2O$$

Der molekulare Sauerstoff kann durch keine anderen Stoffe ersetzt werden; er wird zu Wasser reduziert, *nicht* zu Wasserstoffperoxyd. Die kupferhaltigen Enzyme werden deshalb mit Recht als **Oxydasen** bezeichnet. Die Substrate dieser Enzyme sind teils Phenole, teils Ascorbinsäure.

a) Phenoloxydasen

Bertrand führte 1895 die Bezeichnung **Tyrosinase** für Enzympräparate ein, die, wie der Name besagt, die Aminosäure Tyrosin oxydieren, wobei schließlich dunkel gefärbtes sogenanntes Melanin entsteht. Diese Reaktion ist für die Dunkelfärbung verantwortlich, die auf zerschnittenen Früchten, Kartoffeln usw. auftritt. Diesbezügliche Enzyme sind sehr weit verbreitet; wirksame Lösungen gewinnt man am besten aus Kartoffeln oder dem Pilz *Psalliota campestris*. Rohe Enzymlösungen oxydieren Tyrosin zu 3,4-Dioxyphenylalanin („Dopa") und gewisse andere Monophenole in entsprecheneer Weise. Sie oxydieren aber die o-Diphenole weiter zu den entsprechenden o-Chinonen. Vielfach wurde angenommen, daß in den Rohlösungen eine *Monophenolase* (die eigentliche Tyrosinase) und eine *o-Diphenolase* vorkommen. Dies erschien u. a. deswegen um so wahrscheinlicher, als oft beobachtet werden konnte, daß bei Reinigungsoperationen die Monophenolaseaktivität verschwindet, während die Diphenolaseaktivität bestehen bleibt. Auch zeigt bisweilen die Oxydation der Monophenole eine „Induktionsperiode", die durch Spuren eines o-Chinons gehoben werden kann. Nachdem Raper und Dawson gefunden hatten, daß ein und dasselbe Enzymprotein für die Oxydation von sowohl Mono- wie Diphenole verantwortlich ist, hat D. Kertesz wahrscheinlich gemacht, daß die Oxydation des Tyrosins zu Dopa eine durch gewisse Metallionen (Cu, Co, V, Ni) katalysierte, *nicht enzymatische* Reaktion zwischen Tyrosin und einem o-Chinon ist. Eine Monophenolase existiert also wahrscheinlich nicht und der Name Tyrosinase wäre aus der Literatur zu streichen.

Die Wirkung der **Diphenolase** auf o-Diphenole wie Brenzcatechin oder Dioxyphenylalanin besteht in einer Oxydation zum entsprechenden o-Chinon, also z. B.

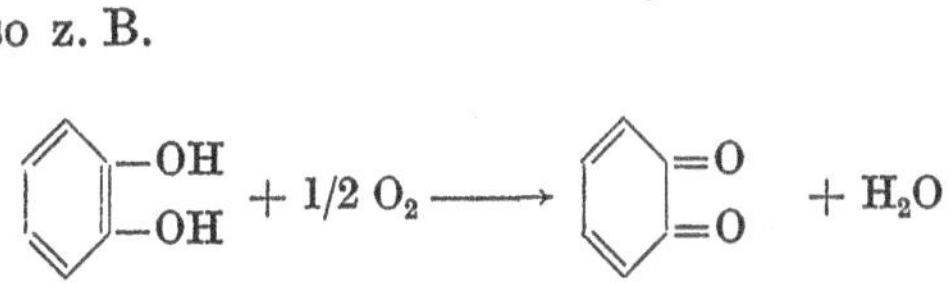

Meistens findet man aber, daß der O_2-Verbrauch höher ist und zwar oft 1 Mol pro Mol Diphenol. Es wird angenommen, daß das o-Diphenol mit Wasser Oxyhydrochinon gibt, das seinerseits vom Enzym zum entsprechenden o-Chinon oxydiert wird:

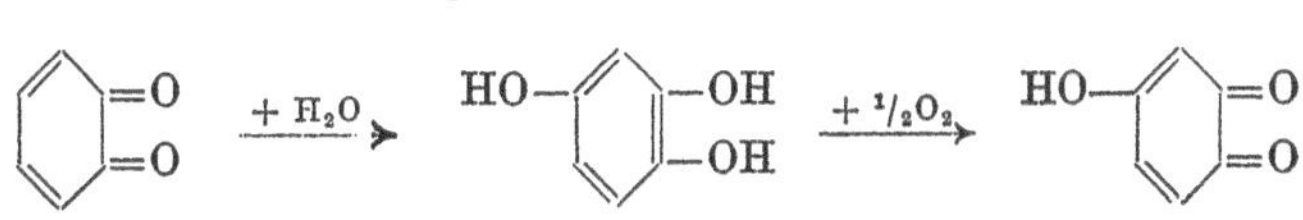

Dieses Oxychinon gibt dann, vermutlich ohne Teilnahme des Enzyms, dunkel gefärbte, huminsäureähnliche Produkte. Im Falle des Tyrosins kommt noch dazu, daß die Aminogruppe der Seitenkette an Ringbildungen teilnimmt.

Kubowitz zeigte 1937, daß Kupfer für die Wirkung des Enzyms wesentlich ist. Er stellte aus Kartoffeln ein gereinigtes Enzym mit 0,12 % Cu her. Etwas später gewannen Keilin und Mann aus *Psalliota campestris* ein reineres Präparat mit 0,3 % Cu. Ein teilweise kristallisiertes Präparat mit 0,25 % Cu wurde von Nelson aus *Lactarius piperatus* gewonnen. Über die Bindungsweise des Kupfers im Enzym ist nichts bekannt. Daß bei der Oxydation eines Diphenols zum o-Chinon ein Valenzwechsel des Cu-Atoms mitspielt, kann vielleicht als wahrscheinlich betrachtet werden. Bei der erwähnten, nicht enzymatischen Oxydation der Monophenole sollen nur freie (nicht proteingebundene) Cu-Ionen mitspielen. Wie zu erwarten, hemmen Kupferkomplexbildner die Wirkungen.

Über die physiologische Rolle dieser Enzyme ist wenig sicheres bekannt. Möglich ist, daß die o-Chinone, z. B. das Dopachinon, eine Rolle als Wasserstoffacceptoren bei biologischen Oxydationen spielen können. Bei dem Dunkel- und Hartwerden der Insektencuticula wirken sie sicher mit. *Adrenalin, Renin, Angiotonin* und ähnliche Stoffe werden angegriffen und inaktiviert, weshalb den Enzymen vielleicht eine Bedeutung für die Regelung des Blutdruckes zukommt. In der Karzinogenese spielen die Enzyme vielleicht eine Rolle; sie kommen jedenfalls reichlich in tierischen Melanomen vor.

Die **Laccase** oxydiert Polyphenole wie Guajacol, Hydrochinon, Brenzcatechin und Pyrogallol sowie gewisse ähnliche Stoffe wie p-Phenylendiamin, dagegen nicht Monophenole wie Cresol oder Tyrosin. Die Laccase kommt in vielen Pflanzen aber auch im Tierreich vor. Besonders reichlich findet man sie im Saft der Lackbäume (*Rhus vernicifera* u. a. Yoshida 1883, Bertrand 1894). Das Enzym bewirkt das Hart- und Dunkelwerden des Latex durch Oxydation vom o-Diphenol Laccol und ähnlichen Stoffen.

Bertrand fand eine Proportionalität zwischen Aktivität und Mangangehalt der Enzympräparate und betrachtete Mn als notwendigen Bestandteil des Enzyms. Keilin und Mann konnten indessen die Laccase weitgehend reinigen und fanden, daß sie aller Wahrscheinlichkeit nach ein Kupferproteid ist. Die besten Präparate enthielten 0,24 % Cu. Die Lösungen dieser Präparate waren stark blau gefärbt. Beim Zusatz eines Substrates verschwand die Farbe, kehrte aber beim Schütteln mit Luft wieder zurück. Es scheint aber, daß die Farbe nicht mit der kupferhaltigen, prosthetischen Gruppe des Enzyms zusammenhängt sondern mit einem kupferfreien Farbstoff, der irgendwie für die Aktivität des Enzyms wesentlich ist.

Als eine tierische Laccase dürfte das kupferhaltige, blaue **Coeruloplasmin** des Blutserums zu bezeichnen sein.

b) Ascorbinsäureoxydase

Die Existenz eines Ascorbinsäure zerstörenden Enzyms in Pflanzen wurde zuerst von Zilva 1934 beobachtet. Aus Gurken, Weißkohl usw. können wirksame Enzmlösungen, die Ascorbinsäure unter Aufnahme von Sauerstoff in Dehydroascorbinsäure überführen, erhalten werden:

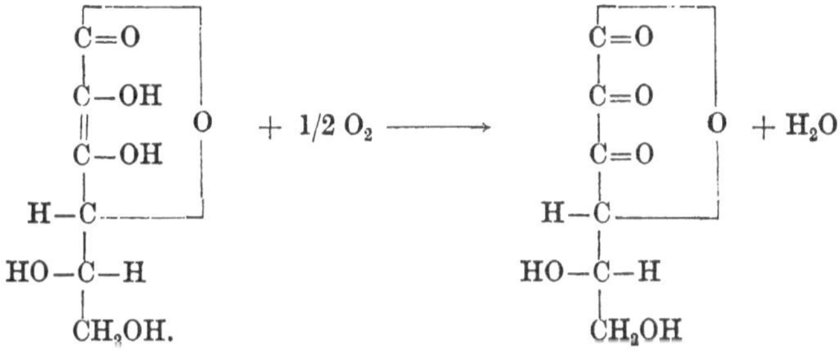

Die Oxydation der Ascorbinsäure zu Dehydroascorbinsäure ist an sich keine „Zerstörung" des Vitamins, da die Dehydroascorbinsäure biologisch wirksam ist. Ihre Stabilität ist aber im Verhältnis zu der der Ascorbinsäure so niedrig, daß die Oxydation fast immer mit einer bedeutenden Verminderung der Vitaminwirkung verbunden ist.

Kupferionen beschleunigen stark die Luftoxydation der Ascorbinsäure. Wenn gefunden wurde, daß Präparate der Ascorbinsäureoxydase Cu enthalten, wurde deshalb zunächst angenommen, daß die Enzymwirkung einfach eine Wirkung der Cu-Ionen sei. Es hat sich aber gezeigt, daß die aktivsten Oxydasepräparate (mit etwa 0,25 % Cu) als Hauptbestandteil ein Kupferproteid enthalten und daß ihre Wirkung rund tausendmal höher ist als die einer entsprechenden Menge eines Cu-salzes. Weiter kann angeführt werden, daß, während die Oxydation durch Cu-Ionen wenig spezifisch ist, das Enzym nur Ascorbinsäure und einige ähnliche Dienole angreift, dagegen nicht Phenole, p-Phenylendiamin, Cystein usw.

Die Ascorbinsäureoxydase aus *Curcurbita pepo condensa* ist nach Dawson ein blaugrünes Kupferproteid mit dem Molekulargewicht von etwa 150000 mit 6 Atomen Cu pro Molekül. Die blaugrüne Farbe verschwindet bei Zusatz von Ascorbinsäure, tritt aber bei Zufuhr von Sauerstoff wieder auf. Das Proteid enthält keinen Phosphor.

In Erbsen ist eine **„Dehydroascorbinsäurereductase"** nachgewiesen worden, die mit reduziertem Glutathion als Donator die Dehydroascorbinsäure reduzieren kann.

c) Anhang

Es sei schließlich erwähnt, daß in allen lebenden Zellen außer den hier oben erwähnten Oxydationen, auch Oxydationen bzw. Dehydrogenierungen vieler anderer Stoffe vorkommen, über die wir vom enzymchemischen Gesichtspunkt aus sehr mangelhaft unterrichtet sind. Unter den sehr verschiedenartigen Stoffen, bei welchen eine biologische Oxydation beobachtet worden ist, kommen auch vielfach solche vor, die man wohl früher im allgemeinen als biologisch absolut widerstandsfähig betrachtet hat, wie z. B. aromatische Kohlenwasserstoffe. Sprengung des

Benzolrings tritt z. B. zweifelsohne auf biologischem Wege ein. Eine „Aromatisierung“ zyklischer Verbindungen kommt ebenfalls vor, was u. a. für die Frage über die Bildung östrogener Stoffe im Organismus von Interesse ist. Cyclohexancarbonsäure, Trans-4-oxycyclohexancarbonsäure (nicht aber die Isomeren) und die Cyclohexencarbonsäuren werden in vitro durch Leberschnitte (Ratte, Kaninchen) zu Benzoesäure aromatisiert (Dickens), die dann als Hippursäure ausgeschieden wird. Beim Menschen wird auch die Chinasäure zu Benzoesäure aromatisiert.

Einen interessanteren Fall biologischer Oxydation findet man bei den selbstleuchtenden Organismen (Glühwürmern, Feuerfliegen, Crustaceen, Bakterien usw.). Im Jahre 1887 zeigte Dubois, daß bei *Pyrophorus* und gewissen anderen Organismen das Leuchten durch die Oxydation eines Stoffes, *Luciferin*, durch ein Enzym, **Luciferase**, zustande kommt. Weitere Untersuchungen, besonders durch E. N. Harvey, haben gezeigt, daß diese Deutung richtig ist, daß aber bei den verschiedenen Organismen verschiedene „Luciferine“ und verschiedene „Luciferasen“ vorkommen. Besonders eingehend wurde das Luciferin und die Luciferase von *Cypridina* untersucht, ohne das jedoch bisher die chemische Natur derselben aufgeklärt werden konnte.

H. Die Cytochrome und das Atmungsferment

Die Einsicht, daß die Atmung oder Respiration, d. h. die biologische „Verbrennung mit Sauerstoff“, die Mitwirkung eisenhaltiger Enzyme erfordert, verdanken wir vor allem O. Warburg. Seine Untersuchungen über das sog. Atmungsferment, sowie die Arbeiten von Keilin und seiner Schule über die Cytochrome bilden die Grundlagen unserer Kenntnis vom Chemismus der Respiration.

Auf dem Gebiet der Kohlenhydratverbrennung ist unser Wissen über Reaktionswege und Katalysatoren weit fortgeschritten, während wir über die Veratmung von Fett und Eiweiß weniger gut unterrichtet sind. Die Kohlenhydrate sind als Energiequelle der lebenden Zellen die unvergleichlich wichtigsten unter den Nährstoffen. Daß ein Übergang Kohlenhydrat $\leftrightarrows$ Fett existiert, ist wohlbekannt; über dessen Mechanismus wissen wir aber wenig. Umwandlungen von Zuckerabbauprodukten in gewisse Aminosäuren und umgekehrt sind ebenfalls bekannt. Wenn vom respiratorischen Abbau die Rede ist, können wir uns im großen und ganzen auf den Kohlenhydratabbau beschränken.

Wir unterscheiden zwischen einem *aeroben* und einem *anaeroben* Abbau, je nachdem der Luftsauerstoff dabei eine Rolle spielt. Beispiele eines anaeroben Abbaues sind die Glykolyse bzw. die Milchsäuregärung:

$$C_6H_{12}O_6 \longrightarrow 2\,CH_3{-}CHOH{-}COOH$$

und die alkoholische Gärung:

$$C_6H_{12}O_6 \longrightarrow 2\,CO_2 + 2\,C_2H_5OH.$$

Im aeroben Abbau tritt der Sauerstoff hinzu; der Abbau wird eine „Verbrennung“ d. h. eine totale Oxydation zu Kohlendioxyd und Wasser:

$$C_6H_{12}O_6 + 6\,O_2 \longrightarrow 6\,CO_2 + 6\,H_2O.$$

Der Energiegewinn ist selbstverständlich beim aeroben Abbau sehr viel größer (mehr als zehnmal so groß) als beim anaeroben Abbau. Dabei muß aber hervorgehoben werden, daß für die lebenden Zellen wesentlich ist, daß die durch den Abbau (aerob oder anaerob) erhältliche Energie nicht oder nur zum kleineren Teil „freigesetzt" wird, in dem Sinne, daß sie nicht in Wärme übergeht, sondern in energiereichen Stoffen gespeichert wird, die für die vielen energieerfordernden Aufbaureaktionen der Zellen ausgenützt werden können. Über die Bedeutung von ATP und ähnlichen Stoffen war schon die Rede und wir werden Gelegenheit haben, darauf zurückzukommen.

Bei der Verbrennung entstehen Kohlendioxyd und Wasser als Endprodukte; bei der Bildung des Kohlendioxyds wirkt aber der Sauerstoff nicht direkt mit, sondern das Kohlendioxyd entsteht durch die oben besprochenen Decarboxylierungen bestimmter Säuren. Die in das CO_2 eingehenden Sauerstoffatome stammen aus den Substraten bzw. aus Wasser, während der für die Atmung verbrauchte Luftsauerstoff als Acceptor des Wasserstoffes dient. Aus Substraten und Zwischenprodukten wird Wasserstoff durch Dehydrogenierungen „entfernt", d. h. auf spezifische Acceptoren übergeführt. Sehen wir von den Decarboxylierungen ab, so besteht die Verbrennung in einer Reihe von Reaktionen, bei welchen Elektronen, eventuell auch Protonen, entfernt werden. Die biologische Oxydation ist als ein Wasserstofftransport anzusehen; der Wasserstoff passiert vom Überträger zum Überträger, schließlich zu dem autoxydablen Atmungsferment. Mit einigem Vorbehalt kann die Reihe der Überträger wie folgt geschrieben werden:

Substrat ⟶ Pyridinenzym ⟶ Flavinenzym ⟶ Cytrochrom b ⟶
⟶ Cytochrom c ⟶ Cytochrom a ⟶ Atmungsferment ⟶ Sauerstoff.

Die Reihenfolge der Cytochrome ist noch unsicher; die obige erscheint mit Hinsicht auf die Reduktionspotentiale wahrscheinlich.

a) Die Cytochrome

Die **Cytochrome** oder **Histohaematine** wurden schon im Jahre 1886 durch spektroskopische Beobachtungen von MacMunn entdeckt, der auch eine Beteiligung derselben an der biologischen Oxydation annahm. Durch die Arbeiten Keilins (von 1925 ab) wurden die Beobachtungen MacMunns bestätigt und sehr wesentlich erweitert. U. a. wurde festgestellt, daß die Cytochrome in fast allen aerob lebenden Zellen und Geweben vorkommen, während sie bei den obligaten Anaerobiern fehlen. Es wurde, hauptsächlich auf Grund spektroskopischer Beobachtungen gefunden, daß drei verschiedene Cytochrome existieren, die als Cytochrom a, b und c bezeichnet wurden.

Die Cytochrome sind Eisen-Porphyrin-Farbstoffe vom Typus des Haemoglobins. Ihre Wirkung im oxydativen Abbau hängt mit einem Valenswechsel $Fe^{II} \rightleftarrows Fe^{III}$ zusammen. Die Absorptionsspektra sind sehr charakteristisch: Jedes Cytochrom hat in der reduzierten Form im sichtbaren Spektrum 2 Absorptionsbände. Die natürlich vorkommende Mischung der drei Cytochrome zeigt 4 deutliche Bände, die bei Oxydation verschwinden. Das Absorptionsspektrum der Cytochrome kann oft direkt in den lebenden Zellen (z. B. in Hefe) mit Hilfe eines einfachen Taschenspektroskops beobochtet werden.

Die fortgesetzte Untersuchung der Cytochrome hat zu einer weiteren Aufteilung derselben geführt. In gewissen Bakterien wurden Cytochrome gefunden, die mit a_1 und a_2 bezeichnet worden sind (über Cytochrom a_3 s. unten). Außer dem eigentlichen Cytochrom b aus tierischen Organen ist in Bakterien ein Cytochrom b_1 und in Hefe ein Cytochrom b_2 beobachtet worden. Von diesen ist Cytochrom b_1 nicht autoxydabel, während die beiden anderen von Sauerstoff oxydiert werden, im Verhältnis zum Atmungsferment jedoch sehr langsam.

Das bestuntersuchte der Cytochrome ist das **Cytochrom c,** das eine beträchtliche Stabilität besitzt. Es ist weitgehend gereinigt worden; die besten Präparate, die 0,43 % Fe enthalten, dürften praktisch einheitlich sein. Das Molekulargewicht ist rund 13000. Der Stoff enthält 15,4 % N und 1,47 % S, d. h. 6 Atome Schwefel pro Eisenatom. Wahrscheinlich gehören zwei Schwefelatome zu Methionin, zwei zu Cystin und zwei zu Cystein.

Das Porphyrin des Cytochrom c ist durch zwei Thioätherbindungen an den zwei Cysteinresten des Eiweiß verankert (Theorell). Durch Spaltung dieser Bindungen mit Silbersalzen konnte Paul das Haemin aus Cytochrom c in kristallisierter Form gewinnen. Es ist ein Isomer des Haematohaemins.

b) Das Atmungsferment

Von Untersuchungen über die Rolle gewisser Schwermetalle bei Oxydationen ausgehend, postulierte O. Warburg (1918) die Existenz eines eisenhaltigen **Atmungsferments.** Dabei waren besonders Beobachtungen über die Hemmung der Zellatmung durch gewisse Reagenzien wegleitend. Speziell wurde festgestellt, daß die Zellatmung durch Kohlenoxyd gehemmt wird und daß die Hemmung (wie beim Haemoglobin) durch Belichtung rückgängig gemacht werden kann. Durch genaue Untersuchung dieser Reaktivierung und durch Belichtung bei verschiedenen Wellenlängen konnte das Absorptionsspektrum des Atmungsfermentes auf indirektem Wege festgestellt werden. Das Spektrum wurde bei verschiedenen einzelligen Organismen nahe übereinstimmend gefunden, und zwar ist es durch ein hohes Absorptionsmaximum bei 430 $m\mu$ (das sog. Soretband), und niedrigere Maxima bei 520, 540, und 590 $m\mu$ charakterisiert.

Das Atmungsferment ist aller Wahrscheinlichkeit nach mit der von Keilin entdeckten sog. **Indophenoloxydase** identisch, die p-Phenylendiamin zu Indophenol oxydiert. Vielleicht ist auch das von Keilin spektroskopisch gefundene Cytochrom a_3 mit dem Atmungsferment identisch.

Da das Atmungsferment bisher nicht in Lösung gebracht werden konnte, sind alle Reinigungsversuche ohne großen Erfolg geblieben. Völlig klar ist indessen, daß das Enzym ein Chromoproteid vom Typus des Haemoglobins ist. Es enthält also außer Eiweiß ein Porphyrin mit komplexgebundenem Eisen. Die prosthetische Gruppe kann durch saures Aceton abgespalten und isoliert werden (Negelein). Die Konstitution des Porphyrins ist nicht ganz sichergestellt; zur Zeit erscheint wahrscheinlich, daß die folgenden Substituenten im Porphinring vorkommen: 3 Methylgruppen (1, 5, 8); 1 Formylgruppe (3); 2 Vinylgruppen (2,4); 2 Propionsäurereste (6, 7).

Wie die Cytochrome übt auch das Atmungsferment seine Wirkung durch Valenzwechsel am Fe-Atom aus: Es wird vom Cytochrom zur Ferrostufe reduziert und vom Luftsauerstoff wieder oxydiert. Das Atmungsferment ist also im Gegensatz zu den meisten anderen Oxydationsenzymen autoxydabel.

I. Hydroperoxydasen

Als Hydroperoxydasen werden Enzyme bezeichnet, die Wasserstoffperoxyd „aktivieren", d. h. für Oxydation bestimmter Substrate ausnützen können. Die Hydroperoxydasen sind Chromoproteide, deren prosthetischen Gruppen Eisenporphyrine sind. Zwei Gruppen von Hydroperoxydasen können unterschieden werden:

Die **Peroxydasen** oxydieren viele organische Stoffe wie Phenole (Mono-, Di-, Tri-), aromatische Amine (Mono-, Di-), aromatische Säuren wie Salicylsäure, gewisse Leucofarbstoffe, Ferrocytochrom c usw., schematisch nach der Formel:

$$H_2O_2 + AH_2 \longrightarrow A + 2\,H_2O$$

Die Wirkung der **Katalasen** wird meistens als eine *Zersetzung* des Wasserstoffperoxyds beschrieben. Tatsächlich verläuft im allgemeinen die Reaktion folgendermaßen:

$$2\,H_2O_2 \longrightarrow 2\,H_2O + O_2$$

Es hat sich aber gezeigt, daß die Wirkung der Katalasen von der der Peroxydasen nicht prizipiell verschieden ist. Die obige Formel sollte geschrieben werden:

$$\underset{\text{Donator}}{H_2O_2} + \underset{\text{Acceptor}}{H_2O_2} \longrightarrow O_2 + 2\,H_2O$$

Das Wasserstoffperoxyd wirkt also sowohl als Donator wie als Acceptor des Wasserstoffes. Daß dies so ist, geht u. a. daraus hervor, daß die Katalasen gegenüber bestimmten Substraten eine Peroxydasewirkung zeigen, d. h. daß das Wasserstoffperoxyd als Donator durch gewisse andere Stoffe vertreten werden kann.

a) Peroxydasen

Die Peroxydasen kommen besonders im Pflanzenreich vor, und viele höhere Pflanzen sind sehr reich daran. Als Ausgangsmaterial für die Gewinnung **pflanzlicher Peroxydase** hat sich vor allem Meerrettigwurzel bewährt. Das Enzym wurde von Willstätter, Stoll und Pollinger weitgehend gereinigt; kristallisiert wurde es 1942 von Theorell erhalten. In tierischen Organen kommt Peroxydase selten vor. (Zu bemerken ist, daß Haemoglobin und andere Haeminfarbstoffe eine Peroxydasenwirkung zeigen, die aber im Verhältnis zu der der wahren Peroxydasen äußerst klein ist). In Leucocyten kommt jedoch eine Peroxydase die **Verdoperoxydase** oder **Myeloperoxydase,** reichlich vor (Krebs 1868). Das Enzym wurde 1941 von Agner in reiner oder fast reiner Form gewonnen. Milch enthält ebenfalls eine Peroxydase (Arnold 1881); die **Lactoperoxydase** wurde 1943 von Theorell kristallisiert (0,069 % Fe; M = 82 000). Das Vorkommen von Peroxydasen in Mikroorganismen ist unsicher; in Hefe soll eine auf Cytochrom c wirkende Peroxydase vorkommen.

Bei der quantitativen Bestimmung der Peroxydasen kommen besonders Phenole als Substrate in Betracht. Meistens wird Pyrogallol angewendet (Purpurogallinmethode von Willstätter und Stoll).

Die prosthetische Gruppe der Peroxydase aus Meerrettig (und wahrscheinlich höheren Pflanzen überhaupt) ist Protohaemin. Das kristallisierte Enzym enthält 1,36 % als Chlorid berechnet. Da das Molekulargewicht des Enzyms etwa 44000 ist, so enthält es offenbar einen Haeminrest pro Molekül[1]). Das Enzymeiweiß enthält 18 % Kohlehydrat. Basische Aminosäuren kommen in relativ großen Mengen vor. Die prosthetische Gruppe kann mit HCl-haltigem Aceton vom Eiweiß vollständig abgetrennt werden. Da hierbei das Eiweiß (wenigstens teilweise) in nicht denaturierter Form gewonnen werden kann, so ist eine Resynthese des Enzyms aus dem Eiweiß und Protohaemin möglich. Weiter ist gezeigt worden, daß das Protohaemin durch Meso- und Deuterohaemin ersetzt werden kann, wobei jedoch die „künstlichen" Peroxydasen nur etwa halb so wirksam sind wie das natürliche Enzym. Das Eisen kann wahrscheinlich nicht durch andere Metalle ersetzt werden.

Die prosthetischen Gruppen der Verdo- und Lactoperoxydasen sind Haemine unbekannten Baues, die bisher nicht reversibel vom Eiweiß abgetrennt werden konnten.

Das Eisenatom der Peroxydasen ist dreiwertig und trägt eine OH-Gruppe[2]). In der Meerrettigperoxydase scheint das Eisenatom an einer Carboxylgruppe des Eiweißes gebunden zu sein. Außerdem scheint einer der Propionsäurereste des Porphyrins mit dem Eiweiß esterartig verbunden zu sein.

---

[1]) Keilin hat einen Haemingehalt von 1,61% und ein Molekulargewicht M = 40000 gefunden.

[2]) Keilin nimmt ein Wassermolekül statt der Hydroxylgruppe an.

Über die Verbindungen der Peroxydasen mit dem Substrat (H_2O_2) sind wir, besonders durch Arbeiten von Theorell und B. Chance gut unterrichtet. Messungen der Änderungen der paramagnetischen Susceptibilität sowie spektroskopische Methoden kamen dabei besonders in Betracht. Vor allem ist bei der Bildung der Enzym-Substratverbindungen eine starke Schwächung des Soretbandes (S. 138) auffallend. Alles scheint dafür zu sprechen, daß auch die Enzymsubstratverbindungen Ferrieisen[1]) enthalten und daß die Bildung derselben nach den folgenden schematischen Formeln verläuft:

Eine Bildung ternärer Verbindungen Enzym-H_2O_2-Donator konnte bisher nicht nachgewiesen werden.

b) Katalasen

Die Zersetzung des Wasserstoffperoxyds durch lebende Gewebe wurde schon 1818 von Thénard beobachtet. Es wurde zunächst angenommen, daß die Wirkung auf H_2O_2 allen Enzymen zukommt; in den neunziger Jahren wurde indessen gezeigt, daß sie einem speziellen Enzym zugeschrieben werden muß. Der Name Katalase stammt von Loew (1901).

Die Katalasen kommen in der Natur sehr häufig vor, besonders im Tierreich. Fast alle tierischen Zellen und Gewebe enthalten Katalase; sehr reichlich kommt das Enzym in der Leber, in der Niere und in den Erythrocyten vor. Weit verbreitet, jedoch in verhältnismäßig geringen Mengen, sind die Katalasen auch im Pflanzenreich. Fast ohne Ausnahmen kommen Katalasen in den aeroben Mikroorganismen vor, während sie bei den obligaten Anaerobiern fehlen. Bei den fakultativen Anaerobiern wird das Enzym in einigen Fällen angetroffen.

Daß die Katalasen tierischen und pflanzlichen Ursprungs Eisenporphyrine als prosthetische Gruppen enthalten, wurde von Zeile (1930) gezeigt. Die Katalase der Rinderleber wurde von Sumner und Dounce kristallisiert (1937), das Enzym der Erythrocyten des Rindes von Sumner und Laskowski (1941), das des Pferdeblutes von Agner (1943), das des Menschenblutes sowie die Katalase aus *Micrococcus lysodeikticus* von Herbert und Pincent (1948). Die Katalasen aus Pferdeblut, Pferdeniere und Menschenleber wurden 1947 von Bonnichsen kristallisiert. Eine Pferdeblutkatalase mit höherer Aktivität als die erwähnten ist kürzlich von H. F. Deutsch kristallisiert erhalten worden. Aus Spinat hat Bonnichsen ein hochaktives Präparat mit 0,049 % Fe gewonnen.

[1]) Die Peroxydasen können wie das Methaemoglobin durch Dithionit reduziert werden.

Sämtliche Katalasen enthalten Protohaemin als prosthetische Gruppe. Aus Leberkatalasepräparaten kann oft Biliverdin isoliert werden (Lemberg); es scheint indessen nichts mit der Katalasenwirkung zu tun zu haben, sondern entsteht aus dem Protohaemin durch sekundäre Umwandlungen. Der Eisengehalt der Katalasen ist etwa 0,09 %. Da das Molekulargewicht der Leberkatalase in der Nähe von 225000 liegt, so folgt, daß das Enzymmolekül vier Eisenporphyringruppen enthält. Aminosäureanalysen, Immunreaktionen u. a. zeigen, daß die Katalasen aus Pferdeleber und Pferdeblut denselben Eiweißbestandteil enthalten.

Die prosthetische Gruppe der Katalasen konnte bisher nicht reversibel vom Eiweiß abgetrennt werden. Das Eisenatom ist dreiwertig und läßt sich ohne Denaturierung des Eiweißes nicht einmal durch Dithionit reduzieren. Das Eisenatom ist wahrscheinlich mit einer Hydroxylgruppe verbunden. Wie die anderen eisenhaltigen Enzyme werden die Katalasen durch Komplexbildner wie HCN spezifisch inaktiviert. Die Hemmungskörper geben mit dem Enzym Verbindungen, die spektroskopisch charakterisiert worden sind. Über die Art der Bindung Enzym-Hemmungskörper geben besonders magnetometrische Messungen (Theorell) Aufschluß. Die Hemmungen sind fast immer kompetitiv d. h. die Inhibitoren verdrängen H_2O_2 vom Eisenatom.

Außer mit Wasserstoffperoxyd zeigen sowohl Katalasen wie Peroxydasen auch mit Monoalkylperoxyden eine wenn auch schwache Wirkung. Unwirksam sind dagegen die disubstituierten Peroxyde. Wie oben erwähnt, erscheint wahrscheinlich, daß die Wirkungsweise der Katalase von der der Peroxydasen nicht prinzipiell verschieden ist. Zwar ist bei der Katalase das Wasserstoffperoxyd der ungleich wirksamste Donator, aber auch einige andere Stoffe werden oxydiert. Während aber die Peroxydasen wie erwähnt eine große Zahl von chemisch ziemlich verschiedenen Stoffen als Donatoren ausnützen können, haben die Katalasen soweit bis jetzt bekannt, H_2O_2 ausgenommen, nur gegenüber der sekundären Alkoholgruppe $>$CH—OH (einschließlich Ameisensäure) und der salpetrigen Säure eine Wirkung. Die Donatorspezifität wird aller Wahrscheinlichkeit nach durch donatorbindende Gruppen im Eiweißteil der Katalasen bestimmt.

Die physiologische Rolle der Hydroperoxydasen ist weitgehend unaufgeklärt, insbesondere die der Peroxydasen in den höheren Pflanzen. Allgemein wurde bisher angenommen, daß die Katalasen, vielleicht auch die Peroxydasen, die Zellen vor der Giftwirkung des Wasserstoffperoxyds schützen, das bei vielen Dehydrogenierungen entsteht. Die diesbezüglichen Untersuchungen des letzten Jahrzehntes lassen es aber als fraglich erscheinen, ob die eigentliche katalytische Reaktion, d. h. die *Zersetzung* des Peroxyds eine physiologische Rolle spielt. Statt dessen sind die peroxydatischen Wirkungen der Katalasen in den Vordergrund getreten.

J. Hydrogenase-Hydrogenlyase

In der Hydrogenasereaktion scheint eine Eisenporphyrinverbindung eine Rolle zu spielen; *Hydrogenase* und *Hydrogenlyase* werden deshalb hier zusammen mit den eisenhaltigen Enzymen behandelt, obgleich über jene Enzyme, die Bedeutung des Eisens und den Mechanismus ihrer Wirkung, sehr wenig bekannt ist.

Die Hydrogenase, die in einigen Bakterien und Algen vorkommt (Stephenson), reduziert Methylenblau und gewisse andere, auch natürlich vorkommende Stoffe mit *gasförmigem Wasserstoff* als Donator. Durch Versuche mit schwerem Wasser bzw. Wasserstoff (Yudkin, Rittenberg), bzw. Tritium, ist gezeigt worden, daß das Enzym einen Austausch zwischen H_2 und Wasser bewirkt; es wird deshalb angenommen, daß das Enzym die Reaktion $H_2 \rightleftarrows 2H$ katalysiert. Bei der Reduktion von Acceptoren kommen weitere Reaktionen hinzu; inwieweit diese von der Hydrogenase katalysiert werden, ist unbekannt. Hemmungsversuche mit HCN, CO usw. sprechen dafür, daß ein Eisenporphyrinsystem beteiligt ist. Möglicherweise enthält das Enzym SH-Gruppen.

Die Hydrogenlyase, die ebenfalls in einigen Bakterien vorkommt, katalysiert die folgende Zersetzung der Ameisensäure:

$$H{-}COOH \longrightarrow H_2 + CO_2.$$

Das Enzym wird für die Wasserstoffproduktion bei vielen Gärungen als verantwortlich angesehen. Es scheint indessen nicht ausgeschlossen zu sein, daß die Wasserstoffabspaltung aus Ameisensäure durch eine Zusammenwirkung einer Formicodehydrogenase und der Hydrogenase zustandekommt.

K. Der Kohlenhydratabbau

1. Der anaerobe Abbau

a) Die Glycolyse

Unter **Glycolyse** verstehen wir den anaeroben Kohlenhydratabbau des tierischen Gewebes, wobei aus Glycogen bzw. Glucose (Fructose usw.) Milchsäure entsteht:

$$C_6H_{12}O_6 \longrightarrow 2\,CH_3{-}CHOH{-}COOH.$$

Daß dieser Vorgang eine Art „Milchsäuregärung" des Zuckers bzw. Glycogens ist, wurde schon 1877 von Cl. Bernard klar ausgesprochen. Für die Aufklärung der Teilreaktionen der Glycolyse waren die Entdeckungen von Harden, Robinson u. a. (vgl. S. 147) über die Rolle der Phosphorsäure bei der alkoholischen Gärung von größter Bedeutung. Daß auch bei der Glycolyse Phosphorsäureester mitspielen, wurde zuerst von Embden gezeigt, indem er feststellte, daß im Muskelpreßsaft Milchsäure und Phosphorsäure durch Spaltung einer Vorstufe, „*Lactacidogen*" hervorgehen, die mit der Fructosediphosphorsäure von Harden und Young identifiziert werden konnten. Durch weitere Arbeiten von Embden, Parnas, v. Euler, Meyerhof, Nilsson, Cori, Warburg u. a. ist dann allmählich die komplizierte Folge von Teilreaktionen aufgeklärt worden, die schematisch durch die umseitige Bruttoformel dargestellt wird.

Der ganze Vorgang kann folgendermaßen zusammengefaßt werden:

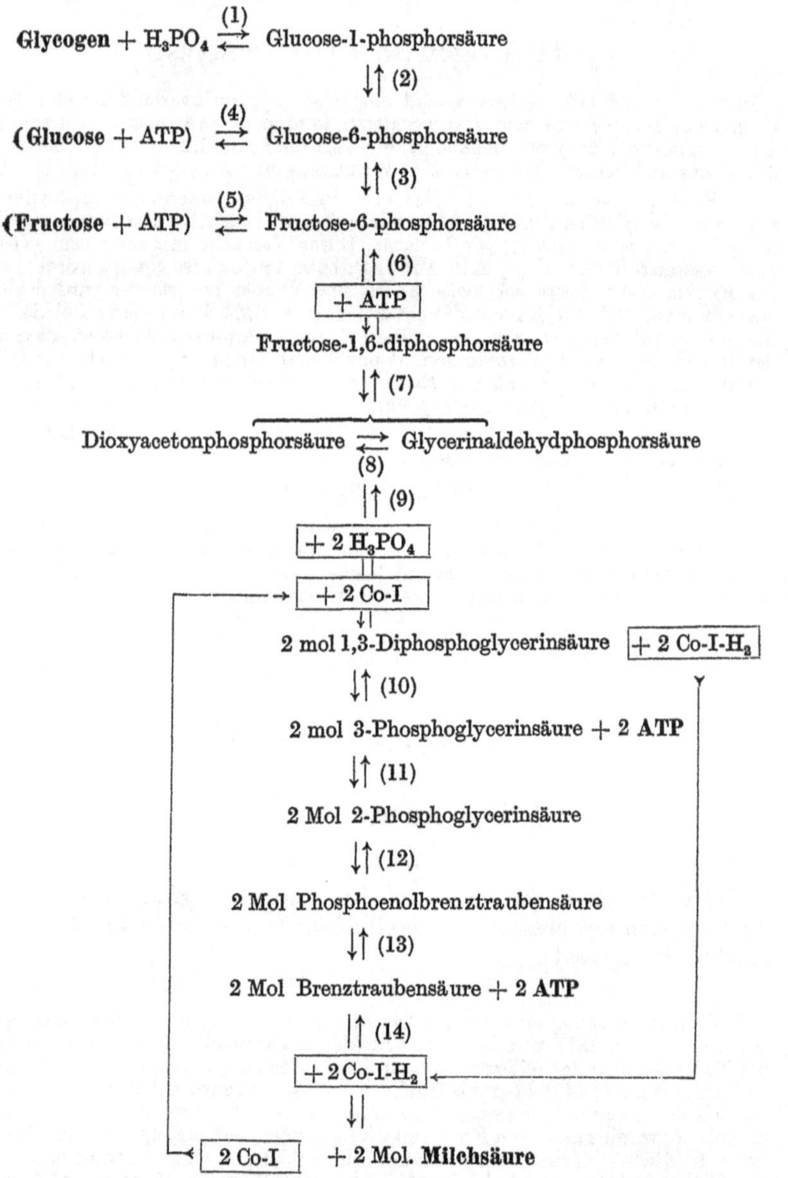

Reaktion 1. Bei der Glycolyse im eigentlichen Sinne des Wortes, d. h. bei der Umwandlung des Glycogens in Milchsäure tritt als erste Reaktion die phosphorolytische Spaltung des Glycogens in Glucose-1-phosphorsäure ein. Diese Spaltung wird durch die **Phosphorylasen** bewirkt, wobei wahrscheinlich auch die **„verzweigenden Faktoren“**, vielleicht auch **Hydrolasen** (S. 93) mitspielen.

Reaktion 2. Die Glucose-1-phosphorsäure wird durch die **Phosphoglucomutase** (S. 102) in umkehrbarer Reaktion in Glucose-6-phosphorsäure (Robisonester) umgewandelt.

Reaktion 3. Die Umwandlung der Glucose-6-phosphorsäure in Fructose-6-phosphorsäure (Neubergester) wird durch die **Hexosephosphatisomerase** katalysiert (S. 120).

Reaktion 4. Bei der Glycolyse der Glucose („Glucolyse“) wird durch Transphosphorylierung mit ATP als Phosphatdonator Glucose-6phosphorsäure gebildet. Das dabei wirksame Enzym ist die **Hexokinase** (S. 100).

Reaktion 5. Bei dieser, der Reaktion 4 analogen Reaktion der „Fructolyse“, entsteht durch die Wirkung der **Fructokinase** (S. 101) Fructose-6-phosphorsäure.

Reaktion 6. Mit ATP als Phosphatdonator wird die Fructose-6-phosphorsäure durch die **6-Phosphofructokinase** zu Fructose-1,6-diphosphorsäure (Harden-Young-ester) phosphoryliert (S. 101).

Reaktion 7. Die **Aldolase** (S. 119) spaltet die Fructose-1,6-diphosphorsäure in Glycerinaldehyd-3 phosphorsäure und Dioxyacetonphosphorsäure.

Reaktion 8. Die **Triosephosphatisomerase** (S. 120) stellt ein Gleichgewicht zwischen den beiden Triosephosphorsäuren ein.

Reaktion 9. Diese Reaktion wird durch die **3-Phosphoglycerinaldehyd-dehydrogenase (Triosephosphatdehydrogenase)** katalysiert. Wie S. 116 erwähnt worden ist, ist die Dehydrogenierung des Aldehyds mit einer Aufnahme von anorganischem Phosphat gekoppelt. Das Coenzym der Dehydrogenase (Co-I) wird zu Co-I-H_2 hydrogeniert und der 3-Phosphoglycerinaldehyd in 1,3-Diphosphoglycerinsäure verwandelt.

Reaktion 10. Aus der 1,3-Diphosphoglycerinsäure entsteht durch die Wirkung der **3-Phosphoglycerinsäurekinase** (S. 102) 3-Phosphoglycerinsäure und ATP. Die Bildung des ATP bedeutet eine Speicherung der von der Dehydrogenierung gelieferten Energie.

Reaktion 11. Die **Phosphoglyceromutase** (S. 103) wandelt die 3-Phosphoglycerinsäure in 2-Phosphoglycerinsäure um.

Reaktion 12. Die 2-Phosphoglycerinsäure wird von der **Enolase** (S. 109) in Phosphoenolbrenztraubensäure übergeführt.

Reaktion 13. Die **Brenztraubensäurekinase** (S. 102) dephosphoryliert die Phosphoenolbrenztraubensäure zu Brenztraubensäure unter Bildung von ATP (Energiespeicherung!).

Reaktion 14. Die **Milchsäuredehydrogenase** (S. 114) hydrogeniert die Brenztraubensäure zu Milchsäure, wobei das in der Reaktion 9 erzeugte, hydrogenierte Coenzym, Co-I-H_2, wieder in die oxydierte Form, Co-I, übergeführt wird.

Die Untersuchungen, die zur Klarlegung der Glycolyse geführt haben, wurden vor allem mit Muskelpräparaten ausgeführt. Es besteht aber kein Zweifel, daß der Vorgang in anderen Organen prinzipiell derselbe ist.

Während zunächst angenommen wurde, daß die Milchsäurebildung im Muskel diejenige Reaktion ist, die direkt Energie für die Muskelkontraktion liefert, wurde später, u. a. durch Arbeiten von Lundsgaard, gezeigt, daß diese Energie primär durch Abbau energiereicher Phosphorsäureverbindungen generiert wird. Dabei kommen ATP und die sog. *Phosphagene* (Eggleton), Creatin- bzw. Argininphosphorsäure (vgl. S. 85), in Betracht. Die Glycolyse bedingt die Erholung des Muskels, d. h. den Wiederaufbau der energiereichen Phosphorverbindungen. Die Verwandlung eines Glucoserestes des Glycogens in Milchsäure bedingt offenbar die Synthese von vier Molekülen ATP. Geht man aber von der freien Hexose aus, so werden in den Reaktionen 4 und 6 zwei Moleküle ATP verbraucht, so daß der Gewinn in diesem Falle nur zwei Moleküle ATP beträgt. Vergleicht man die in dieser Menge von ATP gespeicherte Energie mit der durch totale Verbrennung (Veratmung) von einem Molekül Hexose erhältliche Energiemenge (686 kcal), so zeigt sich, daß der Energiegewinn bei der anaeroben Spaltung des Zuckers weniger als 10 % von der beim aeroben Abbau ist.

Selbstverständlich wird die in ATP und Phosphagenen gespeicherte Energie nicht nur bei der Muskelkontraktion verbraucht, sondern auch für energieerfordernde Synthesen usw. ausgenutzt.

b) Die anoxydativen Gärungen

Die alkoholische Gärung

Die alkoholische Gärung ist eine der am längsten bekannten und praktisch ausgenützten Enzymreaktionen. Die historische Entwicklung der Anschauungen über den Mechanismus der Gärungen bietet sehr viel von Interesse; in mehreren Fällen sind bei Untersuchungen der Gärung gemachte Beobachtungen und auf Grund derselben entwickelte Vorstellungen für die ganze Biochemie wegleitend geworden.

Als Sammelname für die bei der alkoholischen Gärung beteiligten Enzyme führte Buchner den Namen Zymase ein. Durch die epochemachende Entdeckung Buchners, daß man durch Zerreiben von Hefe und Auspressen einen Saft erhalten kann, der die typische Gärung hervorruft, wurden die Grundlagen für die moderne Auffassung vom Wesen der Gärung geschaffen. Während man diese früher als mit dem Leben der Mikroorganismen unlösbar verbunden betrachtete, und in der Zymase das typische „geformte Ferment“ sah, fassen wir jetzt die Gärung und andere ähnliche Vorgänge als die ineinandergreifende Wirkung einer gewissen Zahl von Enzymen auf, die sich prinzipiell nicht von anderen Enzymen unterscheiden.

Die alkoholische Gärung ist ein anaerober (anoxydativer) Abbau gewisser Hexosen; der Luftsauerstoff spielt dabei keine Rolle. Der Zerfall des Zuckers in Alkohol und Kohlendioxyd nach der Bruttoformel

$$C_6H_{12}O_6 \longrightarrow 2\,C_2H_5OH + 2\,CO_2$$

kann also, wie schon von Lavoisier 1789 ausgesprochen wurde, als eine Art innerer Oxydoreduktion beschrieben werden. Die Bruttoformel wurde im Jahre 1815 von Gay-Lussac aufgestellt.

Obgleich wenigstens bei den Kulturhefen die anaerobe Gärung als gewissermaßen „normal“ betrachtet werden kann, sollte nicht vergessen werden, daß die Hefen auch einen aeroben Kohlenhydratabbau bewirken können. Ohne Zufuhr von Sauerstoff, d. h. ohne den aeroben Abbau können sich die Hefen nicht vermehren. Nach Pasteur ist die anaerobe Gärung nur als ein Ersatz der Atmung zu betrachten, ein „Leben ohne Luft“, dessen sich die Hefen bei Sauerstoffmangel bedienen können, um die für das Weiterleben nötige Energie zu schaffen. Da also neben der anaeroben Gärung ein aerober Abbau vorkommt, der schon bei einigen Hefen und noch mehr bei vielen anderen Organismen zur Hauptsache wird, so hat das Wort Gärung allmählich eine teilweise veränderte Bedeutung erhalten: Oft bedeutet es mikrobieller Stoffwechsel überhaupt. So kommt es, daß man nicht nur von der anaeroben (anoxydativen) Gärung, sondern auch von einer aeroben, oxydativen Gärung spricht.

Bei der Entwicklung unserer Kenntnisse über die alkoholische Gärung sind einige Entdeckungen von ganz hervorragender Bedeutung gewesen:

1. Die Entdeckung von Harden und seiner Schule, daß die Phosphorsäure eine aktive Rolle spielt und zwar durch Bildung von Zuckerphosphorsäureestern. Es hat sich, wie schon oben im Abschnitt über die Glycolyse auseinandergesetzt wurde, gezeigt, daß der Abbau durch Phosphorylierungen eingeleitet wird und daß die meisten Zwischenprodukte phosphoryliert sind. Die fundamental wichtige Rolle der sog. energiereichen Phosphorsäureverbindungen wurde erst viel später durch Arbeiten von Lipmann, Kalckar u. a. klargelegt.

2. Die Entdeckung der sog. Cozymase (S. 112) durch Harden und die durch v. Euler und seine Schule erfolgte Aufklärung ihrer Rolle als Codehydrogenase. Die Dehydrogenasen und ihre Coenzyme spielen im Kohlenhydratabbau eine fundamentale Rolle.

3. Die Entdeckung von Neuberg, daß die Brenztraubensäure „vergärbar“ ist, d. h. daß Hefe und viele andere Mikroorganismen Brenztraubensäure decarboxylieren. Die zentrale Stellung der Brenztraubensäure nicht nur im Kohlehydratabbau sondern auch sonst im Stoffwechsel ist ja nunmehr völlig klar. Das von Neuberg auf Grund seiner Untersuchungen aufgestellte Schema der Gärung mußte zwar später in mehreren Einzelheiten modifiziert werden; prinzipiell enthielt es jedoch in manchen Punkten das Wesentliche unserer gegenwärtigen Vorstellungen.

Mechanismus der alkoholischen Gärung. Die Gärung verläuft größtenteils nach dem S. 114 für die Glycolyse gegebenen Schema. Der Unterschied wird vor allem dadurch bedingt, daß bei der Gärung die Brenztraubensäure zu Acetaldehyd decarboxyliert wird. Bis zur Glycerinaldehydphosphorsäure sind Glycolyse und alkoholische Gärung als identisch anzusehen. Bei der Gärung gestaltet sich der weitere Abbau folgendermaßen:

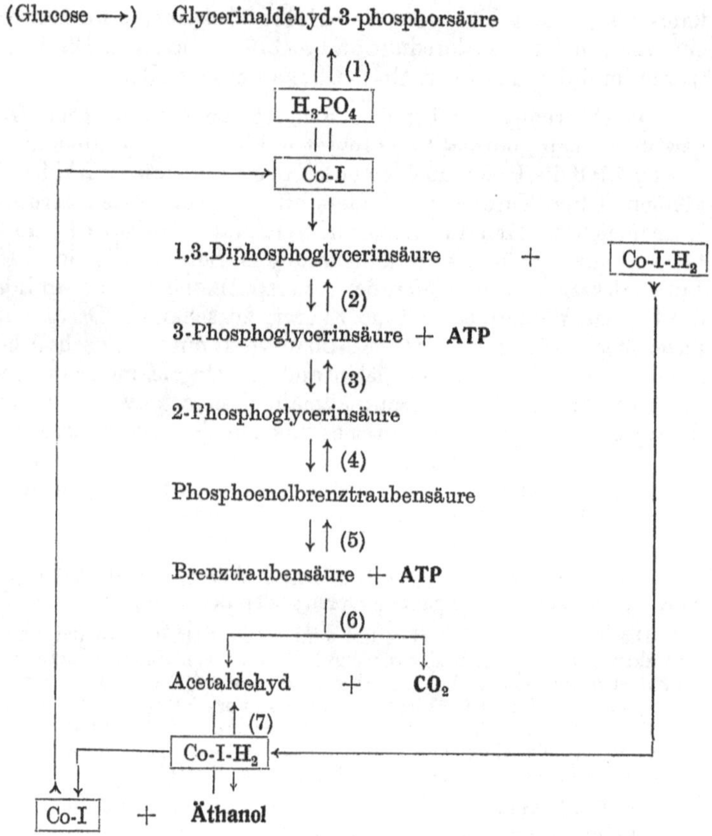

Die Reaktionen 1—5 sind offenbar mit den Reaktionen 9—13 des Glycolysenschemas (S. 144) identisch. In der Alkoholgärung tritt aber dann eine neue Reaktion, nämlich die Carboxylasespaltung der Brenztraubensäure in Acetaldehyd und Kohlendioxyd ein (Reaktion 6). Die Ursache ist selbstverständlich die Anwesenheit der **Carboxylase.** In der Reaktion 7 wird dann der Acetaldehyd zu Äthanol reduziert; die Reaktion wird durch die **Alkoholdehydrogenase** (S. 114) katalysiert, und als Wasserstoffdonator bei der Hydrogenierung des Acetaldehyds dient die in der Reaktion 1 erzeugte, hydrogenierte Form (Co-I-H_2) der Codehydrogenase Co-I.

Daß der Acetaldehyd bei der sog. *ersten Vergärungsform,* d. h. der normalen Alkoholgärung ein Zwischenprodukt ist, wurde schon sehr früh von Neuberg durch das sog. Abfangverfahren wahrscheinlich gemacht. Dabei wird die Gärung in Anwesenheit aldehydbindender Mittel wie Bisulfit ausgeführt. Man findet bei solchen „Sulfitgärungen" (nach Ansäuern des Gärgutes) große Mengen von Acetaldehyd, der als Bisulfitverbindung vor der Hydrogenierung geschützt wurde. Offenbar muß, wenn Acetaldehyd zurückbleibt, irgend ein anderer Stoff reduziert werden, da ja sonst nicht die für die Reaktion 1 nötige oxydierte Form der Codehydrogenase regeneriert werden könnte. Tatsächlich tritt bei den Sulfitgärungen an Stelle des Acetaldehyds die Dioxyacetonphosphorsäure, die durch die entsprechende Dehydrogenase zu α-Glycerinphosphorsäure reduziert wird. Die Glycerinphosphorsäure wird von Phosphatase in Glycerin und Phosphorsäure zerlegt, so daß bei den Sulfitgärungen eine dem abgefangenen Acetaldehyd äquivalente Menge von Glycerin entsteht. Durch Hefegärung in Anwesenheit von Bisulfit oder anderen Aldehydabfangmitteln kann deshalb aus Zucker beträchtliche Mengen von Glycerin erhalten werden. Der Prozeß ist sogar zeitweise für technische Darstellung von Glycerin zur Anwendung gekommen (Connstein und Lüdecke). Die „Glyceringärung" wurde von Neuberg als die *zweite Vergärungsform* bezeichnet.

Daß bei der normalen Gärung (*ersten Vergärungsform*) die natürlich an und für sich mögliche Reduktion des Dioxyacetonphosphates fast ganz ausbleibt, hängt damit zusammen, daß Acetaldehyd als Substrat für die Dehydrogenierung des Co-I-H_2 mehrere tausendmal wirksamer ist als Dioxyacetonphosphat.

In schwach alkalischer Lösung tritt die sog. *dritte Vergärungsform* in Erscheinung. Nach Neuberg wird dabei ein Teil des Acetaldehyds durch die *Aldehydmutase* (vgl. hierüber S. 115) in Alkohol und Essigsäure disproportioniert. Wie in der zweiten Vergärungsform wird Dioxyacetonphosphorsäure an Stelle von Acetaldehyd reduziert, so daß auch hier Glycerin als Endprodukt auftritt:

$$2\,C_6H_{12}O_6 + H_2O \rightarrow 2\,CO_2 + C_2H_5OH + CH_3{-}COOH + 2\,CH_2OH{-}CHOH{-}CH_2OH$$

Unter besonderen Bedingungen tritt eine *vierte Vergärungsform* ein, bei welcher der Zucker in äquivalenten Mengen von Glycerin und Brenztraubensäure zerfällt.

Nebenprodukte der Alkoholgärung. Die Bildung kleiner Mengen von *Glycerin* dürfte nach dem gesagten verständlich sein. *Bernsteinsäure* wird immer in kleinen Mengen beobachtet. Ehrlich nahm an, daß sie aus Glutaminsäure über α-Ketoglutarsäure entsteht; es erscheint aber nicht ausgeschlossen, daß sie aus Brenztraubensäure (d. h. aus dem Zucker) durch Kohlensäurefixierung (S. 126) über Oxalessigsäure gebildet werden kann. *Fuselöl* ist ein Gemisch höherer Alkohole, vor allem Amylalkohole. Nach Ehrlich entstehen diese durch eine „alkoholische Gärung der Aminosäuren", formell z. B.

$$\begin{matrix} C_2H_5 \diagdown \\ CH{-}CH(NH_2){-}COOH \\ CH_3 \diagup \end{matrix} + H_2O \rightarrow \begin{matrix} C_2H_5 \diagdown \quad \diagup H \\ C \\ CH_3 \diagup \quad \diagdown CH_2OH \end{matrix} + CO_2 + NH_3$$

Isoleucin — Optisch aktiver Amylalkohol

Es sei schließlich erwähnt, daß als Acceptor für den Wasserstoff des Co-I-H_2 nicht nur die Dioxyacetonphosphorsäure an Stelle des Acetaldehyds treten kann, sondern auch viele andere, teilweise vom biologischen Gesichtspunkt sehr „unnatürliche" Stoffe. So ist z. B. eine phytochemische Reduktion (Lintner, Neuberg) der folgenden Stoffe beobachtet worden: Aliphatische, aromatische und heterocyklische Aldehyde und Ketone, aliphatische und aromatische Nitroverbindungen, gewisse ungesättigte Verbindungen usw. Schwefel wird zu Schwefelwasserstoff reduziert.

Über die Acyloinbildung bei der alkoholischen Gärung vgl. S. 123.

Die Milchsäuregärungen

Die **homofermentative Milchsäuregärung** ergibt Milchsäure in fast 100 % Ausbeute und verläuft also wie die Glycolyse des Tiergewebes nach der Bruttoformel:

$$C_6H_{12}O_6 \rightarrow 2\,CH_3{-}CHOH{-}COOH$$

Es dürfte annehmen sein, daß die Teilreaktionen der homofermentativen Milchsäuregärung dieselben sind wie bei der Glycolyse (Schema S. 144). Während aber im Tiergewebe nur *l*-(+)-Milchsäure entsteht, bilden einige Bakterien wie die Milchsäurestreptokokken und *Lactobacillus Delbrücki* *d*-(—)-Milchsäure; andere wie die stabförmigen *Thermobacterien* bilden *l*-(+)-Milchsäure, wieder andere wie *Lactobacillus pentoaceticsu* racemische Milchsäure.

Die Milchsäure wurde 1780 von Scheele in saurer Milch entdeckt. Die grundlegenden Untersuchungen über die Milchsäuregärung wurden von Pasteur ausgeführt, der 1857 den *Streptococcus lactis* beschrieb. Für die technische Darstellung der Milchsäure wird besonders *Lactobacillus Delbrücki* angewendet. Durch Zusatz von Kreide sorgt man für unmittelbare Neutralisierung der gebildeten Säure.

Die **heterofermentative Milchsäuregärung** gibt außer Milchsäure andere Produkte wie Essigsäure, Äthanol, CO_2 usw. Die Bildung der Essigsäure kann auf verschiedenen Wegen geschehen. Bei einigen Bakterien wurde z. B. die folgende Reaktion gefunden:

$$2\,CH_3-CO-COOH + H_2O \rightleftarrows CH_3-CHOH-COOH + CH_3-COOH + CO_2$$

Versuche mit isotopisch gekennzeichnetem CO_2 zeigen, daß die Reaktion umkehrbar ist. Wahrscheinlich erfordert sie die Mitwirkung des Coenzyms A. Vergleiche die oxydative Decarboxylierung S. 124.

Bei mehreren Bakterien fand Neuberg eine Bildung von Essigsäure und Ameisensäure aus Brenztraubensäure:

$$CH_3-CO-COOH + H_2O \rightleftarrows CH_3-COOH + H-COOH$$

Auch hier ist später, besonders durch Arbeiten von Werkman, gezeigt worden, daß die Reaktion (*E. coli*) umkehrbar ist. Es wurde angenommen, daß Acetylphosphat oder eine nahestehende Verbindung („aktivierte Essigsäure") das Zwischenprodukt ist. Nunmehr kann als ganz klar betrachtet werden, daß das Acetyl-CoA (S. 107) das wahre Zwischenprodukt ist (Lipmann), aus dem Acetylphosphat sekundär entstehen kann. Bei einigen Bakterien wie *Clostridium butylicum* entstehen Wasserstoff und Kohlendioxyd anstatt Ameisensäure.

Eine Gärung, die als eine gemischte **Äthanol-Milchsäuregärung** bezeichnet werden kann, kommt bei manchen Bakterien vor. In einigen Fällen, z. B. mit *Thermobacterium mobile*, ist die Ausbeute an Äthanol so hoch, daß die Gärung für technische Alkoholgewinnung in Frage kommt.

Die Äthanolbildung dürfte bei diesen Bakterien nicht nach dem S. 148 für die Hefengärung gegebenen Schema stattfinden. Vielmehr muß angenommen werden, daß Äthanol (und andere Alkohole; siehe unten) über die entsprechenden Fettsäuren oder deren Derivate entstehen. Im Falle des Äthanols dürfte Acetylphosphat oder vielleicht eher das Acetyl-CoA das Zwischenprodukt sein.

Die Vergärung von Pentosen zu Milchsäure und anderen Produkten ist mit Hinsicht auf die Billigkeit des Ausgangsmaterials von gewissem technischem Interesse. *Lactobacillus pentoaceticus* gibt z. B. eine Mischung von äquivalenten Mengen von Milch- und Essigsäure:

$$C_5H_{10}O_5 \rightarrow CH_3{-}CHOH{-}COOH + CH_3{-}COOH$$

Bei vielen Bakterien (*Escherichia, Salmonella, Citrobacter* u. a.) findet man als Gärungsprodukte neben wechselnden Mengen von Milchsäure, Essigsäure, Ameisensäure, Kohlensäure, Äthanol, Wasserstoff auch oft beträchtliche Mengen von Bernsteinsäure. Für die Bildung dieser Säure kommen verschiedene Reaktionswege in Betracht. Ein Weg, der bei mehreren Bakteriengärungen auch experimentell sichergestellt ist, ist die Wood-Werkmansche *Reaktion* (vgl. S. 126), durch die aus Brenztraubensäure und Kohlendioxyd Oxalessigsäure bzw. Äpfelsäure und daraus (über Fumarsäure) Bernsteinsäure gebildet wird.

Eine andere Bildungsweise der Bernsteinsäure wurde von Thunberg vorgeschlagen, nämlich eine Dehydrogenierung der Essigsäure

$$2\,CH_3{-}COOH \rightarrow HOOC{-}CH_2{-}CH_2{-}COOH + 2\,H$$

Versuche mit isotopisch gekennzeichnetem Acetat (Werkman u. a.) haben gezeigt, daß bei gewissen Bakterien eine Bildung von Bernsteinsäure aus Essigsäure stattfindet. Es ist aber noch nicht bewiesen, daß der Mechanismus der von Thunberg angenommene ist. Anzunehmen wäre wohl, daß auch hier eine Bildung „aktivierter Essigsäure“ unter Mitwirkung von ATP und Coenzym A die erste Stufe der Reaktion ist.

Die Propionsäuregärung

Diese Gärung, die von den sogenannten Propionsäurebakterien hervorgerufen wird, gibt als Hauptprodukt Propionsäure. Technisch spielt die Propionsäuregärung nur insofern eine Rolle, als sie ein notwendiger Teilprozeß der Reifung des Emmenthaler Käses ist.

Für die Deutung der Propionsäurebildung ist die Feststellung wesentlich, daß die Säure nicht nur aus Zucker sondern auch aus Brenztraubensäure, Milchsäure, Glycerin u. a. gebildet werden kann. Zunächst wurde angenommen, daß sie durch Reduktion der Milchsäure entstehe; Fitz zeigte nämlich 1876, daß der Umsatz derselben nach der folgenden Bruttoformel verläuft:

$$3\,CH_3{-}CHOH{-}COOH \rightarrow 2\,CH_3{-}CH_2{-}COOH + CH_3{-}COOH + H_2O + CO_2$$

Denkbar war indessen auch, daß die Propionsäure durch eine Decarboxylierung von Bernsteinsäure entstehe. Nach Einführung der Isotopentechnik konnte gezeigt werden, daß bei der Propionsäurebildung CO_2 die Rolle eines Katalysators spielt. Daß bei den Propionsäurebakterien eine Decarboxylierung der Bernsteinsäure vorkommt, wurde besonders von Johns gezeigt. Der Verlauf dürfte deshalb folgendermaßen schematisch beschrieben werden können:

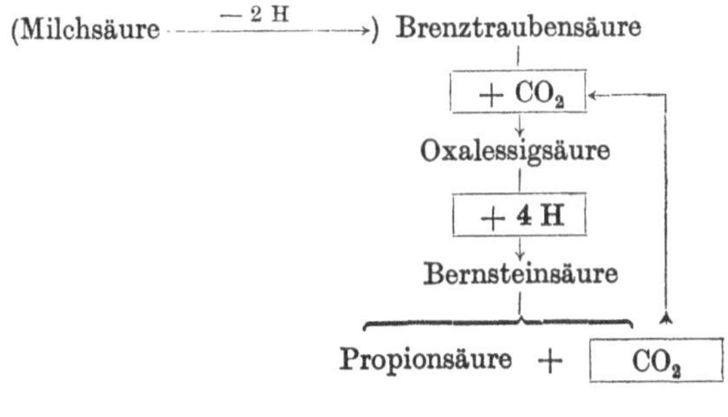

Die Butylenglykolgärung

Diese Gärung, die durch Mitglieder der *Aerogenes*- und *Aerobacillus*-gruppen hervorgerufen wird, gibt als Hauptprodukte 2,3-Butylenglykol (Harden 1906) und Äthanol, daneben meistens kleinere Mengen anderer Produkte wie Acetoin, Milchsäure, Bernsteinsäure, Ameisensäure, Wasserstoff usw. Vom Butylenglykol, CH_3—CHOH—CHOH—CH_3, bilden verschiedene Bakterien verschiedene Isomere: *Aerobacillus polymyxa* gibt die *d*-(—)-Form, *Aerobacter* hauptsächlich die Mesoform und *Aeromonas* eine Mischung der *d*-(—)- und der Mesoform.

Es darf angenommen werden, daß Acetoin (Acetylmethylcarbinol) die unmittelbare Vorstufe des Butylenglycols ist. Bezüglich der Acetoinbildung sei auf das S. 123 gesagte hingewiesen. Es erscheint aber nicht sicher, daß die bakterielle Acetoinbildung denselben Mechanismus hat wie die der Hefe.

Die Buttersäuregärung

Die Buttersäuregärung wurde schon von Pasteur eingehend untersucht. Ein typischer Buttersäurebildner ist *Clostridium saccharobutyricum.* Hohe Ausbeuten von Buttersäure (vielleicht 35 % vom Zucker) erhält man nur, wenn man durch Zusatz von Kreide für sofortige Neutralisation der Säure sorgt. Neben Buttersäure entstehen viele andere Produkte: Essigsäure, Kohlendioxyd und Wasserstoff in großen Mengen, Milch-, Propion-, Valerian-, Capron-, Caprin- und Bernsteinsäure in kleinen Mengen, außerdem Äthanol, Butanol usw.

Der Mechanismus der Buttersäurebildung ist noch umstritten. Während einige Verfasser angenommen haben, daß die Säure aus Acetaldehyd über Acetaldol entstehen sollte, d. h. durch eine Art intramolekulare Oxydoreduktion

$$2\,CH_3{-}CHO \rightarrow CH_3{-}CHOH{-}CH_2{-}CHO \rightarrow CH_3{-}CH_2{-}CH_2{-}COOH$$

scheinen neuere Untersuchungen, besonders mit isotopisch markierter Essigsäure (Barker, Werkman) zu zeigen, daß Essigsäure und nicht Acetaldehyd die unmittelbare Vorstufe der Buttersäure ist, und zwar sprechen die Versuche gegen die früher gemachte Annahme, daß Acetessigsäure bzw. β-Oxybuttersäure Zwischenprodukte sein sollten.

Aus Essigsäure mit schwerem Kohlenstoff in der Carboxylgruppe wird Buttersäure mit schwerem Kohlenstoff in der Carboxylgruppe und in der β-Stellung, bzw. Capronsäure mit schwerem Kohlenstoff in der Carboxylgruppe und in den β- und δ-Stellungen gebildet. Man darf annehmen, daß hierbei die „aktivierte Essigsäure" d. h. das Acetyl-CoA (S. 107) die wesentliche Rolle spielt. Auch hier wurde früher an das Acetylphosphat gedacht, insbesondere als bei *Clostridium Kluyveri* in Anwesenheit eines Wasserstoffacceptors die folgende Spaltung der Buttersäure beobachtet wurde:

$$CH_3{-}CH_2{-}CH_2{-}COOH + H_3PO_4 + H_2O \longrightarrow$$
$$CH_3{-}CO{-}O{-}PO(OH)_2 + CH_3{-}COOH + 4\,H$$

Wahrscheinlich wird hier das Acetylphosphat sekundär aus Acetyl-CoA gebildet.

Die Butanolgärungen

Die **Butanol-Acetongärung,** die schon von Pasteur nachgewiesen wurde, wird von *Clostridium acetobutylicum* und einigen verwandten Organismen hervorgerufen. Aus 100 kg Stärke können 20—25 kg Butanol und 10—15 kg Aceton erhalten werden, daneben große Mengen von Wasserstoff und Kohlendioxyd sowie kleinere Mengen von Äthanol, Iso-propanol, Methyläthylketon u.A. Es dürfte als sichergestellt betrachtet werden können, daß das Butanol durch Reduktion primär gebildeter Buttersäure entsteht. Während der Gärung treten nämlich große Mengen von Buttersäure anfänglich auf, die dann allmählich verschwinden. Ein Zusatz von Buttersäure zur gärenden Mischung erhöht die Ausbeute an Butanol. Über die Bildung der Buttersäure, vgl. das oben unter Buttersäuregärung gesagte.

Die Bildung des Acetons dürfte über Acetessigsäure erfolgen, da die Bakterien diese Säure mit großer Geschwindigkeit decarboxylieren. Dagegen sprechen verschiedene Befunde gegen die Annahme, daß die Acetesessigsäure ein Zwischenprodukt bei der Buttersäurebildung sein sollte. Aus Essigsäure bzw. „aktivierter Essigsäure" sollten dann, vielleicht über ein unbekanntes gemeinsames Zwischenprodukt, einerseits Buttersäure, andererseits Acetessigsäure entstehen. Durch Untersuchungen von Lipmann u. a. ist klar geworden, daß aus Acetyl-CoA Acetessigsäure gebildet wird und zwar zeigen Isotopenversuche, daß für jedes Molekül Acetessigsäure zwei Moleküle Acetyl-CoA nötig sind, so daß die Reaktion wahrscheinlich folgendermaßen geschrieben werden kann (Coenzym A = R—SH):

$$2\,CH_3{-}CO{-}S{-}R \rightleftarrows CH_3{-}CO{-}CH_2{-}CO{-}S{-}R + R{-}SH$$

Die Reaktion ist ein Gegenstück der Claisen-Kondensation. Aus dem Acetacetyl-CoA kann unter Bildung von ATP aus ADP die Acetessigsäure freigesetzt werden.

Eine der Butanol-Acetongärung offenbar sehr ähnliche „Butylgärung" ist die **Butanol-Isopropanolgärung,** bei der das Aceton zu Isopropanol reduziert wird. Ein typischer Erreger ist *Clostridium felsineum.*

Gewissermaßen gleichartig ist auch die **Äthanol-Acetongärung,** die u. a. von *Aerobacillus macerans* und *Aerobacillus acetoaethylicus* hervorgerufen wird. Ausbeuten von etwa 25 kg Äthanol und 15 kg Aceton aus 100 kg Stärke sind erhältlich.

Einige Bakterienstämme geben als Gärprodukte Butanol und verhältnismäßig viel Äthanol, aber wenig Aceton.

Anhangweise seien die Cellulose- und Pektingärungen erwähnt. Die Cellulose vergärenden Bakterien sind thermophil, so daß die Gärungen oft bei Temperaturen von 60—70° vor sich gehen. Die Erreger kommen vorzugsweise in Mist und dergleichen vor; sie lassen sich nur schwierig in Reinkultur erhalten. Die Cellulosegärungen geben Mischungen von vielen Produkten. Mitunter überwiegen die Säuren, besonders Essig- und Buttersäure, aber auch Milch-, Propion- und Ameisensäure; in anderen Fällen werden Alkohole (Äthanol, Butanol) als Hauptprodukte gebildet.

Ein besonderer Typus der Cellulosegärung ist die **Methangärung.** Gezeigt hat sich, daß die sogenannten Methanbakterien außer Cellulose auch allerlei andere Stoffe wie Äthanol, Essigsäure und Ameisensäure angreifen. Es erscheint deshalb sehr wohl möglich, daß sie überhaupt nicht Cellulose angreifen sondern nur Produkte, die von den eigentlichen Cellulosevergärern erzeugt werden.

Die Methangärung ist bei der Reinigung von Abwässern praktisch sehr wichtig.

Pectingärungen spielen z. B. beim Rösten von Lein und Hanf eine große Rolle, indem die Cellulosefasern durch Auflösen des Pectins freigelegt werden. Als Beispiel der hierbei wirksamen Organismen kann *Cl. felsineum* erwähnt werden.

Anaerobe Gärungen bei Schimmelpilzen

Bei den Schimmelpilzen treten, wie wir später sehen werden, die oxydativen Gärungen stark in den Vordergrund. Wie schon vor etwa 100 Jahren gezeigt wurde, können aber gewisse Schimmelpilze unter anaeroben Bedingungen eine Alkoholgärung wie die der Hefen hervorrufen. Einige wenige Organismen (*Fusarium, Mucor*) können sogar unter aeroben Bedingungen Alkohol bilden. Besonders wurde die Gärung durch *Fusarium lini* eingehend untersucht (F. F. Nord u. a.). Im Gegensatz zu Hefe vergärt *Fusarium* auch Pentosen; dabei werden pro Mol Äthanol je zwei Moleküle Kohlendioxyd vergärt, während bei der Vergärung von Hexosen in beiden Fällen pro Mol Äthanol je ein Mol CO_2 entwickelt wird.

Die naheliegende Annahme, daß die alkoholische Gärung durch *Fusarium* dieselben Zwischenstufen durchläuft als die Hefegärung, ist nach Nord nicht richtig. Nach seinen Untersuchungen ist zwar die Brenztraubensäure ein Zwischenprodukt, es scheint aber, daß ihre Bildung aus dem Zucker ohne Phosphorylierung stattfindet. Bei der Pentosengärung wird eine Spaltung in Triose und Glycolaldehyd angenommen.

Bei Mucoraceen, insbesondere *Rhizopus*arten, findet man eine **gemischte Milchsäure- und Alkoholgärung.** Unter anaeroben Bedingungen fand Waksman die folgende Bruttoformel:

$$C_6H_{12}O_6 \rightarrow CH_3{-}CHOH{-}COOH + C_2H_5OH + CO_2$$

In Anwesenheit von Sauerstoff wird die Ausbeute an Alkohol kleiner, während die Milchsäuremenge ansteigt. Möglich ist, daß von der Hälfte des Hexosemoleküls, die anaerob (nach der obigen Formel) in Alkohol und Kohlendioxyd zerfällt, in Sauerstoff nur ein kleiner Teil total oxydiert wird, während der Rest in Milchsäure übergeht. Es wird angenommen, daß in sämtlichen Fällen ein glycolytischer Abbau (S. 144) zu Brenztraubensäure führt und daß daraus die verschiedenen Endprodukte hervorgehen.

Bei gewissen holzzerstörenden Pilzen findet man anaerob eine alkoholische *Cellulosegärung.* Aerob wird der Alkohol zu Essigsäure oxydiert, die dann weiter umgewandelt wird, so daß schließlich Oxalsäure als Endprodukt entsteht (vgl. S. 166).

2. Der aerobe Abbau

a) Die Atmung (Respiration)

Wie schon mehrmals hervorgehoben, ist der aerobe Abbau der Kohlenhydrate, die **Atmung** oder Respiration, die wichtigste energieliefernde Reaktion der lebenden Zellen und Gewebe; der anaerobe Abbau (Glycolyse, Gärung) liefert pro umgesetzte Menge Kohlenhydrat nur einen kleinen Teil der Energie, die bei der totalen Verbrennung (Veratmung) derselben verfügbar wird. Besonders von Pasteur wurde die Rolle des anaeroben Abbaues als ein Notbehelf der Organismen bei Sauerstoffmangel betont: Die Gärung ist nach Pasteur ein „Leben ohne Luft". Tatsächlich kann auch bei aeroben Organismen der anaerobe Abbau bei Bedarf und für kurze Zeit als Energiequelle an Stelle der Verbrennung treten. Dies zeigt sich z. B. im Muskel darin, daß nach extremer Beanspruchung, wenn also die Sauerstoffzufuhr nicht ausreicht, der Milchsäuregehalt von Muskel, Blut usw. ansteigt. Viel ausgeprägter treten diese Erscheinungen bei Organismen wie gewissen Hefen zutage, bei welchen der anaerobe Abbau, d. h. die alkoholische Gärung, zur Hauptreaktion geworden ist. Bei genügender Sauerstoffzufuhr tritt aber auch bei diesen Organismen die Atmung in den Vordergrund (vgl. S. 160 über die Pasteursche Reaktion). Bei den obligat anaeroben Organismen schließlich fehlt das Enzymsystem der Atmung, so daß der anaerobe Abbau die alleinige Energiequelle ist.

Es hat sich gezeigt, daß bei Zellen, die sowohl aerob wie auch für kürzere oder längere Zeit anaerob leben können, die Atmung und die Glycolyse (Gärung usw.) nicht zwei von einander ganz unabhängige Abbauwege sind. Vielmehr scheint es durchgehend so zu sein, daß viele Teilreaktionen für beide Arten des Abbaues gemeinsam sind. Anders ausgedrückt beginnt der Abbau mit einer anaeroben Phase; ist Sauerstoff abwesend, so verläuft der anaerobe Abbau bis zu den für die verschiedenen Arten von Zellen charakteristischen Endprodukten (Milchsäure, Äthanol usw.), während bei Sauerstoffzufuhr, von irgend einem Zwischenprodukt des anaeroben Abbaues ab, eine Kette von Reaktionen beginnt, die zur Totalverbrennung des Stoffes führt. Wir dürften, vielleicht etwas vereinfacht, annehmen können, daß die einleitende anaerobe Phase so wie im Schema S. 144 beschrieben, bis zur Brenztraubensäure verläuft. Anaerob tritt dann in der Glykolyse Reduktion zu Milchsäure ein, bei der Alkoholgärung carboxylatische Spaltung zu Acetaldehyd + CO_2. Aerob tritt aber eine andere Umwandlung der Brenztraubensäure ein, die schließlich zu den Endprodukten der Atmung, Wasser und Kohlendioxyd, führt.

Bildung des Wassers. Der Wasserstoff der Substrate und Zwischenprodukte wird durch den Luftsauerstoff zu Wasser oxydiert; der Weg dürfte aus der oben gegebenen Darstellung der Wirkung der verschiedenen Oxydationsenzyme verständlich sein: Der Wasserstoff wird den Substraten usw. durch die Dehydrogenasen entzogen; er wird dann, schematisch ausgedrückt, von Überträger zu Überträger transportiert (Pyridinenzyme, Flavinenzyme, Cytochrome) und wird schließlich durch das autoxydable Atmungsferment (Cytochromoxydase) zu Wasser „verbrannt".

Aerobe Phosphorylierung. Der größte Teil der durch den aeroben Kohlenhydratabbau gewinnbaren Energie rührt von der erwähnten „Wasserstoffverbrennung" her. Diese Energie wird aber in den lebenden Zellen nicht in dem Sinne „freigesetzt", daß sie etwa ganz in Wärme übergehen sollte. Offenbar vermögen die Zellen einen großen Teil der theoretisch gewinnbaren Energie durch Koppelung mit einer Synthese energiereicher Verbindungen zu speichern, und zwar spielt auch hier das ATP dabei die Hauptrolle. Die Oxydation des Wasserstoffes (Oxydation der hydrogenierten Pyridin-cofermente) bedingt eine Bildung von ATP aus ADP und zwar lassen die neuesten Arbeiten auf diesem Gebiet den Schluß zu, daß pro Mol. gebildetes Wasser (d. h. pro $\frac{1}{2}$ O_2) 3 Moleküle ATP erzeugt werden. Der Mechanismus der Koppelung zwischen Oxydation und Phosphorylierung ist aber noch fast völlig unbekannt.

Bildung des Kohlendioxyds. Das zweite Endprodukt der Atmung, das Kohlendioxyd, entsteht, wie schon erwähnt, nicht durch direkte Oxydation, sondern durch Decarboxylierung gewisser Carboxylsäuren. Wie wir gesehen haben, ist deshalb auch eine anaerobe Bildung von Kohlendioxyd, wie bei vielen Gärungen, möglich.

In der aeroben Phase des Kohlenhydratabbaues, die nach unsrer Arbeitshypothese mit Brenztraubensäure anfängt, findet als erste Reaktion eine Decarboxylierung der Brenztraubensäure statt, die aber nicht wie z.B. bei der Alkoholgärung Acetaldehyd ergibt, sondern eine oxydative (dehydrogenierende) Decarboxylierung, die zu einem Derivat der Essigsäure führt. Alle Einzelheiten des weiteren Abbaues sind wohl noch nicht ganz klar; es erscheint aber möglich, daß in den meisten Arten von Zellen und Geweben der sog. Citronensäurecyklus (Tricarboxylsäurecyklus) nach H. A. Krebs die Hauptrolle spielt. Dieser Cyklus setzt sich zusammen aus einer Anzahl von Teilreaktionen, die an sich bekannt und in den meisten Fällen eingehend untersucht sind. Die am Kreisprozeß beteiligten Enzyme, die auch meist gut untersucht sind, werden bisweilen zusammenfassend als **Cyclophorasen** bezeichnet.

Der Citronensäurecyklus. Wir nehmen an, daß zunächst anaerob aus Glycogen bzw. den verwertbaren Zuckerarten nach dem S. 144 für die Glycolyse gegebenen Schema Brenztraubensäure entsteht. Die Verbrennung der Brenztraubensäure ist S. 157 schematisch dargestellt. Man sieht leicht ein, daß im Kreisprozeß die Oxalessigsäure gewissermaßen die Rolle eines Katalysators spielt: Sie tritt mit dem aus der Brenztraubensäure zunächst entstehenden Produkt in Verbindung, wird aber am Schluß des Kreises wieder zurückgebildet. Die Bruttoformel des Kreisprozesses ist

$$CH_3{-}CO{-}COOH + 3\,H_2O \rightarrow 3\,CO_2 + 5 \times 2\,H$$

Es sei wiederholt, daß „2 H“ nicht etwa freien Wasserstoff bedeutet, sondern den Wasserstoff der Substrate und Zwischenprodukte, der nach dem obigen zu Wasser verbrannt wird.

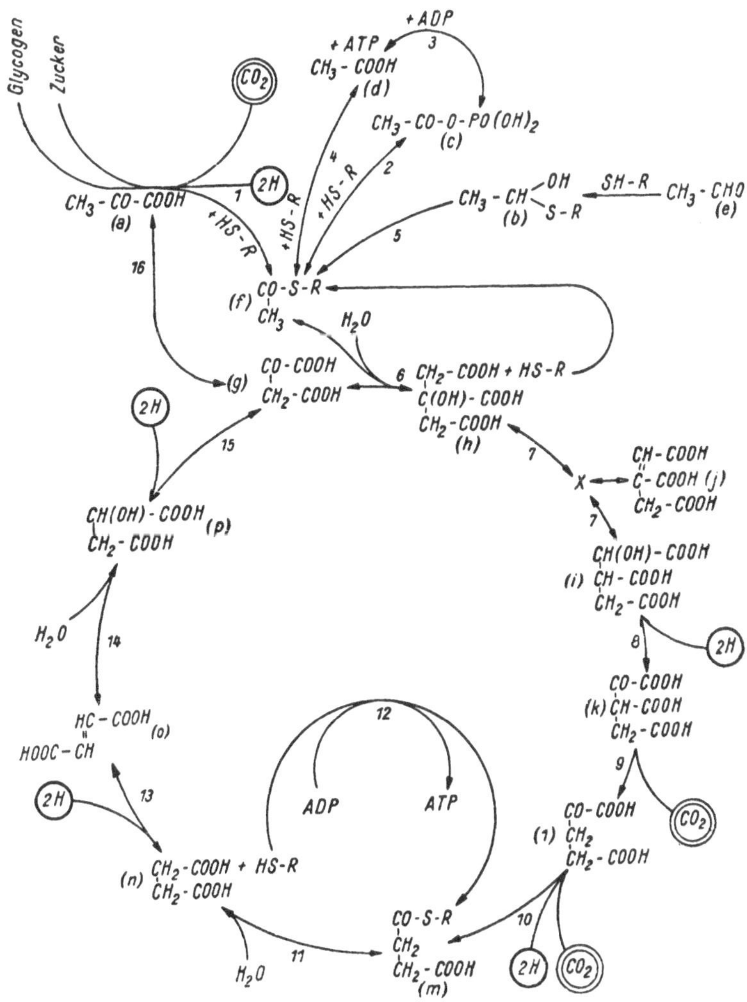

Reaktion 1. Wie schon erwähnt, entsteht bei der oxydativen Decarboxylierung der Brenztraubensäure (*a*) außer CO_2 und 2 H die sog. „aktivierte Essigsäure“, die nach Lynen mit dem Acetyl-CoA identisch ist (S. 107). Das Coenzym A wird im Schema mit HS—R bezeichnet, das acetylierte Coenzym mit CH_3—CO—S—R (*f*).

Die „aktivierte Essigsäure" kann auch auf anderen Wegen als aus Brenztraubensäure entstehen. Aus Acetylphosphat (*c*) entsteht Acetyl-CoA durch die umkehrbare Wirkung der Phosphotransacetylase (S. 107): *(Reaktion 2)*. Das Acetylphosphat kann seinerseits aus Essigsäure (*d*) + ATP gebildet werden *(Reaktion 3)*. Wahrscheinlich entsteht die „aktivierte Essigsäure aus dem Essigsäure-ATP-System auch auf anderen Wegen als über Acetylphosphat *(Reaktion 4)*. Gezeigt wurde weiter, daß Acetaldehyd ausgenutzt werden kann. Anzunehmen ist (vgl. S. 117), daß der Aldehyd (*e*) mit dem Coenzym A eine Verbindung (*b*) gibt, die zu Acetyl-CoA dehydrogeniert wird, wobei ein Pyridin-Coenzym als Wasserstoffacceptor dient *(Reaktion 5)*.

Reaktion 6. Die erste Reaktion im Citronensäurecyklus ist die Kondensation der „aktivierten Essigsäure" (*f*) mit Oxalessigsäure (*g*) zu Citronensäure (*h*). Es ist jetzt völlig klar, daß das Acetyl-CoA hier die unmittelbare Vorstufe ist. Bei der Citronensäurebildung ist ein spezifisches Enzym wirksam, das bis auf weiteres das **kondensierende Enzym** genannt wird. Es ist von Ochoa und Mitarbeiter in kristallisierter Form gewonnen worden. Die Kondensation ist nach Ochoa reversibel, denn in Anwesenheit von CoA katalysiert das Enzym einen Austausch zwischen „acetylgebundener Oxalessigsäure" (d. h. Citronensäure) und freier Oxalessigsäure. Das Gleichgewicht ist stark zugunsten der Citronensäure verschoben.

Reaktion 7 ist die Umwandlung der Citronensäure in Isocitronensäure (*i*) durch die **Aconitase.** Wie schon S. 109 erwähnt, wird dabei im allgemeinen die Aconitsäure (*j*) als Zwischenprodukt betrachtet. Nach Martius ist aber möglich, daß die Umwandlung über ein der Aconitsäure nahestehendes Zwischenprodukt *X* geht, aus dem die Aconitsäure als Nebenprodukt entsteht.

Reaktion 8 ist die Dehydrogenierung der Isocitronensäure zu Oxalbernsteinsäure (*k*) durch die **Isocitricodehydrogenase** (S. 118).

Reaktion 9 ist die Decarboxylierung der Oxalbernsteinsäure zu α-Ketoglutarsäure (*l*) durch die spezifische **Oxalbernsteinsäuredecarboxylase.** Wie schon S. 127 erwähnt, hat sich dieses Enzym nicht von der Isocitricodehydrogenase trennen lassen. Sollte es sich zeigen, daß ein und dasselbe Protein sowohl (zusammen mit Co-II) als Dehydrogenase wie (von Mn^{2+} aktiviert) als Decarboxylase wirkt, so wäre vermutlich anzunehmen, daß das Protein zwei von einander unabhängige Wirkgruppen besitzt. Die Umkehrbarkeit der Reaktion 8—9 wurde von Ochoa bewiesen.

Reaktion 10 ist die oxydative Decarboxylierung der α-Ketoglutarsäure durch die entsprechende **Decarboxylase** (S. 125). Wie erwähnt, ist das Coenzym A hierbei unentbehrlich und das eigentliche Reaktionsprodukt das Succinyl-CoA (*m*).

Reaktion 11 ist der Übergang des Succinyl-CoA in Bernsteinsäure (*n*) unter Freisetzung von CoA. Mit der Sprengung der energiereichen Acyl-CoA-Bindung ist eine Synthese von ATP aus ADP und Phosphat gekoppelt *(Reaktion 12)*.

Wendet man bei der Kondensation von Essigsäure und Oxalessigsäure ein in der Carboxylgruppe isotopisch markiertes Acetat an, so wird die Citronensäure in einer α-Carboxylgruppe markiert. Da die Citronensäure symmetrisch gebaut ist, so könnte man erwarten, daß in Isocitronensäure, Oxalbernsteinsäure und β-Ketoglutarsäure beide α-Carboxyle markiert sein sollten. Die aus der letzteren entstehende Bernsteinsäure sollte deshalb nur halb soviel markiertes Carboxyl enthalten wie die erwähnten Säuren. Versuche zeigten aber unerwarteterweise, daß die Bernsteinsäure alles markierte Carboxyl der Citronensäure enthält. Dies wurde zunächst dahin gedeutet, daß die symmetrische Citronensäure außerhalb des Cyklus liegt, und daß das bei der Kondensation entstehende Produkt unsymmetrisch sein muß, etwa wie die Aconitsäure. Auseinandersetzungen von Ogston zeigen aber, daß ein symmetrisch gebautes Molekül wie die Citronensäure sehr wohl unsymmetrisch angegriffen werden kann, wenn das Enzym, wie ja ohne weiteres anzunehmen ist, in seinem substratbindenden Teil unsymmetrisch gebaut ist. Es bestehen deshalb jetzt keine Zweifel, daß die Citronensäure und nicht die Aconitsäure das Kondensationsprodukt ist.

Reaktion 13 ist die Dehydrogenierung der Bernsteinsäure zu Fumarsäure (*o*) durch die **Succinodehydrogenase** (S. 132).

Reaktion 14. Wasser wird durch die **Fumarase** (S. 108) an die Bernsteinsäure angelagert, wodurch Äpfelsäure (*p*) gebildet wird.

Reaktion 15 ist die Dehydrogenierung der Äpfelsäure durch die **Malicodehydrogenase** (S. 117). Oxalessigsäure (*g*) entsteht, und der Kreis ist geschlossen.

Die Reaktion 16, außerhalb des eigentlichen Kreisprozesses, ist die S. 126 besprochene Umkehrung der Spaltung des Oxalessigsäure durch die **β-Decarboxylase.** In welchem Grade diese Reaktion eine physiologische Rolle spielt, ist unbekannt: Möglicherweise dient sie dazu, die für die Durchführung des Kreisprozesses notwendigen Mengen von Oxalessigsäure zu erzeugen.

Versuche über selektive Inaktivierung der verschiedenen Reaktionen des Citronensäurecyklus haben in mehreren Fällen ein besseres Verstehen der komplizierten Verhältnisse ermöglicht. Besonders zu erwähnen sind Versuche über die Wirkung der Fluoressigsäure, die nach R. A. Peters in eine Tricarboxylsäure, vermutlich Fluorcitronensäure, eingebaut wird.

Es geht aus dem obigen hervor, daß jeder Umlauf im Citronensäurecyklus eine Totaloxydation von einem Molekül Brenztraubensäure bzw. $\frac{1}{2}$ Molekül Hexose bedeutet.

Es mag sein, daß der Citronensäurezyklus nur einen von mehreren Abbauwegen darstellt. Krebs ist z. B. der Ansicht, daß in der Hefe der Cyklus nicht der Hauptabbauweg der Essigsäure ist und daß wenigstens bei gewissen Mikroorganismen der Cyklus eher der Schaffung für Synthesen geeigneter Zwischenprodukte als der Energieerzeugung dient. Immerhin ist der Cyklus in so vielen Zellen und Geweben nachgewiesen, so daß ihm eine sehr große physiologische Bedeutung zugemessen werden muß.

In tierischen Geweben kommt auch ein anaerober Abbau der Citronensäure vor. Nach Martius findet man dabei als Endprodukt α-Oxyglutarsäure. Die Citronensäure geht nach dem obigen Schema über Isocitronensäure und Oxalbernsteinsäure in α-Ketoglutarsäure über, die dann als Acceptor des bei der Isocitronensäuredehydrogenierung abgelösten Wasserstoffes dient.

b) Der Pasteureffekt

Bei Organismen, die sowohl aerob wie anaerob Kohlenhydrat abbauen, findet man, daß anaerob viel mehr Substrat verbraucht wird als unter aeroben Bedingungen. Dies hängt selbstverständlich damit zusammen, daß bei der Totelverbrennung eines Hexosemoleküls 686 Kcal gewonnen werden, während beim anaeroben Umsatz (Glycolyse, Gärung) die entsprechende Zahl nur 50—55 Kcal beträgt, und bedeutet offenbar, daß unter aeroben Bedingungen die Glycolyse bzw. die Gärung gehemmt ist. Eine Preßhefe, die anaerob sehr starke Alkoholbildung zeigt, verbrennt bei Luftzufuhr den Zucker und zwar eine wesentlich kleinere Menge, ohne jede Alkoholbildung, d. h. die Gärung ist irgendwie gehemmt. Für diese wenigstens scheinbare Hemmung des anaeroben Abbaues bei Aerobiose führte Warburg nach dem Entdecker die Bezeichnung *Pasteureffekt* ein.

Über das Wesen des Pasteureffektes sind wir noch etwas mangelhaft unterrichtet. Es ist aber jedenfalls nicht so, daß das Nichtauftreten der anaeroben Endprodukte (Milchsäure, Äthanol usw.) unter aeroben Bedingungen einfach darauf beruht, daß sie, je nachdem sie gebildet, sofort verbrannt werden. Denn der Übergang von anaerobem zu aerobem Abbau bedeutet, wie schon oben gesagt, eine bedeutende Ersparnis an Substrat. Meyerhof fand z. B. bei der Glycolyse, daß die Zufuhr einer bestimmten Menge von Sauerstoff die Ausbeute an Milchsäure um einen Betrag vermindert, der 3—6 mal so groß ist wie er aus dem Sauerstoffverbrauch berechnet wird. Da also die verminderte Ausbeute an Milchsäure nur zum kleinen Teil durch ihre Verbrennung erklärt werden kann, nahm Meyerhof an, daß die bei der Oxydation einer gewissen Menge von Milchsäure gelieferte Energie für eine *Resynthese* von Kohlenhydrat aus Milchsäure ausgenutzt wird. Indessen konnte von Warburg, Dickens u. a. gezeigt werden, daß der Pasteureffekt selektiv „vergiftet" werden kann. Ein Zusatz kleiner Mengen gewisser Stoffe kann nämlich die aerobe Glycolyse in Gewebeschnitten auf den Wert der anaeroben Glycolyse erhöhen, ohne daß die Atmung bzw. die anaerobe Glycolyse vermindert wird. Als Erklärung wurde die Inaktivierung eines speziellen, vermutlich eisenhaltigen „*Pasteurenzyms*" angenommen. Die Existenz eines derartigen Enzyms ist jedoch keineswegs sichergestellt, und andere Erklärungen sind denkbar. U. a. ist versuchsweise angenommen worden, daß die Wirkung der Aerobiose mit der Oxydation essentieller SH-Gruppen gewisser Enzyme zusammenhängt.

Eine Erklärung anderer Art wurde von Lynen vorgeschlagen: Wie schon erwähnt, wird die von den Abbauprozessen gelieferte Energie durch

Synthese von ATP bzw. anderen energiereichen Phosphaten gespeichert. Nun werden bei der Glycolyse und Alkoholgärung pro Mol verbrauchter Glucose nur 2 Mol ATP gebildet (S. 144 u. 148), während bei der Totalverbrennung von einem Mol Glucose mit 6 O_2 nach dem S. 156 gesagten etwa 36 Mol ATP entstehen können. ATP kann selbstverständlich nur entstehen, wenn anorganisches Phosphat in ausreichender Menge vorhanden ist bzw. aus ATP genügend schnell zurückgebildet wird. Nach Lynen verläuft nun diese Rückbildung freien Phosphates aerob und anaerob etwa gleich schnell. Der große Phosphatverbrauch beim aeroben Abbau könnte dann zur Folge haben, daß der Vorrat der Zellen an freiem Phosphat erschöpft wird, so daß die Freimachung von Phosphat aus ATP die geschwindigkeitsbestimmende Reaktion wird. Dadurch würde die Geschwindigkeit der phosphaterfordernden Dehydrogenierung des 3-Phosphoglycerinaldehydes (S. 116) herabgesetzt und die Glycolyse bzw. Gärung überhaupt gehemmt werden.

c) Die oxydativen Gärungen

Als oxydative Gärungen bezeichnet man Oxydationen bzw. Abbauprozesse bei Mikroorganismen, an welchen der Luftsauerstoff teilnimmt. Der Verlauf dieser Gärungen hängt also stark von der Luftzufuhr ab, was praktisch zur Folge hat, daß die Gärungen mit Oberflächenkulturen oder unter Lüftung der Nährlösung durchgeführt werden müssen.

Von diesen Gärungen sind einige *einfache Oxydationen* gewisser Substrate:

a) *Oxydation von Aldehyden,* besonders Aldosen, zu den entsprechenden Carboxylsäuren. So wird z. B. Glucose zu Gluconsäure oxydiert, Acetaldehyd zu Essigsäure usw.

b) *Oxydation primärer Alkohole* zu den entsprechenden Aldehyden wie z. B. Äthanol zu Acetaldehyd (Teilreaktion der Essiggärung).

c) *Oxydation sekundärer Alkoholgruppen* zu Carbonylgruppen. Beispiele: Oxydation von Sorbit zu Sorbose, von Glycerin zu Dioxyaceton, von 2,3-Butylenglycol zu Acetoin bzw. Diacetyl, von Gluconsäure zu 5-Ketogluconsäure usw.

Andere oxydative Gärungen sind mit einem *Abbau der Substrate* verbunden, d. h. außer den Oxydationen tritt auch Sprengung, zum Teil auch Resynthese von Kohlenstoffbindungen ein.

Die Gärungen der Essigbakterien

Schon Lavoisier stellte fest, daß die Essiggärung im Gegensatz zur Alkoholgärung eine Oxydation ist. Der Zusammenhang zwischen der Essiggärung und den lebenden Essigbakterien wurde von Pasteur klargelegt. Die Essigbakterien *(Acetobacter)* sind typische Aerobier, die meistens auf den Nährlösungen Häute bilden. Beispiele sind *A. pasteurianum, A. rancens, A. ascendens, A. plicatum* (die beiden letzteren sind „Weinessigbakterien"), und die „Schnellessigbakterien" *A. schützenbachi* und *A. orleanense.*

Die gewöhnliche Essiggärung besteht in einer Oxydation von Äthanol über Acetaldehyd zu Essigsäure:

$$CH_3{-}CH_2OH \xrightarrow{+\,{}^1/_2\,O_2} CH_3{-}CHO + H_2O \xrightarrow{+\,{}^1/_2\,O_2} CH_3{-}COOH + H_2O$$

Beim alten *Orleansverfahren* wird mit stehender Würze gearbeitet, auf der die „Essigmutter“ schwimmt; beim neuen *Schnellessigverfahren* befindet sich die Bakterienkultur auf einem porösen Füllmaterial, oft Buchenholzspänen, in zylindrischen Essigbildnern. Der verdünnte Alkohol wird oben auf die Füllung verteilt; von unten nach oben strömt Luft durch.

Viele Essigbakterien wie *A. suboxydans*, *A. rancens*, *A. xylinum*, oxydieren auch sekundäre Alkohole zu Ketonen, Isopropanol zu Aceton usw. Größere technische Bedeutung hat die Oxydation gewisser Polyalkohole, die ziemlich allgemein angegriffen werden. Sogar das Inosit wird zu einer Ketoverbindung oxydiert.

Die *Oxydation des Glycerins* zu Dioxyaceton wurde zuerst von Bertrand beobachtet. Das Dioxyaceton hat Bedeutung als Zuckerersatz für Diabetiker. Ein geeigneter Erreger ist *A. suboxydans*. Die Ausbeute kann fast 100% betragen.

Beträchtliche Bedeutung hat die ebenfalls von Bertrand entdeckte *Oxydation von d-Sorbit* zu *l*-Sorbose. Auch hier wird *A. suboxydans* oder *A. xylinum* angewendet. Die Ausbeute kann sich 100% nähern. *l*-Sorbose hat Bedeutung für die synthetische Darstellung des Vitamin C.

Bei der bakteriellen Oxydation sekundärer Polyalkohole gilt eine von Bertrand gefundene Regel, nach der die Oxydation nur ganz bestimmte Alkoholgruppen trifft. In *d*-Sorbit (Formel I)

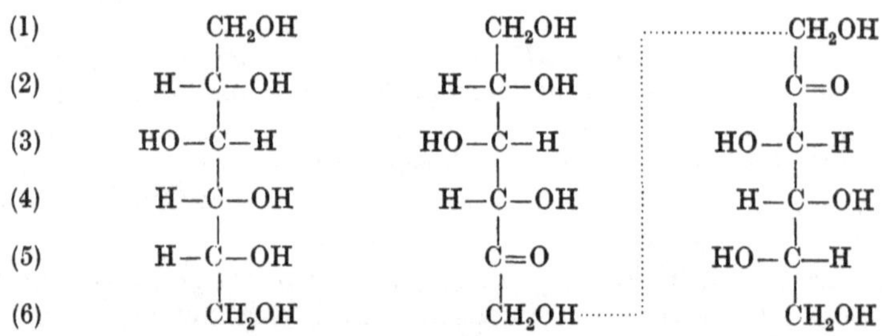

I II III

wird nur die Hydroxylgruppe in der Stellung (5) oxydiert. Allgemein gilt, daß die Oxydation an einem Kohlenstoffatom eintritt, der mit einer primären Karbinolgruppe (6) direkt verbunden ist. Weiter muß die oxydierbare Hydroxylgruppe im Verhältnis zur Hydroxylgruppe am anderen benachbarten Kohlenstoffatom (4) Cis-Stellung haben. Im Sorbit tritt deshalb in der Stellung (2) keine Oxydation ein, weil die Hydroxyle (2) und (3) trans-gestellt sind. Bei der Oxydation entsteht also Sorbose (II) und nicht etwa Fructose. (Die Formel III ist die Sorboseformel so wie sie gewöhnlicherweise geschrieben wird. Sie zeigt, daß der entstehende Zucker eine *l*-Form ist.)

Gewisse Essigbakterien oxydieren *Aldonsäuren zu Ketosäuren*. Mit *A. suboxydans* erhält man z. B. aus Gluconsäure 2-Ketogluconsäure. Die Säure kann auch direkt aus Glucose gewonnen werden, wobei Gluconsäure Zwischenprodukt ist. Andere Bakterien bilden 5-Ketogluconsäure.

Nach King und Cheldelin oxydiert *A. suboxydans* allerlei Stoffe, aber nicht die Zwischenprodukte des Citronensäurecyklus. Acetylierungen (z. B. von Sulfanilamid) bzw. Bildung von Citronensäure werden nicht beobachtet. Für die Oxydation von Äthanol zu Essigsäure bzw. von Glycerin zu Dioxyaceton ist DPN (Pyridin-coenzym I) entbehrlich. Diese Oxydationen werden von 2,4-Dinitrophenol nicht gehemmt, dagegen die Oxydation über die Dioxyacetonstufe. Da die Hemmung durch 2,4-Dinitrophenol als eine „Entkoppelung" von Oxydation und Phosphorylierung aufgefaßt wird, so ist anzunehmen, daß bei *A. suboxydans* sowohl phosphatabhängige wie vom Phosphat unabhängige Oxydationen vorkommen.

Bei der Oxydation primärer Alkohole zu Säuren, wie z. B. bei der Essiggärung, sind die entsprechenden Aldehyde Zwischenprodukte. Die Essigbakterien oxydieren allgemein Aldehyde; außer Acetaldehyd werden Formaldehyd und höhere aliphatische Aldehyde leicht in die Säuren übergeführt. Sogar gewisse aromatische Aldehyde werden angegriffen.

Aldosen, und zwar sowohl Hexosen wie Pentosen, werden zu Aldonsäuren oxydiert, und die Ausbeuten können sich dem theoretischen nähern. Längere Einwirkung kann zu Ketocarboxylsäurebildung führen. Für die technische Darstellung der Gluconsäure spielt die Gluconsäuregärung durch Schimmelpilze eine wichtigere Rolle (S. 164).

Gewisse Essigbakterien, vor allem aber Schimmelpilze, bilden bei der Vergärung von Zucker beträchtliche Mengen der sog. *Kojisäure* (Formel II und III):

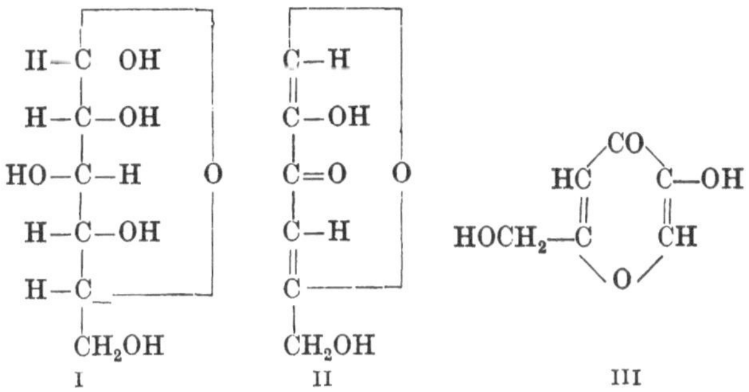

I Glucose; II, III Kojisäure

Die Kojisäure hat (Formel III) die Struktur des 2-Oxymethyl-5-oxy-γ-pyrons (Yabuta). Die Formel II zeigt die Ähnlichkeit mit der Glucose (I). Es kann jedoch nicht angenommen werden, daß die Kojisäure direkt aus Glucose durch Dehydratisierung und Oxydation hervorgehen sollte. Wahrscheinlich wird sie aus niedrigen Abbauprodukten der Zucker synthetisiert.

Bei der Vergärung von isotopisch markierter Glucose durch *Clostridium thermoaceticum* konnte H. G. Wood zeigen, a) daß die Kohlenstoffatome 3 und 4 der Glucose CO_2 geben, b) daß Essigsäure aus den Kohlenstoffatomen 1 und 2 bzw. 5 und 6 stammen, wobei die Methylgruppe der Essigsäure aus den Atomen 1 und 6 hervorgehen, und c) daß, wenn mehr als 2 Moleküle Essigsäure aus einem Glucosemolekül entstehen, die überschüssige Menge durch Synthese aus CO_2 gebildet wird. Dies spricht ja dafür, daß beim untersuchten Organismus der Abbau anfangs nach dem S. 144 gegebenen Schema verläuft.

Die oxydativen Gärungen der Schimmelpilze

Wie bereits gesagt, sind die typischen Schimmelgärungen *oxydative Gärungen*. Da die Pilze bekanntlich bei ungestörtem Wuchs zusammenhängende und zum Teil sehr feste Decken bilden, müssen entweder Oberflächenkulturen angewendet werden, oder man kann durch besondere Maßnahmen, vor allem sehr starke Lüftung, eine Entwicklung der Pilze *in* der Nährlösung („submerse Kultur") erzwingen. Bei Oberflächenkulturen kann unter Umständen auch Lüftung bzw. Umrühren oder Umpumpen vorkommen. Die submerse Züchtung ermöglicht selbstverständlich bedeutende Raumersparnis.

Die Gluconsäuregärung. Bildung der Gluconsäure wurde bei vielen Pilzen beobachtet. Besonders anwendbar für die Gluconsäuredarstellung sind gewisse *Penicillium-* und *Aspergillusarten*, wie z. B. *P. chrysogenum*. Es können sehr hohe Ausbeuten (95 %) erzielt werden.

Die Gluconsäurebildung kann als eine Oxydation der Glucopyranose zu Gluconolacton (S. 129) betrachtet werden. Das dabei wirksame Enzym extrahiert man aus den Pilzen. Arbeiten von D. Müller, Franke, Doisy, Keilin, Raistrick u. a. haben gezeigt, daß das Enzym eine „Aerodehydrogenase" ist, die die folgende Reaktion katalysiert:

$$\text{Glucose} + O_2 \rightarrow \text{Gluconolacton} + H_2O_2$$

Wie schon erwähnt, ist die Glucoseoxydase ein Flavoprotein und mit dem Antibioticum *Notatin* identisch.

Die Citronensäuregärung. Viele Schimmelpilze bilden Citronensäure, vor allem *Aspergillus niger* aber auch andere *Aspergillus-*, *Citromyces-*, *Penicillium-* und *Mucor*arten (*Citromyces* wird neuerdings zu *Penicillium* gerechnet). Die Ausbeuten an Citronensäure aus Glucose oder Saccharose können sehr hoch sein (80 %). Die Citronensäuregärung hat große technische Bedeutung.

Die hohen Ausbeuten an Citronensäure aus den Hexosen führten zu der Annahme, daß z. B. aus Glucose zunächst über Zuckersäure Diketoadipinsäure entstehen, aus der durch eine Art Benzilsäureumlagerung die Citronensäure hervorgehen sollte. Es hat sich aber gezeigt, daß Citronensäure zwar z.B. aus Adipinsäure gebildet werden kann, aber auch aus zum Teil sehr niedrigmolekularen Verbindungen wie Pentosen, Triosen, Glycerin, Glycerinsäure, Essigsäure, Äthanol, Glycolsäure u. a. Es muß deshalb als festgestellt betrachtet werden, daß die Citronensäure bei den Gärungen über niedrige Abbauprodukte der Zucker gebildet wird. Daß mehrere Wege dabei vorkommen ist nicht nur möglich, sondern wahrscheinlich. Der Citronensäurecyklus (S. 157) spielt sicher eine Rolle, aber eine Bildung von Citronensäure über Bernsteinsäure, die ihrerseits durch Dehydrogenierung von Essigsäure (S. 151) entstehen könnte, ist denkbar. Weiter scheint eine Bildung über Essigsäure-Glycolsäure möglich. Gewisse Untersuchungen deuten darauf, daß Citronensäure aus Glycolsäure (oder Essigsäure) + Äpfelsäure gebildet werden kann. Vgl. das folgende Schema.

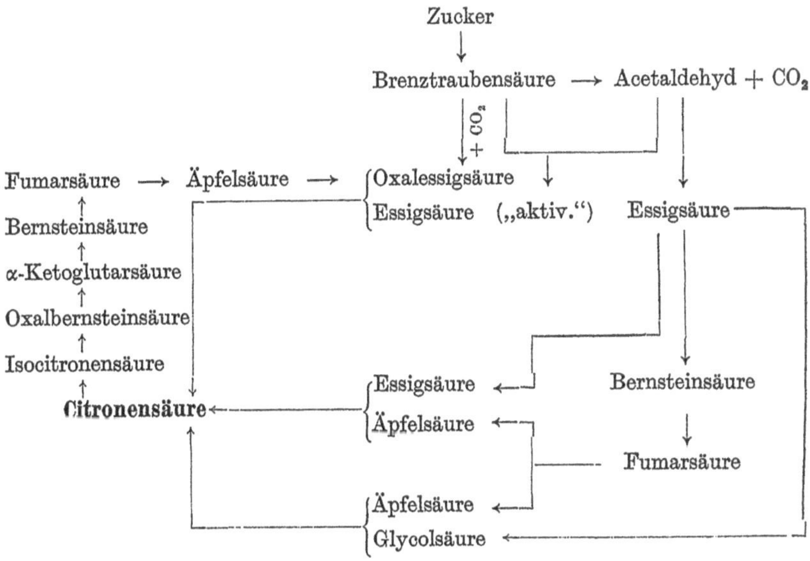

Als eine Abart der Citronensäuregärung kann möglicherweise die besonders von Raistrick untersuchte *Itaconsäuregärung* des *Aspergillus terreus* betrachtet werden, die als Hauptprodukt Itaconsäure (Methylenbernsteinsäure) liefert. Wie aus den Formeln ersichtlich ist, besteht eine nahe formelle Verwandtschaft zwischen Citronensäure, Aconitsäure und Itaconsäure:

Citronensäure	Aconitsäure	Itaconsäure
CH_2-COOH	CH_2-COOH	CH_2-COOH
$\vert$	$\vert$	$\vert$
$C(OH)-COOH$	$C-COOH$	$C-COOH$
$\vert$	$\Vert$	$\Vert$
CH_2-COOH	$CH-COOH$	CH_2

Der Mechanismus der Gärung ist noch unbekannt. Weder Citronensäure noch Aconitsäure sind als Zwischenprodukte nachgewiesen worden.

Die Fumarsäuregärung. Die Bildung von Fumarsäure durch *Rhizopus nigricans* wurde 1911 von Ehrlich beobachtet. Größere Mengen der Säure werden von *Aspergillus fumaricus* und verschiedenen Mucoraceen, besonders *Rhizopus*-Arten produziert. Wird die entstehende Säure dauernd neutralisiert, können beträchtliche Ausbeuten an Fumarsäure erhalten werden (40%). Bei den *Rhizopus*-Arten werden neben Fumarsäure hauptsächlich Milchsäure und Äthanol gebildet. Es liegt deshalb nahe anzunehmen, daß die Fumarsäure entweder über Äthanol-Essigsäure-Bernsteinsäure oder über Brenztraubensäure-Oxalessigsäure-Äpfelsäure hervorgeht. Der letztere Abbauweg kann eine anaerobe Bildung von Fumarsäure erklären, die auch tatsächlich bei einigen *Rhizopus*-Stämmen beobachtet wurde

Die Oxalsäuregärung. Mehrere Schimmelpilze, insbesondere *Aspergillus*- und *Penicillium*-Arten, vergären Zucker und viele andere Verbindungen unter Bildung größerer Mengen von Oxalsäure. Auch einige Essigbakterien bilden Oxalsäure.

Die Gärung des *Aspergillus niger* ist von Wehmer eingehend untersucht worden. Der Mechanismus der Gärung ist nicht völlig klar. Raistrick und andere nehmen eine Bildung der Oxalsäure über Oxalessigsäure an:

$$\underset{\substack{\text{Oxalessigsäure}\\ \text{(Enolform)}}}{HOOC-COH{=}CH-COOH} \longrightarrow \underset{\text{Oxalsäure}}{HOOC-COOH} + \underset{\text{Essigsäure}}{CH_3-COOH}$$

Direkt nachgewiesen wurde diese Spaltung jedoch nicht. Da die Pilze auch aus Essigsäure Oxalsäure bilden können und dabei Glycolsäure und Glyoxylsäure als Nebenprodukte isoliert worden sind, so erscheint auch eine Oxydation nach folgendem Schema möglich (vgl. S. 130 über die Glycolsäureoxydase):

$$\underset{\text{Essigsäure}}{\begin{matrix}CH_3\\ |\\ COOH\end{matrix}} \qquad \underset{\text{Glycolsäure}}{\begin{matrix}CH_2OH\\ |\\ COOH\end{matrix}} \qquad \underset{\text{Glyoxylsäure}}{\begin{matrix}CHO\\ |\\ COOH\end{matrix}} \qquad \underset{\text{Oxalsäure}}{\begin{matrix}COOH\\ |\\ COOH\end{matrix}}$$

Anhangsweise sei angeführt, daß viele Schimmelpilze wie *Aspergillus-*, *Penicillium-* und *Fusarium-*Arten, sowie höhere Pilze wie *Merulius lacrimans* Cellulose angreifen. Von F. F. Nord u. a. ist wahrscheinlich gemacht worden, daß die Abbauwege bei den verschiedenen Organismen verschieden sein können, daß aber zunächst ein hydrolytischer Abbau des Polysaccharids erfolgt, wonach Glucose (oder Cellobiose) über Brenztraubensäure, Essigsäure, Bernsteinsäure usw. zu Oxalsäure vergoren wird. Mit Hinsicht auf die Frage der Ligninbildung erscheint die Feststellung von Nord wichtig, daß gewisse Pilze aus Zucker Stoffe wie deren Methylester der p-Methoxyzimtsäure und andere aromatische Verbindungen bilden können.

Schließlich sei auf die Bedeutung gewisser Pilzgärungen für die Darstellung von Penicillin und anderen Antibioticis hingewiesen. Für die Penicillindarstellung werden *Penicillium notatum* oder nahestehende Arten verwendet; Streptomycin wird mit Hilfe von *Streptomyces* (*Actinomyces*) *griseus* gewonnen usw.

L. Der Fettumsatz

Bei den höheren Tieren wird das mit der Nahrung zugeführte Fett im Verdauungstraktus hydrolysiert, resorbiert und dann für den Aufbau des für das Tier charakteristischen Fettes ausgenutzt. Aus neueren Versuchen, insbesondere mit isotopisch markiertem Fett, scheint hervorzugehen, daß die Fetthydrolyse im Darm nicht ganz vollständig ist, und daß auch Glyceride resorbiert werden.

Das Reservefett eines Tieres stammt nur zum Teil aus mit der Nahrung zugeführtem Fett. Bekanntlich kann bei Schlachttieren durch Kohlenhydratfütterung eine sehr starke Fettbildung erreicht werden. Eine *Umwandlung von Kohlenhydrat in Fett* kommt also vor. Neuere Untersuchungen auf diesem Gebiete zeigen, daß diese Umwandlung über ganz niedrige Abbauprodukte der Kohlenhydrate verläuft, und zwar kommen wie wir unten sehen werden, für die normale Fettsynthese nur C_2-Verbindungen in Frage. Die Annahme erscheint jetzt zulässig, daß auch hier die sogenannte „aktivierte Essigsäure" als wesentlicher Vermittler der Reaktion auftritt. Unter Umständen wird die beim Kohlenhydratabbau generierte „aktivierte Essigsäure" zu Fettsäuren aufgebaut. Umgekehrt entsteht sie beim normalen Abbau der Fettsäuren und wird im Citronensäurecyklus verbrannt. Bei Bedarf kann nämlich ein Tier das Reservefett mobilisieren und die Fettsäuren total verbrennen.

Es ist bekannt, daß in der Leber eine *Dehydrogenierung der Fettsäuren* eintritt, wobei eine Doppelbildung in die Ketten der gesättigten Fettsäuren eingeführt wird. Dies ist jedenfalls in der α,β-Stellung möglich, vielleicht auch in der Mitte der Ketten; aus Stearinsäure sollte in der Weise Ölsäure entstehen.

Weiter ist, besonders durch die bahnbrechenden Untersuchungen von F. Knoop, bekannt, daß Fettsäuren durch eine sogenannte *β-Oxydation* abgebaut werden. Dabei wird die Kohlenstoffkette einer Fettsäure zwischen dem α- und dem β-Kohlenstoffatom gesprengt, wobei also (schematisch) teils eine neue Fettsäure mit einer um zwei Kohlenstoffatome kürzerer Kette, teils Essigsäure entstehen. Die β-Oxydation beginnt wahrscheinlich mit der oben erwähnten Dehydrogenierung in der α,β-Stellung. Man stellt sich vor, daß dann (wie z. B. bei der Umwandlung von Fumarsäure in Äpfelsäure) eine Anlagerung von Wasser unter Bildung einer β-Oxyfettsäure stattfindet, die zur entsprechenden Ketosäure dehydrogeniert wird. Schematisch wäre also die β-Oxydation zu schreiben:

$$R-CH_2-CH_2-COOH \longrightarrow R-CH{=}CH-COOH \longrightarrow R-CHOH-CH_2-COOH \longrightarrow$$
$$\longrightarrow R-CO-CH_2-COOH \longrightarrow R-COOH + CH_3-COOH$$

Die neue Fettsäure wird dann in derselben Weise weiter abgebaut, während die Essigsäure verbrannt wird.

Nun ist aber durch die früher (S. 106) besprochenen neuen Ergebnisse über die Natur der „aktivierten Essigsäure" äußerst wahrscheinlich gemacht worden, daß auch im Abbau und Aufbau der Fettsäuren das Coenzym A (HS—R) die Hauptrolle spielt, so daß in der oben erwähnten Reaktionsfolge die reagierenden Produkte nicht etwa die freien Säuren sind, sondern die entsprechenden Acyl-S-R-Verbindungen. Während auch hier zunächst an das Acetylphosphat als Reaktionsvermittler gedacht wurde, wobei z.B. die Spaltung der β-Ketosäure als eine „phosphoroclastische" Spaltung in Acylphosphate aufgefaßt werden konnte, so ist nach Lynen anzunehmen, daß die Spaltung „thioclastisch" ist und daß nicht nur die „aktivierte Essigsäure" das Acetyl-CoA ist, sondern die „aktivierten Fettsäuren" überhaupt Acyl-CoA-Verbindungen. Die Spaltung der Ketosäure wäre dann folgendermaßen zu formulieren:

$$R-CO-CH_2-COOH + HS-R \xrightleftharpoons{+\,ATP} R-CO-CH_2-CO-S-R \xrightleftharpoons{+\,HS-R}$$
$$\rightleftharpoons R-CO-S-R + CH_3-CO-S-R$$

Daß die Synthese der Fettsäuren über C_2-Verbindungen geschieht, war schon früher, besonders durch Versuche mit isotopisch gekennzeichnetem Acetat usw. klar; daß die Acylmercaptane dabei die reagierenden Moleküle und daß z. B. die oben formulierten Reaktionen umkehrbar sind, kann ohne weiteres angenommen werden. Wie schon S. 153 erwähnt, ist von Lipmann gezeigt worden, daß die Synthese der Acetessigsäure über zwei Moleküle Acetyl-CoA erfolgt.

Beim Fettsäure- bzw. Kohlenhydratabbau treten normalerweise keine nennenswerten Mengen von Acetessigsäure auf. In gewissen Fällen, vor allem bei gewissen Formen des *Diabetes*, werden aber beträchtliche Mengen der sog. Ketonkörper (Acetessigsäure, β-Oxybuttersäure, Aceton; über den Zusammenhang dieser drei Stoffe siehe S. 115 u. 153) gebildet. Ob man die Acetessigsäure als ein normales Zwischenprodukt des Fettsäureumsatzes betrachten soll, das unter Umständen nicht schnell genug umgesetzt wird, oder sie als ein Nebenprodukt auffassen muß, dessen Bildung eine Art Entgleisung des normalen Prozesses bedeutet, ist noch nicht klar. Offenbar kann in gewissen Fällen die Möglichkeit der Acetessigsäuresynthese bestehen, während die Synthese höherer Fettsäuren irgendwie gehemmt ist. Daß der Aufbau der langkettigen Fettsäuren als eine Art Umkehr der β-Oxydation betrachtet werden kann, geht unter anderem daraus hervor, daß in der Leber Stearinsäure, aus Palmitinsäure und isotopisch markiertem Acetat in der erwarteten Weise markiert, gebildet wird.

Eine *ω-Oxydation* von Fettsäuren zu zweibasischen Säuren vom Typus der Adipinsäure kommt vor, wie besonders aus Untersuchungen von Verkade hervorgeht. Dreifachbindungen in Fettsäuren können auf biologischem Wege gesprengt werden.

In vielen Pflanzen, besonders reichlich in der Sojabohne, kommt ein Enzym, die **Lipoxydase** vor, die gewisse ungesättigte Fettsäuren unter Peroxydbildung oxydiert. Es scheint, daß nur Fettsäuren, die die Gruppierung

$$\begin{array}{l} \mathrm{HC-} \\ \;\| \\ \mathrm{HC-CH_2-CH} \\ \qquad\qquad\;\; \| \\ \qquad\quad\;\, \mathrm{-CH} \end{array}$$

enthalten, oxydiert werden. Die Methylengruppe ist also wesentlich, wie auch die Cis-Konfiguration beider Doppelbindungen. Möglicherweise besteht die Enzymwirkung darin, daß von der Methylengruppe ein H entfernt wird unter Bildung eines Radikals, der dann spontan weiter reagiert. Die normalen Reaktionsprodukte sind Peroxyde mit konjugierten Doppelbindungen. Über die physiologische Rolle der Lipoxydase ist nichts bekannt.

Das Enzym ist in kristallisierter Form gewonnen worden (Theorell, Holman, Bergström, Åkeson). Es ist ein einheitliches Protein, das keine Metalle enthält. Der isoelektrische Punkt liegt bei $pH = 5{,}4$; das Molekulargewicht ist etwa 102000. Aminosäureanalyse des Proteins liegt vor (Holman); papierchromatographische Analyse deutet darauf, daß im Hydrolysat des Proteins außer den gewöhnlichen Aminosäuren noch eine unbekannte Komponente vorhanden ist.

M. Der Aminosäureabbau

Die aus dem Eiweiß der Nahrung durch Hydrolyse entstehenden Aminosäuren dienen vor allem dem Aufbau der körpereigenen Eiweißstoffe, einschließlich der Enzyme, gewisser Hormone usw. Im Vergleich mit Kohlenhydrat und Fett spielen die Aminosäuren bei der Energieerzeugung eine verhältnismäßig geringe Rolle. Im jungen Organismus dienen sie als Baumaterial beim Zuwachs, aber auch im nicht mehr wachsenden

Organismus findet ein bedeutender Aminosäureumsatz statt. Dies geht ja ohne weiteres daraus hervor, daß täglich große Mengen von Stickstoff, z. B. in der Form von Harnstoff, den Organismus verlassen, während selbstverständlich eine entsprechende Zufuhr von Stickstoff in Form von Eiweiß erforderlich ist.

Mehrere Reaktionen, in denen Aminosäuren umgebaut bzw. abgebaut werden, sind schon erwähnt worden wie: Transaminierung, Deaminierung, Decarboxylierung, Transmetylierung usw. Über die Harnstoffbildung mit Hilfe von Arginin, vgl. S. 173.

Einige, aber nicht alle Aminosäuren können bei mangelnder Zufuhr von Kohlenhydraten Glycogen bilden. Wenigstens in einigen Fällen ist der Mechanismus unschwer zu verstehen. Alanin gibt z. B. bei der oxydativen Deaminierung Brenztraubensäure, eines der wichtigsten Zwischenprodukte des Kohlenhydratstoffwechsels (Schema S. 144 u. 157).

Im Organismus werden mehrere Aminosäuren in Stoffe mit spezifischen Aufgaben umgewandelt. Die Bildung physiologisch aktiver Amine, wie das Histamin, wurde schon erwähnt (S. 121); Benzoesäure gibt mit Glycocoll Hippursäure, ein Beispiel einer Entgiftung (Detoxikation) durch Koppelung mit einer Aminosäure; aus Cystein entsteht Taurin usw.

Bei Mikroorganismen kommt eine „Gärung“, d. h. ein anaerober Umsatz von Aminosäuren vor. Die sog. alkoholische Gärung der Aminosäuren, die hauptsächlich zur Bildung höherer Alkohole führt, wurde schon S. 149 erwähnt. Eine „Gärung“ von Aminosäuren findet man auch bei vielen Bakterien; einige von ihnen können sogar gewisse Aminosäuren als einzige Energiequelle ausnutzen (Barker u. a.). So vergärt *Diplococcus glycinophilus* Glycocoll nach der Bruttoformel

$$4\,H_2N{-}CH_2{-}COOH + 2\,H_2O \longrightarrow 3\,CH_3{-}COOH + 2\,CO_2 + 4\,NH_3$$

Isotopenversuche haben indessen gezeigt, daß der Zusammenhang viel komplizierter ist, als aus dieser Formel hervorzugehen scheint. Alanin (Serin, Threonin) wird von *Clostridium propionicum* vergoren:

$$3\,CH_3{\cdot}CH(NH_2){\cdot}COOH + 2H_2O \longrightarrow 2\,CH_3{\cdot}CH_2{\cdot}COOH + CH_3{\cdot}COOH + CO_2 + 3\,NH_3$$

Die Formel ist der der Vergärung von Milchsäure durch die Propionsäurebakterien (S. 151) auffallend ähnlich. *Cl. propionicum* greift sowohl Milchsäure wie auch Brenztraubensäure und Acrylsäure an.

N. Die Assimilation

a) Die Photosynthese

Als Kohlensäureassimilation wird die Bildung von Kohlenhydraten aus CO_2 und Wasser in den grünen Pflanzen bezeichnet. Die Reaktion, die formell eine Reduktion des Kohlendioxyds bedeutet, erfordert Zufuhr von Energie; die grünen Pflanzen haben die Fähigkeit, die Energie des Sonnenlichtes für diesen Zweck auszunutzen. Der Prozeß wird darum oft **Photosynthese** genannt. Außer bei den höheren Pflanzen kommt sie auch bei einigen farbstoffhaltigen Bakterien vor.

Bei der Umwandlung der Lichtenergie in chemische Energie spielt das **Chlorophyll** eine fundamental wichtige Rolle. Der Farbstoff, der in den Pflanzen als spezielle Körperchen, die *Chloroplasten*, vorkommt, absorbiert Licht bestimmter Wellenlängen, und die so aufgenommene Energie wird auf Wegen, die noch nicht genau bekannt sind, für die Photosynthese angewendet. Die Bruttoformel der Photosynthese wird im allgemeinen folgendermaßen geschrieben:

$$CO_2 + H_2O + \text{Energie} \longrightarrow (CH_2O) + O_2$$

d. h. das Kohlendioxyd wird zu irgend einer Verbindung reduziert, die sich auf derselben Oxydationsstufe wie Formaldehyd befindet, während molekularer Sauerstoff freigesetzt wird. Versuche mit O^{18} enthaltendem CO_2 haben gezeigt, daß der bei der Photosynthese entwickelte Sauerstoff ganz aus dem Wasser stammt und nicht, wie die obige Formel andeutet, teilweise aus dem CO_2. Die Formel sollte deshalb eher wie folgt formuliert werden:

$$CO_2 + 2\,H_2\mathbf{O} + 112\,\text{kcal} \longrightarrow (CH_2O) + H_2O + \mathbf{O}_2$$

Die primäre Reaktion der Photosynthese, die *Chloroplastenreaktion*, ist schematisch wahrscheinlich durch die folgende Formel darstellbar:

$$2\,A + 2\,H_2O + \text{Energie} \longrightarrow 2\,AH_2 + O_2$$

Es wird angenommen, daß die Primärreaktion eine Oxydation des Wassers unter gleichzeitiger Reduktion eines Acceptors A zu einer hydrogenierten Form AH_2 ist, die dann den Wasserstoff an andere Acceptoren weitergeben kann. Die Sauerstoffabgabe hat also nichts mit einer Katalasenwirkung zu tun, was u. a. auch daraus hervorgeht, daß der Prozeß von HCN nicht gehemmt wird.

Untersuchungen von M. Calvin u. a. mit C^{14} enthaltendem CO_2 haben gezeigt, daß die bei sehr kurzdauernder Belichtung eines grünen Blattes gebildete Glucose den radioaktiven Kohlenstoff C^{14} fast ausschließlich im dritten und vierten Kohlenstoffatom der Kette enthält. Dies wird so gedeutet, daß das „assimilierte" Kohlendioxyd primär an einen Stoff mit zwei Kohlenstoffatomen gebunden wird und daß die so entstandenen Dreikohlenstoffkörper zu Glucose kondensieren, also schematisch ($C^{14} = \mathbf{C}$):

$$2\,C{-}C + 2\,\mathbf{C} \longrightarrow 2\,C{-}C{-}\mathbf{C} \longrightarrow C{-}C{-}\mathbf{C}{-}\mathbf{C}{-}C{-}C$$

Als Arbeitshypothese wurde angenommen, daß der Zweikohlenstoffkörper Essigsäure ist, aus der folgendermaßen Brenztraubensäure entstehen sollte:

$$CH_3{-}COOH + \mathbf{C}O_2 + AH_2 \longrightarrow CH_3{-}CO{-}\mathbf{C}OOH + H_2O + A$$

In dieser Formel ist A der hypothetische Acceptor, der bei der Chloroplastenreaktion hydrogeniert werden sollte. Die Bildung des Zuckers aus Brenztraubensäure könnte dann nach dem S. 144 gegebenen Schema geschehen.

Weiter ist eine Fixierung von CO_2 an Brenztraubensäure möglich (vgl. S. 126 und die Reaktion 16 im Schema S. 157). Dabei sollte Oxalessigsäure gebildet werden:

$$CH_3{-}CO{-}\mathbf{C}OOH + \mathbf{C}O_2 \longrightarrow HOO\mathbf{C}{-}CH_2{-}CO{-}\mathbf{C}OOH$$

Die Oxalessigsäure könnte dann zu Bernsteinsäure und diese zu Essigsäure reduziert werden. Die so entstandene Essigsäure würde in der Carboxylgruppe C^{14} enthalten. Setzt sich nun die Assimilation von $\mathbf{C}O_2$ längere Zeit fort, so wird aus dieser Essigsäure eine Brenztraubensäure, $CH_3{-}\mathbf{C}O{-}\mathbf{C}OOH$, mit C^{14} sowohl in der

Carboxyl- wie in der Carbonylgruppe gebildet und daraus eine Glucose, C—C—C—C—C—C, mit C^{14} in den 2-, 3-, 4- und 5-Stellungen.

Durch Fixierung von CO_2 an CH_3—CO—COOH würde die Oxalessigsäure HOOC—CH_2—CO—COOH und daraus u. a. die Essigsäure CH_3—COOH entstehen. Wird an diese Essigsäure CO_2 wiederum fixiert, so erhält man eine dreifach markierte Brenztraubensäure und daraus eine Glucose mit mehr oder weniger C^{14} in allen sechs Stellungen. Versuche mit längeren Belichtungszeiten zeigen auch, daß dies der Fall ist.

Die hier schematisch angedeutete Theorie scheint also eine Erklärung für die bei der photosynthetischen Zuckerbildung beobachteten Verhältnisse zu geben. Es sollte aber nicht verschwiegen werden, daß das experimentelle Material noch recht klein ist und daß für die Annahme gewisser Teilreaktionen experimentelle Stützen noch fehlen. Anzunehmen ist, daß phosphorylierte Produkte eine wesentliche Rolle spielen. Tatsächlich scheint die *Phosphoglycerinsäure* das erste faßbare Produkt der Photosynthese zu sein. Versuche von Fager haben gezeigt, daß ein Zusatz von Glyoxal oder Phosphoglycolaldehyd die photosynthetische Kohlendioxydfixierung vergrößert, woraus der Schluß gezogen wird, daß der oben besprochene Zweikohlenstoffkörper mit Glyoxal nahe verwandt ist. Fager hat aus zellfreien Extrakten der Spinatblätter eine Proteinfraktion gewonnen, die eine Fixierung von CO_2 in den Carboxylgruppen von Phosphoglycerinsäure und Phosphobrenztraubensäure bedingt. Wird das System mit Chloroplastenfragmenten komplettiert, so wird die Kohlensäurefixierung bei Belichtung stark vergrößert, was eine Koppelung zwischen der photochemischen Wirkung der Chloroplasten und der Enzymaktivität der Proteinfraktion andeutet. Versuche mit ATP und Arsenat scheinen dafür zu sprechen, daß keine energiereichen Phosphate beteiligt sind.

Vor einiger Zeit hat Calvin über Versuche berichtet, die für eine Rolle der S. 125 erwähnten Disulfidsäure (bzw. des die Säure enthaltenden Coenzyms) bei der Chloroplastenreaktion sprechen. Versuchsweise wird angenommen, daß die Belichtung die Bildung der reduzierten Dithiolform begünstigt, und daß die Primärreaktion, durch die die Lichtenergie des excitierten Chlorophylls in chemische Energie umgewandelt wird, in der Sprengung der Disulfidbrücke unter Bildung eines Biradikals besteht:

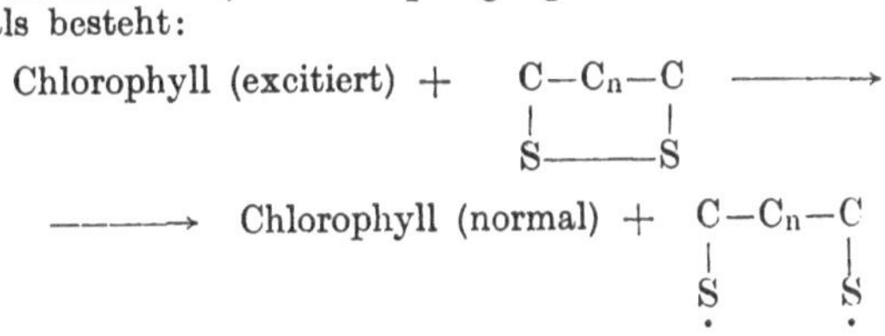

Es kann mit Recht behauptet werden, daß die Kohlensäureassimilation der grünen Pflanzen die wichtigste aller chemischen Reaktionen ist. Es wird angegeben, daß dadurch jährlich mindestens 10^{11} Tonnen Kohle in organische Form übergeführt werden. Es läßt sich dann leicht berechnen, daß der Prozeß in wenigen Jahren aufhören müßte, wenn nicht der Atmosphäre Kohlendioxyd zugeführt wird. Tatsächlich hält sich der Kohlensäuregehalt der Atmosphäre fast konstant; Kohlendioxyd wird ja durch die Atmung aller Lebewesen sowie durch Verbrennung von Kohlen, Öl und anderen Brennstoffen dauernd erzeugt.

b) Autotrophe und heterotrophe Organismen

Autotrophe Organismen nennt man diejenigen, die ihre Substanz aus anorganischen Stoffen, Kohlendioxyd, Wasser, Ammoniak usw. aufbauen können. Die Hauptgruppe der autotrophen Organismen bilden die grünen Pflanzen. Autotroph sind, außer gewissen farbstoffhaltigen Bakterien, die eine Photosynthese ebenfalls durchführen können, auch Bakterien, welche die für die Synthesen nötige Energie durch Oxydation anorganischer Stoffe wie Ammoniak oder Schwefelwasserstoff, also durch eine *Chemosynthese*, erhalten können.

Im Gegensatz zu den autotrophen können sich die **heterotrophen Organismen** die für den Aufbau der eigenen Substanz nötige Energie nur durch Abbau (Oxydation, Gärung usw.) komplizierter organischer Stoffe verschaffen. Diesen Organismen muß also eine „Nahrung" zugeführt werden, die direkt oder indirekt der synthetischen Tätigkeit der autotrophen Organismen entstammt.

Die lebenden Zellen verwerten die zugeführte Nahrung teils als *Baumaterial* für den Aufbau der zelleigenen Substanz, teils als *Brennstoff* für die Produktion von Energie, die u. a. bei den synthetischen Prozessen verbraucht wird. Es wurde früher in diesem Buch wiederholt darauf hingewiesen, daß es in den Zellen Mechanismen gibt, die die Nutzbarmachung von wenigstens einem großen Teil der Energie, die beim Katabolismus generiert wird, für die aufbauenden, anabolischen Prozesse ermöglichen. Es gibt in den Zellen eine energetische Koppelung von chemischen Reaktionen, die durch energiespeichernde Stoffe vermittelt wird.

c) Die anabolischen Prozesse

Der Aufbau der Zellsubstanz läßt sich selbstverständlich am leichtesten bei Mikroorganismen verfolgen. Man findet z. B., daß gewisse Hefen wachsen und, wie es scheint, ins Unendliche ihre Zellsubstanz vermehren, wenn sie unter Zufuhr von Luft in einer Nährlösung gezüchtet werden, die gewisse anorganische Salze, vor allem Phosphat, ein Ammoniumsalz als einzige Stickstoffquelle, und als Kohlenstoffquelle einen einfachen organischen Stoff wie Zucker, Äthanol, Essigsäure oder dergleichen enthält. Aus diesen einfachen Stoffen, bzw. aus den Abbauprodukten des organischen Nährstoffes, können also die Zellen alle ihre zum Teil sehr komplizierten Inhaltstoffe aufbauen. Die Energie, die für den Aufbau nötig ist, wird dadurch erzeugt, daß ein Teil des organischen Nährstoffes abgebaut, evtl. verbrannt wird. Selbstverständlich ist es in einem gegebenen Fall möglich, sowohl die Energiemenge zu berechnen, der die verbrauchten Nährstoffe entsprechen, wie die Energiemenge, die in der neugebildeten Zellsubstanz steckt. Man findet bei solchen Berechnungen, daß in der Regel 5—20 % des Energiegehaltes der verbrauchten Nährstoffe in der neugebildeten Substanz wiedergefunden werden. Die Zahl variiert aber nicht nur von Organismus zu Organismus, sondern auch mit der chemischen Natur des umgesetzten Nährstoffes. Das erscheint durchaus verständlich, da das Ausmaß der anabolischen Prozesse nicht nur durch die zur Verfügung stehende Energiemenge bestimmt werden kann; verschiedene Nährstoffe können auf Grund ihres chemischen Baues für den Aufbau neuer Stoffe mehr oder weniger geeignet sein.

Vom chemischen Gesichtspunkt ist selbstverständlich die Frage von größter Bedeutung, auf welchen Wegen die beim Abbau gewonnene Energie auf die Synthesen übergeführt wird. Wenn man von gekoppelten Reaktionen spricht, so muß natürlicherweise angenommen werden, daß die Reaktionen nicht nur einen energetischen, sondern auch einen stofflichen Zusammenhang haben. Wie schon im allgemeinen Teil dieses Buches erwähnt worden ist, hat sich ergeben, daß es vor allem die sogenannten energiereichen Phosphorsäureverbindungen sind, die als Vermittler dienen. Die Hauptrolle spielen dabei Verbindungen wie ATP und die Phosphagene. Das ATP wird bei der Glycolyse, bei den Gärungen und bei der Atmung generiert, und zwar in größerer Menge als es bei gewissen, in die Abbauprozesse selbst eingehenden Phosphorylierungen verbraucht wird, so daß die im Überschuß gebildete Menge eine in den Zellen accumulierte Energiemenge repräsentiert, die bei Bedarf für solche Reaktionen in Anspruch genommen werden kann, die eine Zufuhr von Energie erfordern.

Das erste bekannte Beispiel einer Synthese, bei der ATP als Energiequelle dienen kann, dürfte die schon erwähnte Synthese des Acetylcholins sein (S. 61). Diese Synthese wird durch ein Enzym bzw. Enzymsystem katalysiert, das als **Cholinacetylase** bezeichnet wird. Die Reaktion erfordert die Anwesenheit des Coenzyms A. Die im ATP gespeicherte Energie ermöglicht die „Aktivierung" der Essigsäure, d. h. ihre Überführung in Acetylphosphat und weiter, durch die Phosphotransacetylase, in Acetyl-CoA. Als „Acetyldonatoren" für die Acetylcholinsynthese können weiter aus leicht einzusehenden Gründen sowohl Brenztraubensäure in Anwesenheit des Enzymsystems der oxydativen Decarboxylierung als Citronensäure in Anwesenheit des kondensierenden Enzyms (S. 158) dienen. Von dem Acetyl-CoA wird die Acetylgruppe auf das Cholin übergeführt. Ähnlich verläuft nach Lynen die Synthese der Fette, bei der höhere Acyl-CoA-Verbindungen der Fettsäuren Zwischenprodukte sein dürften, die mit dem Glycerin reagieren.

Auch bei der Synthese der höheren Fettsäuren ist die Energiezufuhr über ATP leicht verständlich, da, wie schon früher erwähnt wurde, das Acetyl-CoA und höhere Acyl-CoA-Verbindungen die „aktivierten Formen" der Säuren sind, die aus den Säuren + ATP gebildet werden, wobei wahrscheinlich in einigen Fällen die Acylphosphate Zwischenprodukte sind (S. 167). In anderen Fällen ist der Mechanismus der „Aktivierung durch ATP" weniger durchsichtig, wie z. B. bei der Synthese von Arginin aus Ornithin, Kohlendioxyd und Ammoniak. Bei dieser Synthese ist das Citrullin ein Zwischenprodukt; sowohl bei der Synthese von Citrullin aus Ornithin wie bei der Synthese von Arginin aus Citrullin ist eine Zufuhr von Energie über ATP erforderlich.

Folgender Reaktionsverlauf erscheint wahrscheinlich: a) Aus Carbamylglutaminsäure, NH_3 und CO_2 wird in Anwesenheit von ATP und Mg-Ionen ein unbekanntes Derivat der Carbamylsäure gebildet, b) aus diesem Derivat + Ornithin entsteht enzymatisch Citrullin + Carbamylglutaminsäure, welche letztere also als eine Art Katalysator betrachtet werden kann, c) Kondensation des Citrullins mit Asparaginsäure, d) Spaltung des Kondensationsproduktes in Arginin und Fumarsäure.

d) Die Stickstoffassimilation

Im Tierreich ist eine Zufuhr von organisch gebundenem Stickstoff (Eiweiß, Aminosäuren) mit der Nahrung notwendig. Die Pflanzen, sowohl ein- wie mehrzellige, können dagegen ihren Stickstoffbedarf im großen und ganzen durch anorganische Stickstoffverbindungen, vor allem Nitrat und Ammoniak, decken. Bei vielen Mikroorganismen kann Ammoniak, wie schon erwähnt, ebenfalls als einzige Stickstoffquelle dienen; bei anderen ist dagegen eine Zufuhr von Aminosäuren notwendig. Bei Pflanzen und Mikroorganismen finden wir also eine Assimilation anorganischer Stickstoffverbindungen. Schließlich findet bei einigen wenigen Mikroorganismen eine Assimilation elementaren Stickstoffes, eine „Stickstoffixierung" statt. Über die Mechanismen der Assimilation von Stickstoff bzw. anorganischer Stickstoffverbindungen und über die darin beteiligten Enzymsysteme sind unsere Kenntnisse aber noch ziemlich mangelhaft.

Assimilation von Ammoniak. Eine Bildung von Aminosäuren aus Ammoniak und Ketosäuren unter Reduktion spielt zweifelsohne eine fundamentale, biologisch wichtige Rolle, wie zuerst für tierisches Material von Knoop, Embden u.a. gezeigt wurde. Es hat sich aber herausgestellt, daß die Reaktion nicht bei allen Ketosäuren beobachtet werden kann, sondern wahrscheinlich auf α-Ketoglutarsäure beschränkt ist. In diesem Buch wurde früher (S. 118) erwähnt, daß in der Natur eine Glutaminsäuredehydrogenase weit verbreitet vorkommt, die die Glutaminsäure zu α-Iminoglutarsäure dehydrogeniert, die dann mit Wasser α-Ketoglutarsäure bildet. Wasserstoffacceptor (Coenzym) ist je nach dem Ursprung des Enzyms die Codehydrogenase I oder II. Für das Verstehen der Ammoniakassimilation ist wichtig, daß die Reaktion umkehrbar ist:

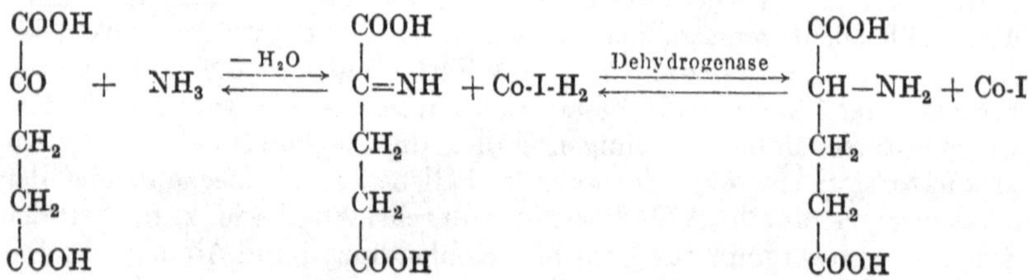

Offenbar kann die Reaktion nach rechts getrieben werden, wenn die reduzierte Form der Codehydrogenase (Co-I-H_2) durch ein gleichzeitig wirkendes anderes Enzymsystem nachgeliefert wird. Damit also eine Bildung größerer Mengen von Glutaminsäure stattfinden soll, muß sie mit der Dehydrogenierung eines anderen Substrats gekoppelt sein.

Eine Bildung von Asparaginsäure durch die Aspartase aus Ammoniak und Fumarsäure (S. 111) erscheint durchaus möglich. Eine direkte Bildung der Asparaginsäure aus Oxalessigsäure ist auch nicht ausgeschlossen. Der Befund, daß in den ersten Stadien der Ammoniakassimilation, z. B. in *Torulopsis utilis* (Roine) und in Pflanzen (Rautanen), vor allem Glutaminsäure, Asparaginsäure (bzw. deren Amide) und Alanin in großen Mengen auftreten, scheint ja darin eine zwanglose Erklärung zu finden, daß die entsprechenden Ketosäuren (α-Ketoglutarsäure, Oxalessigsäure, Brenztraubensäure) normale Produkte des Kohlenhydratabbaues sind.

Assimilation von Nitrat. Für die höheren Pflanzen spielt Nitrat die wichtigste Rolle als Stickstoffquelle. Es dürfte angenommen werden können, daß eine Reduktion zu Ammoniak bei der Verwertung des Nitrats die einleitende Phase ist, und daß das Ammoniak dann, wie oben beschrieben, in organische Bindung übergeführt wird. Eine Nitratreduktion ist sowohl bei Pflanzen wie bei Mikroorganismen experimentell festgestellt worden, und zwar ist die Reduktion ein enzymatischer Vorgang (**„Nitralreduktase“**). In einigen Fällen konnte gezeigt werden, daß Enzymsysteme, die die Dehydrogenierung gewisser Substrate bewirken, Nitrat bzw. Nitrit als Wasserstoffacceptoren ausnützen können. Da aber die Reaktion durch HCN gehemmt wird, so ist anzunehmen, daß außer Dehydrogenasen auch eisenhaltige Enzymsysteme beteiligt sind.

Bei der Reduktion von Nitrat und Nitrit zu Ammoniak ist das Hydroxylamin wahrscheinlich ein Zwischenprodukt. Wenn auch das Hydroxylamin ein starkes Gift für Organismen ist, so ist die Möglichkeit nicht auszuschließen, daß eine Stickstoffassimilation über Hydroxylamin, und zwar durch Oximbildung, z. B. mit Oxalessigsäure, stattfinden kann.

Stickstoffixierung. Eine Assimilation atmosphärischen Stickstoffs kommt nur bei einigen Mikroorganismen vor, und zwar bei dem in den Wurzelknöllchen der Leguminosen symbiotisch lebenden *Bacterium radicicola* oder *Rhizobium* (Hellriegel, Beyerinck), und bei einigen freilebenden Bakterien wie *Azotobacter* (Winogradsky, Beyerinck). Es ist anzunehmen, daß der Stickstoff durch eine noch unbekannte Reaktion zu derjenigen Verbindung (Ammoniak, Hydroxylamin; siehe oben) reduziert wird, die von den ammoniak- bzw. nitratassimilierenden Organismen ausgenutzt wird. Auf alle Fälle spielen bei der Stickstoffixierung die C_4-Dicarboxylsäuren eine entscheidende Rolle (Virtanen).

Versuche über die Assimilation von N_2^{15} durch *Clostridium pasteurianum* scheinen zu zeigen, daß das mit dem organischen Acceptor reagierende Reduktionsprodukt des Stickstoffes Ammoniak ist (Wilson).

Obgleich die Überführung von N_2 in NH_3 oder NH_2OH eine Reduktion darstellt, ist nicht ausgeschlossen, daß die erste Teilreaktion der Stickstoffixierung in einer Oxydation von N_2 zu einem Stickstoffoxyd besteht, der dann (wie das Nitrat; siehe oben) reduziert wird. Hierfür sp icht, daß die Teilnahme eisenhaltiger Katalysatoren an der Stickstoffixierung sehr wahrscheinlich erscheint. In den Leguminosenknöllchen kommt ein haemoglobinartiger Farbstoff, das *Leghaemoglobin*, vor (Mothes und Pietz; Kubo), das nach Virtanen bei der Stickstoffixierung als Sauerstoffspender wirksam ist.

Literatur

Baldwin, E., *Dynamic Aspects of Biochemistry*, Cambridge University Press, 1948.

Bamann, E. und Myrbäck, K., *Die Methoden der Fermentforschung*, Georg Thieme, Leipzig 1941.

Bersin, Th., *Kurzes Lehrbuch der Enzymologie*, 3. Aufl., Akad. Verlagsges. Geest & Portig K.-G., Leipzig 1951.

Nord, F. F. und Weidenhagen, R., *Handbuch der Enzymologie*, Akad. Verlagsges. Becker & Erler K.-G., Leipzig 1943.

Northrop, J. H., Kunitz, M. und Herriott, R. M., *Crystalline Enzymes*, 2. Aufl., Columbia University Press, New York 1943.

Schwab, G.-M., *Handbuch der Katalyse*, Bd. III, *Biokatalyse*, Springer, Wien 1941.

Sumner, J. B. and Myrbäck, K., *The Enzymes, Chemistry and Mechanism of Action*, Academic Press Inc., New York 1950/51.

Sumner, J. B. and Somers, G. F., *Chemistry and Methods of Enzymes*, Academic Press Inc., New York 1947.

Tauber, H., *Enzyme Technology*, John Wiley and Sons Inc., New York.

Ergebnisse der Enzymforschung, Akad. Verlagsges. Becker & Erler K.-G., Leipzig.

Advances in Enzymology, Interscience Publ. Inc., New York.

Annual Review of Biochemistry, Stanford, California.

Sachregister

FSC
www.fsc.org
MIX
Papier | Fördert
gute Waldnutzung
FSC® C083411

Zeitfracht Medien GmbH
Ferdinand-Jühlke-Straße 7
99095 Erfurt, Deutschland
produktsicherheit@kolibri360.de